TRAITÉ
DE CHIMIE

AVEC LA NOTATION ATOMIQUE

À L'USAGE

DES ÉLÈVES DE L'ENSEIGNEMENT PRIMAIRE SUPÉRIEUR
DE L'ENSEIGNEMENT SECONDAIRE MODERNE ET CLASSIQUE
DES CANDIDATS AUX ÉCOLES DU GOUVERNEMENT
ET DES ÉLÈVES DE CES ÉCOLES

PAR

LOUIS SERRES

ANCIEN ÉLÈVE DE L'ÉCOLE POLYTECHNIQUE
PROFESSEUR DE CHIMIE
A L'ÉCOLE MUNICIPALE SUPÉRIEURE JEAN-BAPTISTE SAY

Troisième partie : CHIMIE ORGANIQUE

PARIS ET LIÉGE

LIBRAIRIE POLYTECHNIQUE, CH. BÉRANGER, ÉDITEUR
PARIS, 15, RUE DES SAINTS-PÈRES, 15
LIÉGE, 21, RUE DE LA RÉGENCE, 21

1913

TRAITÉ DE CHIMIE

Le **Traité de Chimie**, par Louis Serres, se compose de trois parties :

Première partie : Métalloïdes, 1 volume. . . . . 3 fr. 50

Deuxième partie : Métaux, 1 volume . . . . 3 fr. 50

Troisième partie : Chimie organique, 1 volume. . . . . 3 fr. 50

———

Les trois parties réunies en un seul volume. Prix : 10 fr.

ÉVREUX, IMPRIMERIE CH. HÉRISSEY, PAUL HÉRISSEY, SUCC^r

TRAITÉ
DE CHIMIE

AVEC LA NOTATION ATOMIQUE

A L'USAGE

DES ÉLÈVES DE L'ENSEIGNEMENT PRIMAIRE SUPÉRIEUR
DE L'ENSEIGNEMENT SECONDAIRE MODERNE ET CLASSIQUE
DES CANDIDATS AUX ÉCOLES DU GOUVERNEMENT
ET DES ÉLÈVES DE CES ÉCOLES

PAR

LOUIS SERRES

ANCIEN ÉLÈVE DE L'ÉCOLE POLYTECHNIQUE
PROFESSEUR DE CHIMIE
A L'ÉCOLE MUNICIPALE SUPÉRIEURE JEAN-BAPTISTE SAY

Première partie : MÉTALLOÏDES

PARIS et LIÉGE

LIBRAIRIE POLYTECHNIQUE, CH. BÉRANGER, ÉDITEUR
PARIS, 15, RUE DES SAINTS-PÈRES, 15
LIÉGE, 21, RUE DE LA RÉGENCE, 21

1913

TRAITÉ DE CHIMIE

PREMIÈRE PARTIE
MÉTALLOÏDES

CHAPITRE PREMIER
PRÉLIMINAIRES. — ÉTUDE DE L'AIR ET DE L'EAU. — CRISTALLISATION

PRÉLIMINAIRES

1. Phénomènes physiques et chimiques. — Les *phénomènes physiques* ne sont pas accompagnés de changement dans la nature des corps.

Quelquefois, sous l'action de la chaleur, par exemple, on change l'aspect du corps, mais sans changer sa nature ; le plus souvent même, ce changement d'aspect n'est pas permanent : ainsi le fer, chauffé à une certaine température, change de couleur et devient rouge. Mais cette couleur ne persiste pas ; abandonné à lui-même, il reprend par le refroidissement son aspect naturel.

Les *phénomènes chimiques*, au contraire, sont toujours accompagnés de changement dans la nature des corps : ainsi, la combustion du bois donne du gaz carbonique et de l'eau, l'air humide transforme le fer en *rouille*.

Ils sont toujours caractérisés par une loi générale, énoncée pour la première fois par Lavoisier :

Si l'on met en présence plusieurs corps, susceptibles en s'unissant de donner un corps nouveau, le poids du composé produit est égal à la somme des poids des composants.

La réciproque a également lieu. C'est ce que l'on exprime en disant : *Rien ne se perd, rien ne se crée.*

2. Synthèse. Analyse. — Si l'on met dans un ballon des copeaux de cuivre et du soufre, et que l'on chauffe (fig. 1), on voit bientôt le

Fig. 1.
Synthèse du sulfure de cuivre.

soufre se réduire en vapeur et le cuivre devenir incandescent, à cause de sa combustion dans la vapeur de soufre : 127 grammes de *cuivre* et 32 de *soufre* donnent 159 grammes d'un corps noir, n'ayant plus aucune des propriétés du soufre, ni du cuivre, et qu'on appelle le *sulfure de cuivre*. C'est une *synthèse*.

Si l'on prend 216 grammes du corps rouge appelé *oxyde de mercure* et qu'on le chauffe dans un tube de verre A (fig. 2), on voit se dégager un gaz, l'*oxygène*, que l'on peut recueillir au moyen du tube à dégagement B, dans une éprouvette D, sur la cuve à eau C et qui rallume une allumette présentant encore un point rouge, tandis qu'il se dépose du *mercure* sur les parois du tube : il se dégage 16 grammes

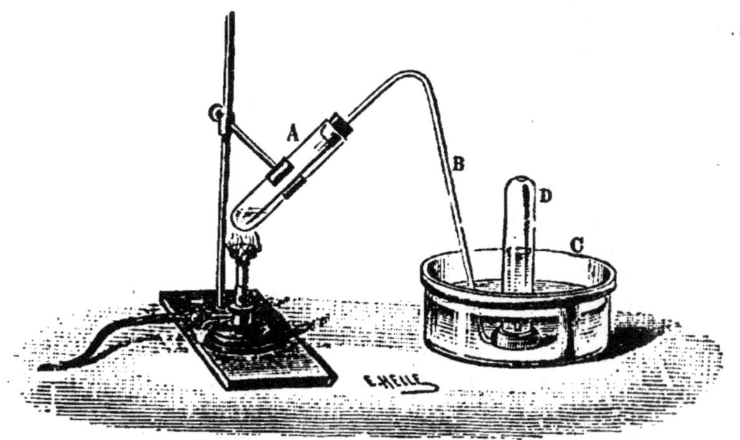

Fig. 2. — Analyse de l'oxyde de mercure.

d'oxygène, et il reste un résidu de 200 grammes de mercure. C'est une *analyse*.

On fait l'analyse *qualitative* pour déterminer la nature des éléments qui entrent dans la composition d'un corps, et l'analyse *quantitative* pour déterminer les proportions de ces éléments. L'analyse de l'oxyde de mercure, que nous venons de faire, est une analyse qualitative ;

nous verrons bientôt comment on peut faire l'analyse quantitative de l'eau (23).

3. Corps simples et composés. Métalloïdes et métaux. — Quand on étudie tous les corps possibles, on constate que certains d'entre eux, comme le soufre, le cuivre, l'oxygène, le mercure, résistent à toutes les actions physiques auxquelles on les soumet et ne se séparent jamais en des substances plus simples, tandis que d'autres, comme l'oxyde de mercure, se dédoublent et donnent naissance aux premiers.

D'où la distinction en *corps simples*, ou *éléments*, et *corps composés*.

L'expérience conduit à reconnaître qu'il n'y a environ que 70 corps simples, ou éléments, dont quelques-uns sont rares, difficiles à isoler et fort peu connus.

Parmi les corps simples, on a établi deux catégories : les *métaux* et les *métalloïdes*.

Les *métaux* sont les corps qui étaient ainsi appelés anciennement, comme le fer, le cuivre, l'argent, l'or ; on a étendu ce nom à tous les corps qui se comportent de même, qui ont un éclat particulier et qui sont bons conducteurs de la chaleur et de l'électricité.

Le tellure et l'arsenic ayant l'éclat métallique, m.. s'éloignant des métaux au point de vue chimique, Berzélius les appela *métalloïdes*, c'est-à-dire corps *ayant l'aspect d'un métal*. Plus tard, on rangea dans la même catégorie tous les corps qui n'avaient pas les caractères chimiques des métaux, et on leur conserva le nom de métalloïdes, dont la signification ne correspond plus à son étymologie. Les uns sont solides, les autres liquides, d'autres gazeux, à la température ordinaire ; solides, ils n'ont pas, en général, l'éclat des métaux, et ils sont mauvais conducteurs de la chaleur et de l'électricité, comme le soufre, l'iode, le phosphore.

Nous remarquerons qu'il n'y a pas de différence absolue entre les métalloïdes et les métaux : l'antimoine se rapproche des métaux par son éclat et ses propriétés physiques, tandis que ses propriétés chimiques le rangent très nettement à côté de l'arsenic et du phosphore ; l'hydrogène, qui n'a pas les propriétés physiques d'un métal, se rapproche cependant des métaux par ses propriétés chimiques.

La distinction en métalloïdes et métaux est un peu arbitraire, et tous les corps forment, en réalité, une série presque continue.

4. Eléments électro-négatifs et électro-positifs. — Lorsqu'on décompose par le courant de la pile, dans un voltamètre (fig. 19), un corps formé par la combinaison d'un métalloïde et d'un métal, le métalloïde se porte sur l'*électrode* positive, et il est, par conséquent, électro-négatif, tandis que le métal, qui se porte sur l'électrode négative, est électro-positif. Aussi emploie-t-on souvent les expressions d'*élément* *électro-négatif* (au lieu de métalloïde) et *élément électro-positif* (au lieu de métal).

5. Combinaison. Décomposition. Mélange. — En mettant en présence les corps simples, dans des conditions convenables, ils s'unissent pour former des corps composés ; on dit qu'il y a *combinaison*. Nous avons fait précédemment la combinaison du soufre et du cuivre (2).

Au contraire, un corps composé, soumis à l'action des forces physiques, chaleur, électricité, lumière, peut être dédoublé en des corps simples, ou éléments ; on dit qu'il y a *décomposition*. Nous avons précédemment, pour faire l'analyse de l'oxyde de mercure (2), décomposé ce corps.

On distingue la combinaison chimique du *mélange*, parce qu'il est facile de séparer mécaniquement les corps simplement mélangés, tandis qu'il faut faire intervenir une force physique, chaleur, électricité, ou lumière, pour séparer les corps combinés ; dans un mélange, chaque corps conserve ses propriétés, tandis que le résultat d'une combinaison est un corps entièrement nouveau ; les mélanges se font en proportion quelconque, et les combinaisons en proportion définie (39) ; enfin, les mélanges se font sans dégagement, ni absorption, de chaleur, d'électricité ou de lumière, phénomènes qui, au contraire, accompagnent toujours les combinaisons.

› Nous verrons plus loin, en étudiant l'air et l'eau, que l'air est un mélange (19) et l'eau une combinaison (31).

6. Objet de la chimie. — La chimie est la science des combinaisons et des décompositions ; c'est l'étude des transformations de la matière.

Elle s'occupe de la description des corps simples et des circonstances de leur combinaison, de la description des corps composés qui en résultent et de leur décomposition, ainsi que des causes physiques qui déterminent les combinaisons et les décompositions.

Un corps est caractérisé par son état physique, sa forme, sa couleur, son odeur, sa saveur, sa densité, ses températures de fusion et d'ébullition : ce sont là ses *propriétés physiques*. Il est caractérisé aussi par les réactions chimiques auxquelles il peut donner naissance : ce sont ses *propriétés chimiques*.

7. Cohésion. États physiques. — L'étude des phénomènes physiques a conduit à admettre que la matière n'est pas continue ; qu'un corps est formé de parties extrêmement petites et indivisibles mécaniquement, qu'on appelle *particules* ou *molécules*, et que ces parties sont séparées par des intervalles, ou *espaces intermoléculaires*, très grands relativement aux dimensions des molécules. On appelle *cohésion* la force qui maintient ces molécules unies les unes aux autres.

Un même corps peut se présenter sous trois *états physiques* différents, l'état *solide*, l'état *liquide* et l'état *gazeux* : dans les *solides*, la cohésion est très forte et le corps ne se déforme que difficilement, il conserve une forme et un volume invariables ; dans les *liquides*, la cohésion est moins forte, et le liquide, tout en conservant le même volume, change facilement de forme et prend celle du récipient qui le contient, ses molécules glissant les uns sur les autres ; enfin, dans les *gaz*, il n'y a pour ainsi dire pas de cohésion, le gaz n'a ni forme, ni volume constant, il occupe le volume tout entier du récipient, quelque grand qu'il soit, où il est contenu, les molécules semblent se repousser et exercent de ce fait sur les parois une *pression*, ou *force élastique*.

En dehors de ces trois états nettement définis, il y a des états intermédiaires : les solides *pâteux*, comme les substances grasses, se déforment facilement ; les liquides *sirupeux*, ou *visqueux*, comme l'huile, ne se moulent que lentement sur les récipients qui les contiennent ; enfin les vapeurs *lourdes*, comme la vapeur d'iode, occupent dans un ballon un volume à peu près déterminé, sans que cependant leur surface libre soit nettement délimitée.

8. Fusion. Ebullition. Sublimation. — La chaleur modifie la cohésion des molécules et peut produire des changements d'état physique.

Quand on chauffe un corps solide, il se dilate ; en continuant à chauffer, il arrive un moment où le corps solide peut devenir liquide, à la condition qu'on lui cède une certaine quantité de chaleur, nécessaire à cette transformation et appelée *chaleur de fusion;* c'est là le phénomène de la *fusion*.

En continuant encore, le liquide se dilate, puis il arrive un moment où le liquide se transforme en vapeur et devient gazeux, si on lui donne sa *chaleur de vaporisation :* c'est le phénomène de la *vaporisation* ou de l'*ébullition*.

Certains corps, comme l'iode, l'arsenic, passent même directement de l'état solide à l'état de vapeur, ou du moins restent, quand on les chauffe progressivement, trop peu de temps à l'état liquide pour qu'on puisse les observer. On dit alors qu'ils se *subliment*.

9. Liquéfaction. Solidification. Surfusion. — Inversement, en enlevant au corps sa chaleur, on le ramène à l'état liquide ou solide : c'est le phénomène de la *liquéfaction* ou de la *solidification*. Les molécules se rapprochent et peuvent, dans certaines circonstances, former des configurations d'une forme géométrique parfaite, qu'on appelle *cristaux*.

Un corps fondu, lorsqu'on le refroidit, se solidifie en général à la température même à laquelle il avait commencé à fondre ; mais cela n'arrive pas toujours. On dit alors que le corps est *surfondu*, lorsqu'il reste à l'état liquide à une température inférieure à sa température de

fusion. Nous verrons que l'eau (21), le phosphore (145), le soufre (301),
peuvent être surfondus.

Mais le corps est alors dans un état d'équilibre instable, et un
ébranlement produit dans la masse peut le solidifier : en tout cas, le
contact d'une parcelle solide du corps produit à coup sûr la solidification et, au moment où elle a lieu, la température remonte à la
température de fusion (M. Gernez).

On peut donc éviter les surfusions en laissant dans le corps fondu,
pendant son refroidissement, une parcelle du corps solide.

10. Actions chimiques. — Voyons maintenant les circonstances dans
lesquelles des corps différents mis en présence peuvent agir chimiquement l'un sur l'autre.

Il faut d'abord qu'il y ait contact, non seulement apparent, mais
réel. L'expérience prouve que si l'on met en présence deux corps
capables d'agir chimiquement l'un sur l'autre, à une distance si petite
qu'elle soit, rien n'a lieu ; mais si on les amène au contact, il y a action
chimique. Cette expérience se fait au microscope.

Une autre condition pour que la réaction ait lieu, c'est que l'un des
corps au moins soit à l'état fluide, de sorte que le contact soit réel.
Deux corps solides amenés au contact n'ont aucune action l'un sur
l'autre. Cependant lorsqu'on projette un morceau de phosphore sur
de l'iode, il y a combinaison au bout d'un certain temps ; mais cela
tient aux vapeurs que le phosphore et l'iode dégagent à la température ordinaire. Ces vapeurs se combinent et dégagent alors de la
chaleur qui favorise la combinaison.

Les anciens alchimistes avaient exprimé ce résultat en disant :
corpora non agunt, nisi soluta, c'est-à-dire : les corps n'ont d'action
qu'à l'état dissous.

Il faut encore que les conditions de température des deux corps
soient convenables : le carbonate de potassium et l'acide sulfurique
amenés au contact à — 8° ne produisent rien, et cependant, à la température ordinaire, tous les carbonates font effervescence avec les
acides.

A une certaine température, les corps se combinent, puis quelquefois,
à une température plus élevée, il y a décomposition du composé formé ;
c'est ce qui arrive pour le mercure et l'oxygène, l'oxygène et l'hydrogène, l'hydrogène et le soufre. Donc, la chaleur peut favoriser la
combinaison ou la décomposition.

La manière d'appliquer la chaleur varie beaucoup : il y a le procédé
direct et les procédés indirects, comme la compression dans le briquet à air. La présence des corps poreux est encore un mode d'action
de la chaleur : quand on met en contact avec un gaz des substances
poreuses pouvant en condenser une grande quantité, cette condensation est accompagnée d'un dégagement de chaleur correspondant à
la compression que subit le gaz (la mousse de platine condense

4 à 500 fois son volume d'oxygène). Le frottement, l'ébranlement peuvent aussi, en agissant comme source de chaleur, faciliter la combinaison (fulminate de potassium, soufre et chlorate de potassium).

On peut employer l'électricité comme la chaleur : l'électricité facilite les combinaisons, ou provoque les décompositions. L'étincelle détermine la combinaison de l'hydrogène et de l'oxygène (29) ; au contraire, si on soumet l'ammoniaque à une série d'étincelles électriques, il y a décomposition (103). Généralement, pour les combinaisons on emploie l'étincelle, et le courant pour les décompositions.

La lumière peut encore être employée de même : l'hydrogène et le chlore se combinent, à la lumière solaire avec explosion, lentement à la lumière diffuse ; au contraire, la lumière décompose les sels d'argent (photographie) et détruit la plupart des matières colorantes. Certaines radiations lumineuses sont plus propres à produire les réactions chimiques ; ce sont les radiations comprises dans le spectre du bleu au violet et même au delà du violet. Elles constituent les rayons appelés rayons *chimiques*, ou *photogéniques*.

PRINCIPES DE THERMO-CHIMIE

11. Affinité. — On donne le nom d'*affinité* à la force qui attirerait les particules des corps simples différents, pour former un corps composé. On ne sait rien de positif sur l'affinité et c'est une simple hypothèse ; mais on peut mesurer ses effets en mesurant les quantités de chaleur dégagées dans une réaction. On dit que deux corps ont beaucoup d'affinité l'un pour l'autre, lorsqu'en se combinant ils dégagent beaucoup de chaleur.

Par exemple, 32 grammes de soufre, en s'unissant à 127 grammes de cuivre, dégagent environ 20 calories, c'est-à-dire la quantité de chaleur nécessaire pour élever de 0 à 1 degré, 20 kilogrammes d'eau (21) ; mais, en s'unissant à 56 grammes de fer, 32 grammes de soufre dégagent près de 24 calories. Le soufre a donc plus d'affinité pour le fer que pour le cuivre.

C'est Lavoisier qui, le premier, a appelé l'attention sur la mesure des quantités de chaleur dégagées dans les réactions et il en a déterminé quelques-unes avec Laplace ; à leur suite Dulong et Petit, en 1819, puis Favre et Silbermann vers 1850, ont exécuté sur cette question des travaux considérables. Mais c'est surtout M. Berthelot qui, dans son *Essai de mécanique chimique*, publié en 1876, a enrichi la thermo-chimie d'une foule de résultats nouveaux et de méthodes générales, et en a fait un corps de doctrine.

12. Réactions exothermiques et endothermiques. — Il y a toujours variation dans l'état mécanique, calorifique ou électrique, des corps qui concourent à la production d'une réaction, et cette variation mesure la force mise en jeu ; donc, pour l'étude d'une réaction chimique, il faut tenir compte des poids employés et de la quantité de travail, de chaleur ou d'électricité produite. Mais, si l'on considère en particulier la variation de l'état calorifique, elle n'a pas toujours lieu dans le même sens. A ce point de vue, on constate que les réactions chimiques peuvent être divisées en deux classes : les combinaisons *exothermiques*, qui se font avec dégagement de chaleur, comme la combinaison du cuivre avec le soufre, et les combinaisons *endothermiques*, qui se font au contraire avec absorption de chaleur.

Les premières peuvent se faire directement, comme la combinaison de l'hydrogène et de l'oxygène pour former de l'eau. Quand on verse de l'eau sur de la chaux vive, la chaleur dégagée par la combinaison de la chaux avec l'eau est assez grande pour volatiliser une partie de l'eau et l'on constate une sorte d'ébullition.

Si l'on veut détruire la combinaison de l'hydrogène et de l'oxygène, ou de la chaux vive et de l'eau, il faut inversement fournir beaucoup de chaleur.

Les secondes combinaisons, qui se font avec absorption de chaleur, ne peuvent se produire directement, c'est ce qui a lieu pour les combinaisons de l'azote, ou du chlore, avec l'oxygène. Lorsque ces combinaisons se détruisent, elles dégagent de la chaleur. Il y a alors souvent un phénomène remarquable : si la quantité de chaleur produite au moment de la décomposition en un point est suffisante pour porter la région voisine à la température nécessaire pour la décomposition, l'action se continue de proche en proche; c'est ce qu'on appelle *explosion*. Les corps explosibles sont ceux qui se décomposent avec dégagement de chaleur, tels que l'iodure (288) et le chlorure d'azote (250). En très peu de temps, les acides oxygénés du chlore se décomposent ainsi.

13. Principe du travail maximum. — On a cru pendant longtemps qu'il était impossible de prévoir comment aura lieu la réaction, si l'on met en présence deux ou plusieurs corps quelconques, capables de réagir chimiquement l'un sur l'autre. Cependant, Berthollet a énoncé une loi relative à l'action d'un acide, d'une base, ou d'un sel dissous, sur un sel également dissous, et qui permet de prévoir ce qui se passera. Cette loi peut s'énoncer ainsi :

Lorsqu'on verse, dans une dissolution d'un sel, un acide, une base, ou un autre sel, également dissous, si, par l'échange des acides ou des bases, il peut se produire un corps plus volatil, ou moins soluble, que les corps primitifs, l'échange aura lieu.

Par exemple, si l'on verse de l'acide sulfurique dans une dissolution de carbonate de potassium, le gaz carbonique, beaucoup plus volatil qu'aucun des corps primitifs, se dégagera, et il restera du sulfate de potassium.

Mais cette loi ne s'applique qu'à un petit nombre de réactions et peut quelquefois se trouver en défaut.

C'est surtout M. Berthelot, qui, après avoir déterminé avec le plus grand soin, par des méthodes calorimétriques, les quantités de chaleur produites dans un très grand nombre de réactions, est arrivé à formuler une loi qui permet de prévoir ce qui arrivera lorsque des corps sont mis en présence, dans des conditions bien déterminées. Cette loi à laquelle il a donné le nom de *Principe du travail maximum*, a été ainsi énoncée par lui :

Tout changement chimique accompli sans l'intervention d'une énergie étrangère tend vers la production du corps ou du système de corps qui dégage le plus de chaleur.

Pour prévoir la possibilité d'une réaction, il suffit donc de savoir les quantités de chaleur que dégagent les corps mis en présence en se combinant entre eux de toutes les manières possibles ; ces quantités sont données dans des tableaux établis par différents chimistes, en particulier par M. Berthelot en France, et M. Thomsen, en Danemark. Mais pour que la réaction ainsi prévue ait lieu nécessairement, sans intervention d'une énergie étrangère, il faut que sa production dégage de la chaleur.

Par exemple, le bioxyde d'azote, gaz que nous étudierons plus tard (114), a la propriété de se combiner avec l'oxygène, à basse température. Il peut, dans ces conditions, former deux composés : l'un, appelé anhydride azoteux, qui est formé par la combinaison de 30 grammes de bioxyde avec 8 grammes d'oxygène et qui dégage 10 calories ; l'autre, qu'on appelle peroxyde d'azote, qui est formé par la combinaison de 30 grammes de bioxyde avec 16 d'oxygène, et qui dégage 17 calories ; c'est donc ce dernier corps qui tendra à se produire, et qui se produira en effet, sans intervention d'une énergie étrangère, parce que sa production dégage de la chaleur.

AIR

14. Composition. — L'air est un gaz incolore sous une faible épaisseur, bleu foncé sous une épaisseur très grande, inodore et insipide. Sa densité a été prise pour unité dans la détermination de la densité des gaz et des vapeurs : un litre d'air, à la température de 0° et sous la pression normale de 760 millimètres de mercure, pèse 1ᵍʳ,293 ; la densité de l'air est donc le $\dfrac{1}{774°}$ de celle de l'eau.

L'air forme autour du globe terrestre une *atmosphère*, dont l'épaisseur a été évaluée à environ 48 kilomètres et dans laquelle vivent les animaux et les végétaux : l'air est absolument nécessaire à leur respiration et quand ils en sont privés, ils meurent par *asphyxie*.

Jusqu'à Lavoisier, on avait considéré l'air comme un élément ou corps simple ; c'est lui le premier qui a établi nettement sa composition.

On avait constaté auparavant que certaines substances, chauffées à l'air, augmentent de poids. On savait notamment que le mercure, dans ces conditions, se couvre de pellicules rouges d'oxyde de mercure (*précipité per se*).

Lavoisier prit d'abord un ballon A, ou matras, à long col recourbé (fig. 3), dont l'extrémité D arrivait dans une cloche C contenant de

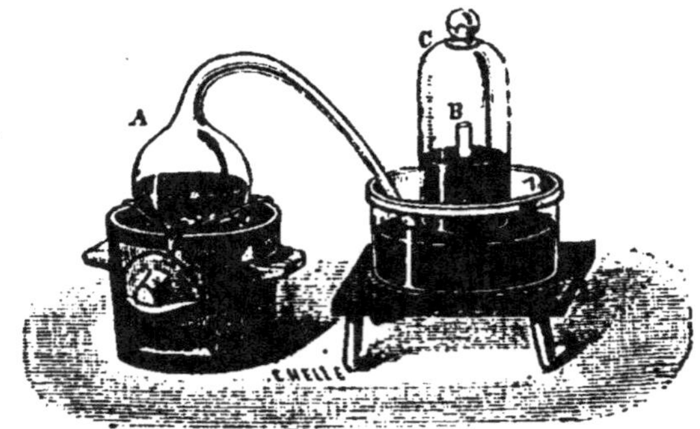

Fig. 3. — Analyse de l'air. (Expérience de Lavoisier.)

l'air et reposant sur la cuve à mercure ; il y avait, comme le montre la figure, communication directe entre l'air de la cloche et le matras. Lavoisier introduisait dans le matras quatre onces de mercure et le chauffait, après avoir mesuré avec soin le volume de l'air dans la cloche. Après avoir chauffé vingt-quatre heures, il vit apparaître des pellicules rouges ; il continua et, au bout de six jours, il laissa refroidir et mesura le nouveau volume et la nouvelle pression de l'air dans la cloche ; puis il continua l'expérience en refaisant de temps en temps cette mesure. Au bout de treize jours, la diminution du volume de l'air dans la cloche s'était arrêtée, l'opération était terminée.

Lavoisier constata que le volume du gaz de la cloche avait diminué d'environ un cinquième ; il n'avait plus la propriété d'entretenir la respiration ni la combustion ; c'était un gaz différent de l'air, que Lavoisier appela *azote*, ce qui signifie *impropre à la vie*.

Il recueillit aussi les pellicules rouges flottant à la surface du mercure et les chauffa dans un petit tube de verre (fig. 2) ; il se déposait du mercure sur les parois du tube et il se dégageait un gaz rallumant une allumette qui présentait encore un point rouge, c'était de l'*oxygène*.

Lavoisier en recueillait environ 7 à 8 volumes, pour 50 volumes d'air introduits sous la cloche. Il en conclut que l'air était formé environ en volume de $\frac{4}{5}$ d'azote pour $\frac{1}{5}$ d'oxygène.

Il confirma d'ailleurs cette expérience en mélangeant l'azote et l'oxygène dans les proportions voulues et constatant que le mélange avait bien les propriétés de l'air.

A peu près à la même époque, Scheele déterminait la composition de l'air par une autre méthode.

Il emprisonnait dans un tube de l'air avec une certaine quantité de *foie de soufre*. Le corps absorbait l'oxygène et il y avait diminution de volume. Le gaz restant était de l'azote.

L'expérience de Scheele est plus rapide que celle de Lavoisier, mais elle est moins démonstrative, parce qu'on ne peut pas retirer l'oxygène du composé obtenu.

15. Analyse en volume. — On fait aujourd'hui l'analyse de l'air en volume par les réactifs absorbants ou par l'eudiomètre.

1° Le *phosphore* est un bon absorbant de l'oxygène ; on peut opérer à la température ordinaire ou en chauffant dans une cloche courbe. A la température ordinaire, on introduit dans un tube droit A de l'air et un bâton de phosphore B (fig. 4) ; ce tube plonge dans une cuve D contenant de l'eau, ou mieux du mercure. Le phosphore absorbe peu à peu l'oxygène, le volume du gaz diminue, on voit le mercure monter, et quand il reste stationnaire, il n'y a plus dans le tube que les $\frac{79}{100}$ du volume de gaz introduit. C'est de l'azote.

2° A chaud, on introduit dans une *cloche courbe* de l'air et un morceau de phosphore qu'on fait passer dans la petite ampoule soufflée vers l'extrémité recourbée (fig. 5) ; on chauffe, le phosphore s'enflamme en absorbant l'oxygène et donnant des fumées blanches d'un corps appelé *anhydride phosphorique*. Il se forme un anneau brillant qui descend le long du tube ; quand il arrive au contact de l'eau, l'expérience est terminée. On laisse refroidir, et l'on constate que le volume

du gaz restant, qui est de l'azote, est les $\frac{79}{100}$ du volume d'air introduit.

3° L'*acide pyrogallique*, en présence de la *potasse*, absorbe aussi
l'oxygène de l'air. On emprisonne dans un tube (fig. 6) une certaine
quantité d'air, dont on mesure le volume ; on fait, avec une pipette
recourbée, passer de la potasse, le gaz carbonique est absorbé et le
volume diminue un peu. On fait alors passer de l'acide pyrogallique ;

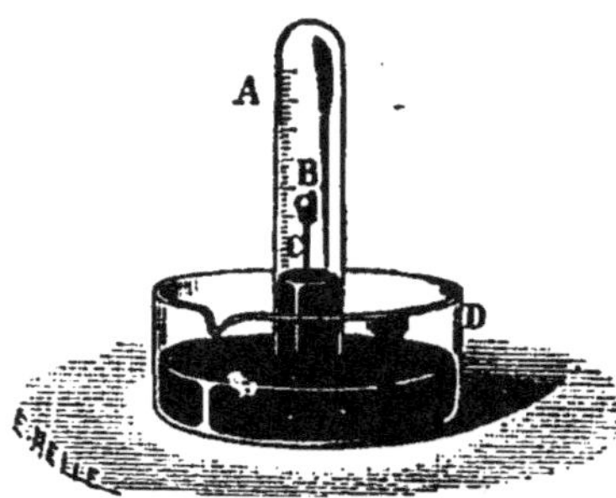

Fig. 4. — Analyse de l'air par
le phosphore à froid.

Fig. 5. — Analyse de l'air par
le phosphore à chaud.

aussitôt la solution noircit, l'oxygène est absorbé ; on lit le volume,
on agite, on lit de nouveau et l'on recommence à agiter jusqu'à ce

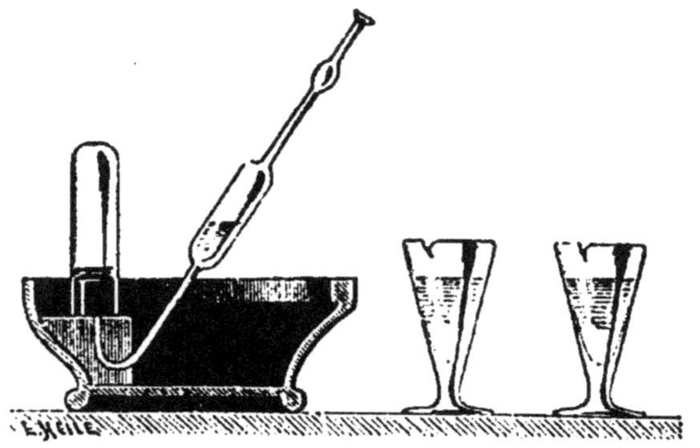

Fig. 6. — Analyse de l'air par l'acide pyrogallique et la potasse.

que deux lectures successives donnent le même résultat. On constate
que l'acide pyrogallique a absorbé les $\frac{21}{100}$ du volume primitif, car
il reste $\frac{79}{100}$ d'azote. On opère sur le mercure. La méthode a été indiquée par Chevreul et expérimentée par Liebig.

4° On peut aussi faire l'analyse de l'air par l'*eudiomètre*. C'est en principe (fig. 7) un tube fermé à l'une de ses extrémités et dans lequel on peut faire jaillir l'étincelle électrique au moyen de deux fils de platine, soudés dans le verre et qui viennent en regard l'un de l'autre. Le platine est le seul métal qui convienne, parce que son coefficient de dilatation est sensiblement le même que celui du verre ; avec le fer, par exemple, le métal éprouverait par le refroidissement un retrait plus considérable que celui du verre, et s'en séparerait.

On introduit dans un eudiomètre à mercure 100 centimètres cubes d'air et 100 centimètres cubes d'hydrogène. On fait passer l'étincelle électrique ; il se forme de l'eau et l'on trouve après le passage de

Fig. 7. — Eudiomètre à mercure.

l'étincelle un résidu de 137 volumes de gaz. Donc 63 volumes ont disparu pour former de l'eau : ces 63 volumes sont composés d'hydrogène et d'oxygène, dans la proportion de 1/3 d'oxygène et de 2/3 d'hydrogène, d'après ce que l'on sait sur la composition de l'eau (29) Il a donc disparu 21 volumes d'oxygène et 42 d'hydrogène ; les 100 volumes d'air introduits contenaient donc 21 volumes d'oxygène. D'autre part, dans le volume du gaz restant il y a $100 - 42 = 58$ d'hydrogène et par conséquent $137 - 58 = 79$ d'azote. L'air est donc composé de 21 p. 100 d'oxygène et 79 p. 100 d'azote en volume. C'est ce que l'on trouve aussi par les méthodes précédentes.

16. Analyse en poids. — Bien que la méthode eudiométrique donne de bons résultats entre des mains exercées, elle présente tous les inconvénients des déterminations de volume : d'abord, la mesure des volumes exige un jaugeage parfait ; il faut tenir compte de la dilatation des récipients et de celle du gaz, impossible à connaître parce que l'on ne connaît pas bien sa température à l'intérieur de l'eudiomètre ; il faut enfin tenir compte de la pression atmosphérique. Si, avec l'eudiomètre à mercure, on évite l'inconvénient de la solubilité des gaz dans le liquide, on n'est pas à l'abri des causes d'erreur que nous venons de signaler.

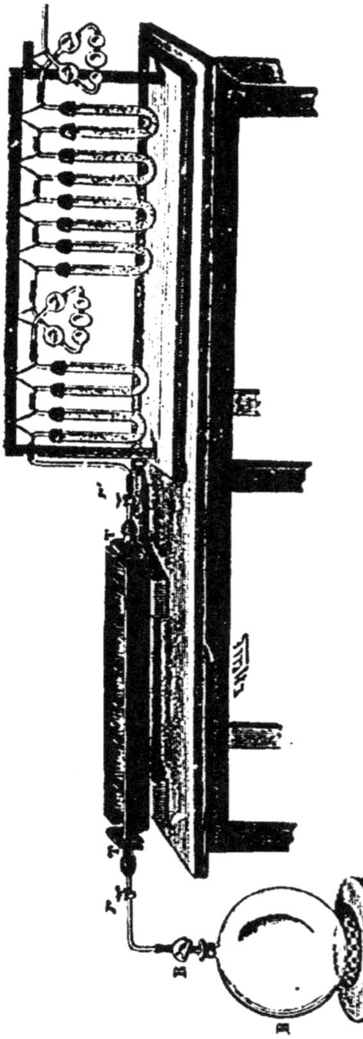

Aussi a-t-on songé à faire des déterminations en poids. Dumas et Boussingault, en particulier, ont fait des expériences d'une grande précision.

Ils prenaient (fig. 8) un tube de verre TT peu fusible, de $0^m,80$ de longueur et ne s'altérant pas sous l'action de la chaleur : il était rempli de copeaux de cuivre oxydés, puis réduits ; il était aussi muni de garnitures métalliques et de robinets r et r' à chaque extrémité. Soit P le poids de ce tube vide d'air.

D'un côté, le tube de verre communiquait avec un ballon de verre B de grande capacité, fermé par un robinet à cadran R. Soit p le poids de ce ballon vide d'air.

De l'autre côté, le tube communiquait avec une série de tubes en U, contenant des fragments de pierre ponce imbibés de potasse ou d'acide sulfurique concentré, et de tubes à boules contenant les mêmes corps à l'état liquide : les tubes à potasse étaient destinés à retenir le gaz carbonique ; les tubes à acide sulfurique, à retenir la vapeur d'eau, et les tubes à boules, à mettre en évidence la vitesse de passage du gaz.

Fig. 8. — Analyse de l'air en poids. (Dumas et Boussingault.)

On commence par chauffer le tube à cuivre. Quand il est bien chauffé, on ouvre le robinet r du côté des tubes en U ; l'air entre, transforme le cuivre en oxyde de cuivre, et l'azote reste. On ouvre alors très peu le second robinet r', puis le robinet R du ballon, et

l'azote passe dans le ballon ; on règle au moyen des robinets la vitesse
de passage de l'air, de manière que ce passage soit très lent.

Quand l'expérience est arrêtée, on ferme tous les robinets et on pèse
le ballon ; soit p' son poids, la différence $p' - p$ représente le poids
d'azote qui a pénétré dans le ballon. On pèse aussi de nouveau le tube
à cuivre ; soit P' son poids. On y fait le vide et on le repèse ; soit P"
son nouveau poids. P' — P" représente le poids d'azote qui était resté
dans le tube. Le poids total d'azote est donc $p' - p + P' - P''$. Quant
au poids de l'oxygène, il est évidemment P" — P. On trouve ainsi
qu'environ 77 grammes d'azote s'unissent à 23 grammes d'oxygène.

On peut calculer les volumes correspondants des deux gaz. Le poids
du litre d'azote dans les conditions normales est 1gr,257, celui du litre
d'oxygène 1gr,437. On aura donc, en appelant x et y les volumes d'azote
et d'oxygène :

$$77 = x \times 1,257$$
$$23 = y \times 1,437$$

On trouve ainsi que dans 100 volumes d'air, il y a 79,19 d'azote et
20,81 d'oxygène, ce qui correspond très sensiblement à la composition
précédemment trouvée.

17. Détermination de la vapeur d'eau et du gaz carbonique. — Les
principaux, parmi les autres gaz que l'on trouve dans l'air, sont le gaz

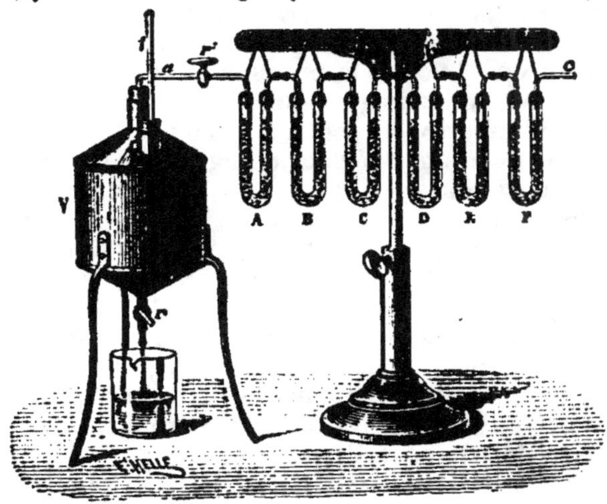

Fig. 9. — Dosage de la vapeur d'eau et du gaz carbonique dans l'air.

carbonique et la vapeur d'eau ; la vapeur d'eau se condense facilement
sur les corps froids (rosée), et le gaz carbonique est mis en évidence
par l'eau de chaux, qui se trouble par suite de la formation d'un carbonate de calcium insoluble.

Pour déterminer la quantité de vapeur d'eau et de gaz carbonique contenue dans un volume donné d'air, on prend (fig 9) une série de tubes en U, BCDEF, contenant de la potasse et de l'acide sulfurique et se terminant par un tube témoin A, qui communique avec un aspirateur V plein d'eau ; en laissant écouler l'eau de l'aspirateur, l'air y rentre en circulant d'abord dans les tubes en U, et laissant son gaz carbonique dans les tubes à potasse, sa vapeur d'eau dans les tubes à acide sulfurique. L'augmentation de poids p des tubes à acide sulfurique fait connaître le poids d'eau, et celle p' des tubes à potasse, le poids de gaz carbonique contenu dans le volume d'air, qui a traversé ces tubes.

Le poids d'air sec P qui a pénétré dans l'aspirateur s'obtient facilement : soit V le volume de l'aspirateur, t la température, H la pression atmosphérique et F la tension maxima de la vapeur d'eau, on aura :

$$P = V \times 1{,}293 \times \frac{H - F}{760} \times \frac{1}{1 + \alpha t}$$

p est alors le poids de vapeur d'eau contenu dans le poids $P + p + p'$ d'air ; donc 1 gramme d'air contient $\dfrac{p}{P + p + p'}$ de vapeur d'eau. De même 1 gramme d'air contient $\dfrac{p'}{P + p + p'}$ de gaz carbonique

18. Impuretés de l'air. — Il y a aussi dans l'air : de l'ozone, qu'on peut mettre en évidence au moyen du papier amidonné ; de l'hydrogène sulfuré, dont on démontre la présence au moyen du papier imprégné d'acétate de plomb ; du gaz sulfureux provenant de la combustion des pyrites sulfureuses que contient la houille. Ce gaz sulfureux, très abondant dans certaines régions d'Angleterre, pourrait servir à fabriquer de l'acide sulfurique.

Dans le voisinage de la mer, il y a de l'acide chlorhydrique ; il y a toujours de l'ammoniaque, provenant de la décomposition des matières animales, et de l'azotate d'ammonium, surtout pendant les orages, parce que les étincelles électriques, passant dans le mélange d'azote et d'oxygène humides, produisent de l'acide azotique, qui réagit sur l'ammoniaque. Il y a des carbures d'hydrogène ; car, si après avoir débarrassé l'air de son gaz carbonique et de sa vapeur d'eau, on le fait passer sur de l'oxyde de cuivre chauffé au rouge, on retrouve du gaz carbonique et de la vapeur d'eau.

Il y a dans l'air un grand nombre de matières volatiles et de poussières solides, parmi lesquelles des substances minérales, comme le charbon et des sels de soude. Ces derniers sont mis en évidence par la coloration de la flamme en jaune.

On trouve encore dans l'air des germes d'infusoires, qui se développent dans un liquide convenablement choisi, ainsi que des germes de plantes.

19. L'air est un mélange. — L'air est un mélange ; car les volumes des deux gaz ne sont pas en rapport simple, ce qui est contraire à la loi de Gay-Lussac (43) ; quand ils sont mélangés, ils forment de l'air sans donner lieu à aucun phénomène calorifique. Mais la preuve la plus importante est celle que l'on tire de la solubilité des gaz dans l'eau : le mélange des gaz que l'on retire de l'eau correspond, non à la composition de l'air, mais à la composition d'un mélange d'azote et d'oxygène dissous séparément.

20. Constance de composition de l'air. — La composition de l'air est sensiblement constante, malgré les causes qui tendent à la modifier. Ces causes sont : la respiration des animaux, la décomposition des matières animales et végétales, les fermentations, les émanations du sol, les dégagements de gaz par les volcans. Dumas a calculé que le poids de l'atmosphère pouvait être représenté par celui de 581 000 cubes de cuivre de 1 mètre de côté ; 134 000 de ces cubes seraient de l'oxygène. Si l'on fait intervenir les causes qui tendent à modifier la composition de l'air, on trouve que 15 à 16 de ces cubes de cuivre représentent l'oxygène qui disparaîtrait dans un siècle.

On explique la constance de composition de l'air, d'abord par la fonction *chlorophylienne* des plantes, qui absorbent, sous l'influence de la lumière, le gaz carbonique, s'emparent du carbone, et dégagent l'oxygène (390) ; ensuite, par l'action de l'eau, qui dissout un peu le gaz carbonique et qui agit alors comme régulateur de la pression de ce gaz dans l'air, en dissolvant davantage quand sa pression tend à augmenter, en dégageant, au contraire, quand elle tend à diminuer.

À mesure que l'on s'élève dans l'air, la proportion de gaz carbonique diminue très notablement, à cause de la grande densité de ce gaz (389) ; au contraire, la proportion d'ammoniaque paraît augmenter, ce gaz étant très léger.

EAU

21. Propriétés. — L'eau est un liquide, incolore en petite masse, bleu sous une grande épaisseur, insipide et inodore. Sa densité à 4° a été prise comme unité pour la densité des solides et des liquides.

1 kilogramme d'eau, pour passer de 0 à 1 degré, absorbe une certaine quantité de chaleur, qui a été prise pour unité, et que l'on appelle *calorie*.

Elle se solidifie à 0°, et on peut l'obtenir surfondue à — 10°, en l'enfermant dans un tube de verre, où on fait le vide, qu'on ferme à la lampe et qu'on laisse ensuite lentement refroidir dans un mélange réfrigérant. L'eau solide, à l'état de neige ou de glace, se présente, quand on l'examine avec soin, comme une agglomération de petits solides réguliers (fig. 10), ou cristaux; ce sont ces petits cristaux que l'on voit l'hiver sur les vitres, lorsque le froid extérieur y fait congeler la vapeur d'eau de l'intérieur des appartements.

En se solidifiant, l'eau augmente de volume et peut briser les récipients qui la contiennent; c'est ce qui arrive quelquefois pendant les

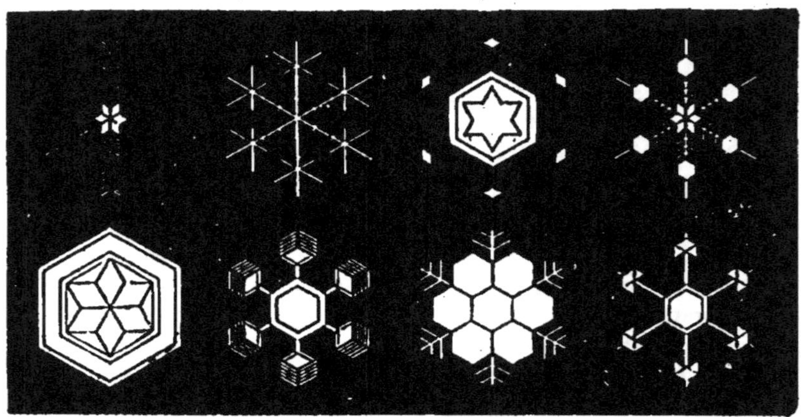

Fig. 10. — Cristaux de neige ou de glace.

nuits d'hiver, lorsqu'on laisse refroidir l'eau dans les tuyaux des appareils de chauffage à l'eau chaude.

L'eau bout à 100°, sous la pression normale de 760 millimètres, et la densité de sa vapeur est 0,622; mais elle se volatilise à toute température; il y en a toujours dans l'air une certaine quantité. On détermine, avec les *hygromètres*, le *degré d'humidité* de l'air, qu'il est intéressant de connaître en météorologie pour la prévision du temps.

La vapeur d'eau atmosphérique joue un grand rôle dans les phénomènes météorologiques. Cette vapeur, provenant de l'évaporation de l'eau des lacs, des rivières et des mers, répandus à la surface de la terre, se condense sous diverses influences, forme des nuages et retombe en pluie. L'eau de pluie est de l'eau pure qui contient en plus les gaz et les matières solides de l'atmosphère, qui se dissolvent dans cette eau ou sont entraînées par elle; elle contient, en particulier, du gaz carbonique, de l'oxygène, de l'azote, de l'ammoniaque et de l'azotate d'ammonium, provenant des décharges électriques dans les temps orageux. On y trouve aussi tous les organismes en suspension dans l'atmosphère.

En arrivant à la surface du sol, l'eau pénètre à une certaine profondeur et s'accumule dans certaines parties, où le fond d'argile s'oppose à son passage. Elle forme ainsi des nappes souterraines, que l'on

rencontre quand on creuse des puits, ou dont l'eau s'écoule par certaines ouvertures, donnant ainsi les sources qui produisent les rivières.
Cette eau, en contact avec le sol, dissout les matières solubles : dans
les terrains granitiques, l'eau est riche en matières alcalines ; dans les
terrains calcaires en chaux ; dans les terrains gypseux, en carbonate et
sulfate de calcium. En traversant des bancs de matières salines, elle
dissout ces matières en grande quantité et constitue les eaux minérales.

22. Gaz dissous dans l'eau. — On peut se proposer de reconnaître
les matières contenues dans l'eau.

Pour recueillir les gaz, on fait bouillir l'eau, et à la température
d'ébullition, les gaz dissous se dégagent. L'expérience (fig. 11) se fait

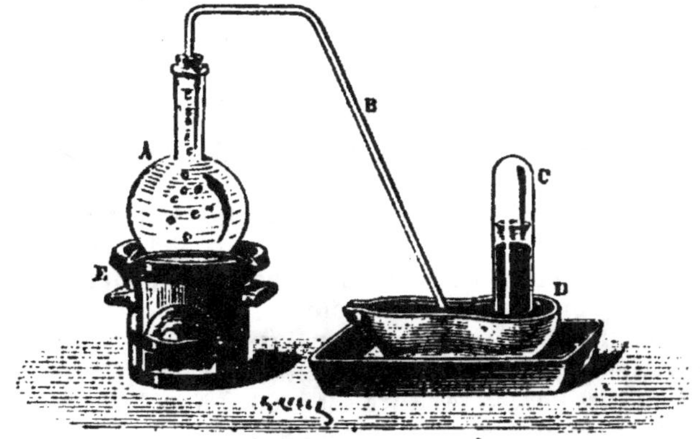

Fig. 11. — Extraction des gaz dissous dans l'eau.

dans un ballon A complètement rempli d'eau, de telle sorte qu'en le
bouchant avec un bouchon muni d'un tube à dégagement B, l'en-
foncement du bouchon ait pour effet d'emplir complètement d'eau ce
tube. L'appareil ne contenant pas alors de traces d'air, on l'installe de
façon que le tube B débouche sous une éprouvette C, pleine de mercure et placée sur la cuve à mercure D ; on fait chauffer l'eau et on
recueille une certaine quantité de gaz, dont le tiers environ est formé
de gaz carbonique, le reste d'oxygène et d'azote. Un litre d'eau
fournit environ de 25 à 30 centimètres cubes de gaz. Pour en faire
l'analyse, on fait passer dedans de la potasse, qui absorbe le gaz carbonique, du phosphore qui absorbe l'oxygène, et l'azote reste.

23. Sels dissous dans l'eau. Eau potable. — Suivant l'abondance,
ou la petite quantité, des matières salines en dissolution, les eaux
sont *minérales*, ou *potables*, c'est-à-dire *propres à la boisson*.

Les qualités de l'eau potable sont les suivantes : limpidité, fraîcheur, saveur agréable ; elle doit contenir des matières salines dissoutes, mais en quantité assez faible. Un litre, évaporé à siccité, doit laisser un résidu solide dont le poids varie de $0^{gr},10$ à $0^{gr},50$. Il faut aussi qu'elle ait été aérée, qu'elle ait séjourné à l'air et qu'elle en contienne les gaz.

Si l'eau est trouble, elle contient des substances organiques. On en constate la présence au moyen d'une dissolution de chlorure d'or ; chauffé au contact des matières organiques, il leur enlève de l'hydrogène, pour former de l'acide chlorhydrique, et passe à l'état d'or, qui, dans le très grand état de division où il se trouve, forme un précipité brun violet.

L'acide sulfurique peut aussi servir : une goutte dans un verre de montre avec un peu d'eau la colore en noir, si elle contient des matières organiques ; il se forme de l'*acide humique*, corps noir, soluble dans l'acide sulfurique.

Le permanganate de potassium en dissolution peut également dénoter la présence des matières organiques : l'eau qui contient de ces dernières, chauffée avec un peu de dissolution rouge de permanganate, la décolore.

Un litre d'eau potable doit contenir moins de 4 centigrammes de matières organiques.

Il y a aussi dans l'eau du carbonate acide de calcium ; le carbonate neutre ne peut y exister, il y est insoluble. L'eau potable peut contenir jusqu'à 17 centigrammes de carbonates acides de calcium et de sodium ; on les reconnaît par la teinture alcoolique de campêche. Avec de l'eau distillée, la teinture est jaune ; avec les carbonates, elle prend une teinte violacée, ou rouge vineux.

Les carbonates acides rendent l'eau digestive, car ils se décomposent au contact de l'air en dégageant du gaz carbonique. Il reste du carbonate neutre de calcium, qui se dépose peu à peu, comme on l'a constaté dans les tuyaux de conduite des eaux d'Arcueil : ce sont les dépôts des sources incrustantes. Quand on fait bouillir de l'eau, le carbonate acide de calcium se décompose et forme dans les chaudières une croûte, à laquelle étaient dus autrefois les accidents des locomotives.

Il y a encore dans l'eau du sulfate de calcium. L'eau ne doit en contenir que de 4 à 25 milligrammes par litre. L'existence de ce sulfate peut se démontrer très simplement : avec l'azotate de baryum, il donne du sulfate de baryum insoluble et de l'azotate de calcium. La réaction se produit très lentement. On peut supprimer le sulfate de calcium en ajoutant à l'eau du carbonate de sodium ; il se forme du carbonate de calcium qui se dépose, et du sulfate de sodium qui reste en dissolution. Quand on fait bouillir de l'eau riche en sulfate de calcium, ce sel devient de moins en moins soluble à partir de 23°, et l'eau se trouble.

On peut démontrer la présence dans l'eau des sels de calcium, sulfate et carbonate, au moyen de l'oxalate d'ammonium, réactif ordinaire des sels de calcium. Il se forme de l'oxalate de calcium, insoluble dans l'eau, insoluble dans l'acide acétique, soluble dans l'acide azotique étendu.

Les matières calcaires ont une influence remarquable au point de vue de l'alimentation et de la conduite des eaux. L'eau pure, au contact du plomb, le dissout en petite quantité, ce qui est rendu manifeste par un courant d'hydrogène sulfuré. Au contraire, en mettant du plomb dans l'eau qui contient des matières calcaires, ces matières empêchent la dissolution du métal; on peut donc laisser circuler de l'eau calcaire dans des tuyaux de plomb.

Les matières calcaires précipitent l'argile, ou silicate d'aluminium. L'eau qui bout et distille est troublée par l'argile ; on peut la clarifier en se fondant sur cette propriété ; il suffit de la mélanger à des matières calcaires.

Les chlorures de sodium, de potassium, de calcium se trouvent dissous dans l'eau en petite quantité ; on les met en évidence en traitant l'eau par le nitrate d'argent ; il se forme du chlorure d'argent insoluble. Avec l'eau ordinaire, qui contient du carbonate acide de calcium, il se forme aussi du carbonate d'argent insoluble ; on enlève le carbonate acide de calcium en mettant dans l'eau une goutte d'acide azotique.

La silice, ou anhydride silicique, se trouve toujours dans l'eau, dans la proportion de 4 à 5 centigrammes par litre. Quand le résidu de l'évaporation de l'eau a été calciné, la silice est insoluble dans les acides, excepté dans l'acide fluorhydrique.

Enfin, il y a des composés du fer, nécessaires au sang.

24. Eaux séléniteuses. — Les eaux qui contiennent une trop grande quantité de sulfate de calcium sont impropres à la boisson, au savonnage, à la cuisson des légumes; on les appelle *dures*, *lourdes*, ou *séléniteuses*.

Pour reconnaître si une eau n'est pas dure et peut servir aux usages domestiques, on fait un *essai hydrotimétrique*. Il est fondé sur la propriété que possède l'eau calcaire, ou séléniteuse, de précipiter le savon à l'état de grumeaux et d'empêcher ainsi l'eau de savon de mousser.

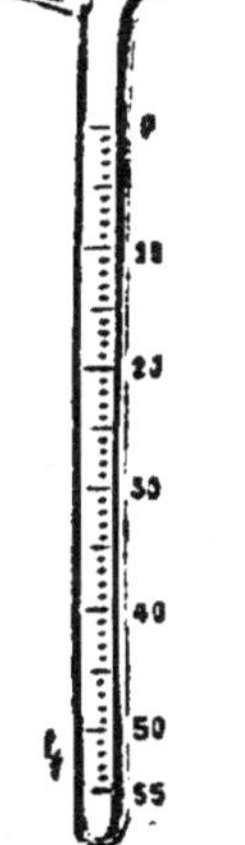

Fig. 12. — Burette hydrotimétrique.

On prépare une dissolution de 100 grammes de savon blanc bien sec dans 1 600 grammes d'alcool à 90°, et l'on ajoute 1 litre d'eau distillée : on a ainsi une liqueur limpide. A l'aide d'une *burette hydrotimétrique* (fig. 12), divisée en parties d'égale capacité, on verse cette liqueur goutte à goutte dans 40 centimètres cubes de l'eau à essayer, et on l'agite jusqu'à ce que l'on obtienne une mousse persistante.

Le nombre de divisions de la burette, qu'il a fallu verser pour obtenir ce résultat, mesure le *degré hydrotimétrique* de l'eau : 1 degré hydrotimétrique correspond à une eau dont 1 litre contient une quantité de sel calcaire capable de précipiter $0^{gr},1$ de savon. Les eaux potables marquent généralement entre 10 et 30 degrés.

L'eau à essayer est contenue généralement dans un flacon spécial, ou *hydrotimètre* (fig. 13), divisé en 4 parties égales, chacune d'une capacité de 10 centimètres cubes. Si, l'eau étant trop sélénituse, on ne peut pas arriver dans un premier essai à trouver son degré, on n'en prend que 30, 20, ou même 10 centimètres cubes, et on étend d'eau pour faire 40 centimètres cubes. Seulement, le nombre de degrés trouvés doit être alors multiplié par $\frac{4}{3}$, 2 ou 4.

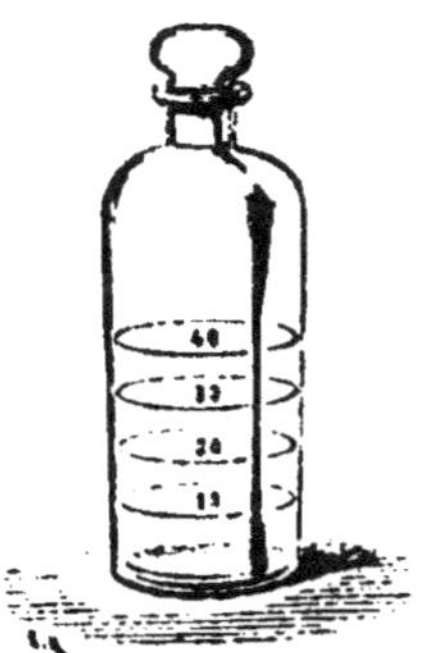
Fig. 13.
Hydrotimètre.

25. Eaux minérales. — Quand les proportions de matières en dissolution dépassent celles que nous avons indiquées, les eaux sont dites *minérales.*

On distingue comme eaux minérales :

Les eaux *gazeuses*, qui contiennent du gaz carbonique en grande quantité, comme les eaux de Seltz (duché de Nassau) ;

Les eaux *alcalines*, qui contiennent du carbonate acide de sodium, des carbonates de fer et de magnésium, comme les eaux de Vichy ;

Les eaux *sulfureuses*, contenant des sulfures de sodium ou de calcium (Enghien, Barèges) ;

Les eaux *ferrugineuses*, contenant des carbonates de fer (Spa, Carlsbad) :

Les eaux *salines*, contenant du sel marin (Salies de Béarn);

Les eaux *purgatives*, contenant du sulfate de magnésium (Sedlitz, Epsom).

26. Eau de mer. — L'eau de mer contient certains sels en grande quantité, particulièrement les chlorures de sodium et de magnésium. Elle n'a d'ailleurs pas partout la même composition dans les mers glaciales, elle est plus pure que dans les mers intérieures, parce que la solidification de l'eau a pour effet de la séparer des matières en dissolution. L'eau de la Méditerranée a pour densité 1,029 ; le résidu de l'évaporation de cette eau est de 29 à 49 grammes par litre. Il y a un tiers de chlorure de sodium, le reste est formé de chlorure et bromure

de magnésium, avec un peu de sels de potassium. Les gaz dissous son:
le gaz carbonique, l'oxygène, l'azote.

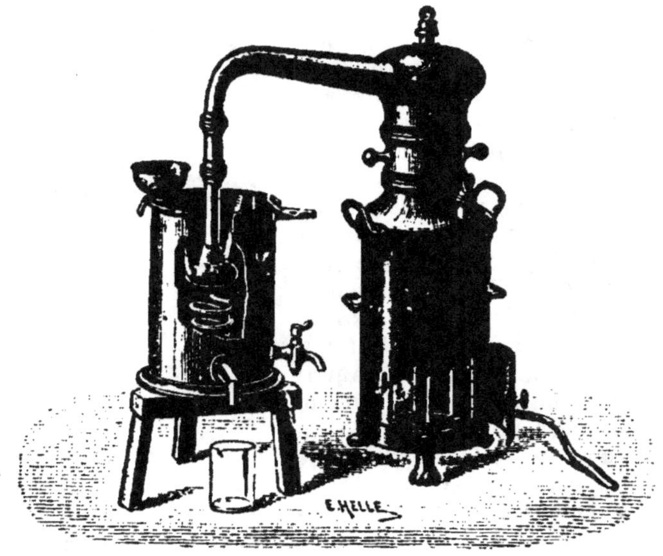

Fig. 14. — Alambic.

On a trouvé un peu d'argile dans l'eau de la mer en tous les lieux.

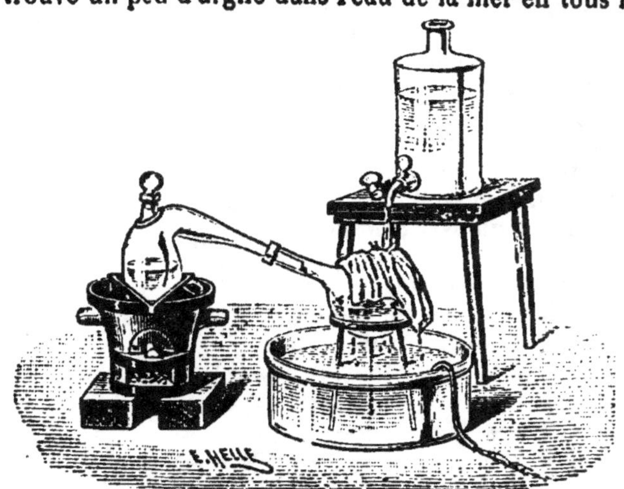

Fig. 15. — Distillation de l'eau dans les laboratoires.

27. Purification de l'eau. — Pour séparer l'eau des matières qui y
sont dissoutes, on emploie la *distillation*.

Pour distiller de grandes quantités d'eau, on se sert d'un alambic en cuivre (fig. 14), où l'on chauffe de l'eau à la température d'ébullition ; la vapeur est amenée, par le tuyau qui prolonge le dôme de l'alambic, dans un serpentin entouré d'eau froide, qui se renouvelle constamment ; elle se condense alors et s'écoule à l'état liquide par un petit conduit inférieur.

Les matières solides en dissolution dans l'eau sont fixes à la température d'ébullition du liquide et par conséquent restent dans l'alambic ; cependant, il faut rejeter les premières parties qui passent à la distillation et qui contiennent souvent de l'ammoniaque ; il ne faut pas non plus aller jusqu'au bout, parce que les chlorures se décomposeraient en donnant des oxydes et de l'acide chlorhydrique volatil, qui passerait. Si l'eau contient des carbonates acides, on ajoute dans l'alambic de la chaux.

Dans les laboratoires, on peut obtenir de petites quantités d'eau distillée en faisant bouillir de l'eau dans une cornue, dont le col débouche dans un ballon de verre constamment refroidi (fig. 15).

L'eau distillée ne contient aucune matière solide en dissolution et ne peut servir à la boisson.

Lorsqu'on doit employer comme eau potable des eaux de rivière ou de source qui ne sont pas suffisamment pures, on ne les distille pas, on se contente de les *filtrer*. Parmi les substances employées pour cela, on peut citer le sable, le charbon et la porcelaine non vernie.

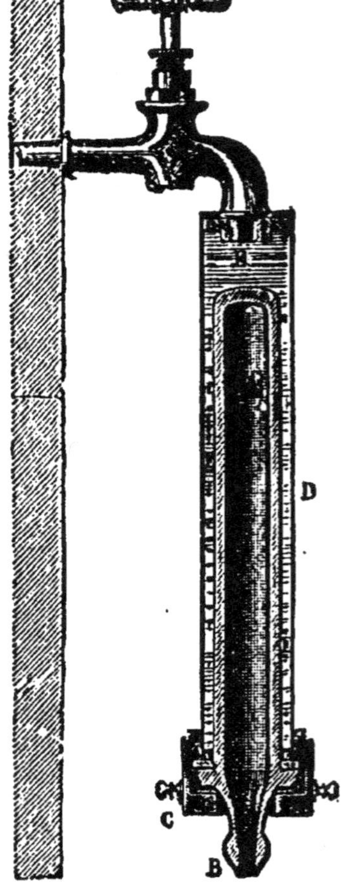

Fig. 16. — Filtre Chamberland, dit filtre Pasteur.

De tous ces corps, c'est la porcelaine qui arrête le mieux les microorganismes pouvant exister dans l'eau et c'est cette substance qui est employée dans les *filtres Chamberland*, appelés communément *filtres Pasteur*, et aujourd'hui si répandus.

Ce filtre, qui s'adapte facilement sur les conduites d'eau des appartements, dans les grandes villes, se compose (fig. 16), d'une sorte de bougie creuse A en porcelaine non vernie, ouverte à son extrémité B ;

elle est maintenue, au moyen d'une garniture métallique à vis C dans
une enveloppe cylindrique D, l'extrémité ouverte B sortant extérieurement. Lorsque le filtre est en place et qu'on ouvre le robinet d'arrivée de l'eau, celle-ci remplit l'espace E entre l'enveloppe et la bougie,
passe par suite de sa pression au travers de la bougie de porcelaine
et s'écoule par l'extrémité B; on la recueille dans un récipient.

Il faut de temps en temps, tous les mois environ, nettoyer le filtre;
pour cela on ferme le robinet d'arrivée de l'eau; on enlève, en dévissant la garniture métallique C, la bougie de porcelaine et on la laisse
pendant quelques instants dans de l'eau bouillante. On la remet ensuite en place.

28. Composition. — Pour les anciens, l'eau était, comme l'air, un
élément qui concourait à la formation des autres corps de la nature.
On croyait encore au temps de Lavoisier que l'eau pouvait se transformer en terre, parce qu'en la faisant bouillir dans un ballon, il reste
un résidu. Mais Lavoisier fit voir que la transformation n'avait pas

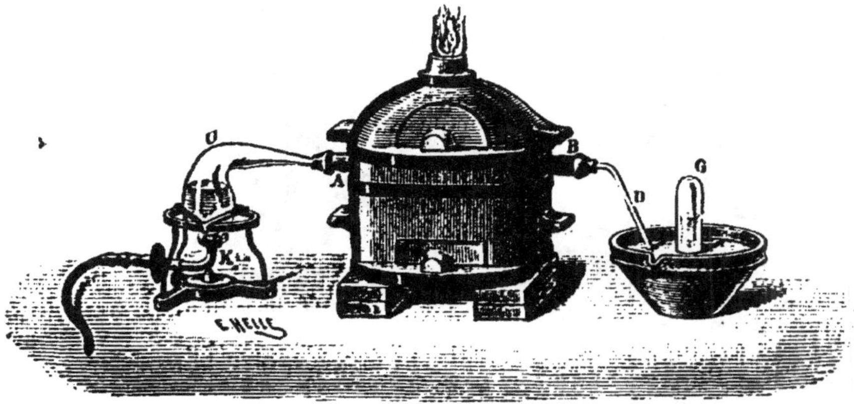

Fig. 17. — Analyse de l'eau par le fer. (Lavoisier.)

lieu : il prit un ballon fermé à la lampe et y fit chauffer de l'eau pendant plusieurs jours. Il recueillit l'eau et le résidu, et reconnut que le
ballon avait diminué d'un poids égal à celui du résidu minéral. Il en
conclut que la longue ébullition de l'eau dans le ballon avait pour
effet de dissoudre une partie de la substance du ballon, principalement la potasse et la soude, qui sont très solubles (1770).

En 1780, Cavendish montra que l'hydrogène brûle en produisant
une rosée (63).

Mais Lavoisier le premier fit l'analyse de l'eau, en montrant que, si
l'on fait passer de la vapeur d'eau sur du fer chauffé au rouge, on
obtient de l'oxygène et un gaz combustible, qu'il a appelé l'hydrogène. L'appareil (fig. 17) se compose d'une cornue C, destinée à fournir

la vapeur d'eau, puis d'un tube de porcelaine AB contenant des fils de
fer et chauffé dans un fourneau large ; ce tube est muni d'un tube à
dégagement D aboutissant sous une éprouvette G sur la cuve à eau.

On pèse l'eau de la cornue avant et après l'expérience ; l'eau qui
passe sur le fer est décomposée, le fer retient l'oxygène et s'oxyde,
l'hydrogène se dégage et on peut le recueillir. On pèse l'eau restante
et l'oxyde de fer formé. On trouve que pour 18 grammes d'eau
décomposée, il y a 16 grammes d'oxygène et 9 grammes d'hydrogène,
C'est là une analyse.

Lavoisier a fait aussi la synthèse de l'eau en combinant les deux gaz
au moyen de l'étincelle électrique.

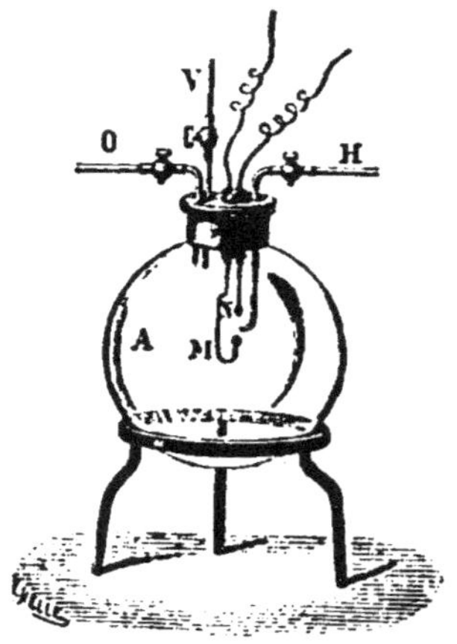

Fig. 18. — Synthèse de l'eau.
(Lavoisier.)

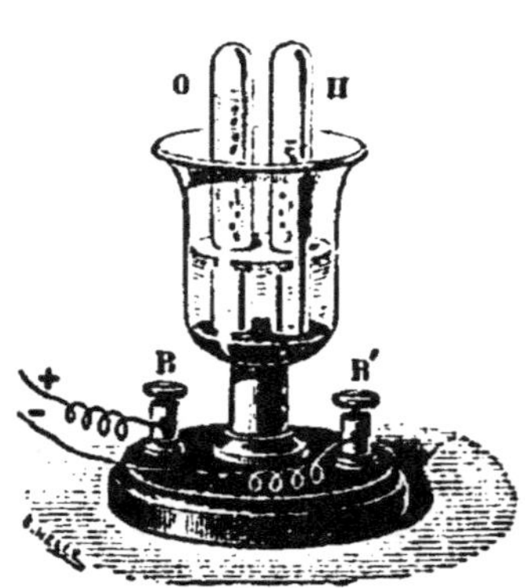

Fig. 19.
Voltamètre.

L'oxygène et l'hydrogène sont fournis par des gazomètres convenablement réglés et arrivent par les tubes O et H dans un ballon A (fig. 18) en face de deux fils M et N entre lesquels jaillissent des étincelles électriques ; ces étincelles produisent la combinaison des deux gaz et l'eau suinte sur les parois du ballon. Dans une première expérience avec Meusnier, Lavoisier trouva que les volumes de gaz étaient 12 d'oxygène pour 23 d'hydrogène ; dans d'autres expériences, ils trouvèrent que, pour 100 d'oxygène, il y avait 205 d'hydrogène.

29. Analyse et synthèse de l'eau en volume. — Aujourd'hui, on fait l'analyse de l'eau par la pile, dans le voltamètre (fig. 19). C'est un verre contenant de l'eau, dont le pied est traversé par deux lames de platine qui plongent dans le liquide et y amènent le courant électrique. Sur la lame positive, se dégage un volume de gaz O, moitié de celui H qui se dégage sur la lame négative.

Le premier rallume une allumette incomplètement éteinte ; c'est l'oxygène, que nous avons déjà reconnu dans l'air. L'autre ne rallume pas l'allumette et n'entretient même pas la combustion, mais il brûle en donnant de l'eau; c'est l'*hydrogène*. Ici l'oxygène est *électro-négatif* par rapport à l'*hydrogène*, qui est *électro-positif* (5).

On peut faire la synthèse de l'eau dans l'eudiomètre à mercure (fig. 7).

On y introduit des volumes égaux d'hydrogène et d'oxygène ; on fait jaillir l'étincelle, l'eau se condense et l'on constate que le gaz résidu est formé d'un demi-volume d'oxygène.

Gay-Lussac et de Humboldt trouvèrent ainsi que le rapport en volume des deux gaz combinés était de 1 volume d'oxygène pour 2 d'hydrogène; on trouve que la somme fait juste le poids de 2 volumes de vapeur d'eau.

30. Synthèse de l'eau en poids. — Les déterminations en volume étant moins précises que les déterminations en poids, on a cherché à déterminer la composition de l'eau en poids. La synthèse a d'abord été faite par Biot et Arago, puis par Dumas et Stas, avec toutes les garanties d'exactitude.

L'appareil de Dumas et Stas est représenté dans la figure 20. Il se compose d'abord d'un appareil à hydrogène qui fournit un courant de gaz ; mais ce gaz doit être purifié avec le plus grand soin et c'est à cela que sont destinés les tubes en U qui font suite à l'appareil à hydrogène.

Les impuretés de l'hydrogène proviennent du zinc et de l'acide sulfurique ; ce dernier donne de l'anhydride sulfureux, qui reste en dissolution dans l'acide sulfurique, et les principales impuretés sont fournies par le zinc, qui a été préparé en réduisant par le charbon l'oxyde provenant de la *blende*, ou sulfure de zinc; ce corps est toujours mélangé d'arséniure, de phosphate et de silicate de zinc, de sorte que dans le zinc du commerce il y a toujours un peu de sulfure, d'arséniure, de phosphure et de siliciure de zinc; ces corps, d'ailleurs en très petites quantités, fournissent dans l'appareil à hydrogène des hydrogènes sulfuré, arsénié, phosphoré et silicié. On arrête le premier par l'azotate de plomb, le second et le troisième par le sulfate d'argent, le dernier par la potasse. Le zinc contient souvent un peu de carbone, qui avec l'hydrogène naissant donne des carbures d'hydrogène ; on les arrête par la potasse.

Il peut aussi passer un peu d'acide sulfurique entraîné par l'hydrogène et mélangé d'anhydrides sulfureux et carbonique ; on arrête le tout par la potasse. Il faut aussi arrêter toute la vapeur d'eau; mais il vaut mieux ne pas employer l'acide sulfurique, qui peut être décomposé par l'hydrogène on lui préfère ici l'anhydride phosphorique.

Cette première série de tubes purificateurs est formée d'un tube à azotate de plomb, deux à sulfate d'argent, deux à potasse et un à anhydride phosphorique; à la fin se trouve un tube témoin, contenant de l'anhydride phosphorique, qui ne doit pas changer de poids pendant toute l'expérience.

Le courant d'hydrogène sec et pur passe dans un ballon en verre A, pouvant être chauffé pendant longtemps au rouge sans se transformer, et contenant de l'oxyde de cuivre; cet oxyde est réduit, il se forme de l'eau et le cuivre reste. Le cuivre ainsi réduit condense un peu d'hydrogène; Dumas et Stas en tinrent compte.

La vapeur d'eau formée va ensuite passer dans un ballon B à deux tubulures rectangulaires, entouré de glace, où elle se condense; à la suite, se trouve une nouvelle série de tubes en U contenant des matières desséchantes, chlorure de calcium et ponce imbibée d'acide sulfurique, qui absorbent l'eau ayant échappé à la condensation. A la fin, se trouve un dernier tube témoin.

Quand l'expérience est terminée, on laisse refroidir et on fait passer par aspiration un courant d'air sec et froid; alors les ballons à oxyde de cuivre et à eau se trouvent pleins d'air comme au commencement de l'expérience. Soient P et P′ les poids du ballon à oxyde de cuivre avant et après l'expérience; le poids d'oxygène employé à former de l'eau est P — P′. Soient p et p' les poids du ballon à eau avant et après l'expérience, p_1 et p'_1 les poids du dernier système de tubes en U; le poids d'eau formé est $p' - p + p'_1 - p_1$. Dumas et Stas trouvaient toujours très sensiblement :

$$p' - p + p'_1 - p_1 - (P - P') = \frac{1}{9} (p' - p + p'_1 - p_1)$$

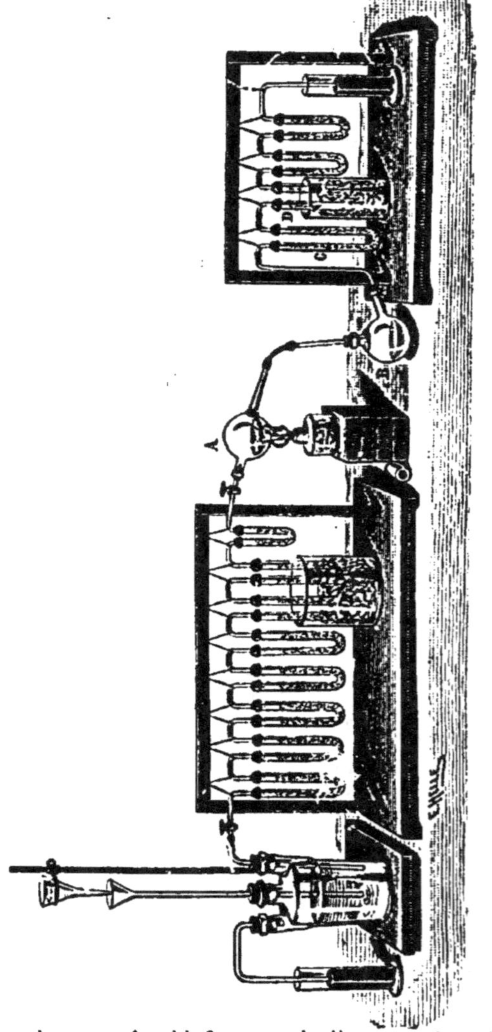

Fig. 20. — Synthèse de l'eau en poids. (Dumas et Stas.)

Les expérimentateurs exécutèrent 19 expériences, chacune de douze à quatorze heures; ils faisaient la synthèse d'un kilogramme d'eau, et dans ces conditions l'erreur commise n'atteignait pas $\frac{1}{10,000}$.

On peut conclure de ces expériences que dans 18 grammes d'eau, il y a 16 grammes d'oxygène et 2 grammes d'hydrogène. Ces poids correspondent bien à 1 volume d'oxygène et 2 volumes d'hydrogène.

31. L'eau est une combinaison. — L'air est, comme nous l'avons vu, un mélange; mais l'eau est une combinaison. En effet, pour retirer de l'eau ses deux éléments il ne suffit pas de mettre en contact avec elle, comme on l'a fait pour l'air, un corps capable d'absorber l'un des gaz; il faut faire intervenir une force physique, la chaleur, l'électricité. Ainsi, dans le voltamètre, l'électricité décompose l'eau; dans l'expérience de Lavoisier, la vapeur d'eau n'est décomposée et l'oxygène absorbé par le fer que parce qu'on fait intervenir la chaleur et qu'on porte le fer au rouge.

Inversement, tandis que pour avoir de l'air il suffit de mélanger dans des proportions convenables de l'azote et de l'oxygène, sans faire intervenir aucune force physique, le simple mélange d'oxygène et d'hydrogène, même dans les proportions voulues, ne donne pas du tout de vapeur d'eau, mais on transforme ce mélange en eau soit au moyen d'une étincelle électrique, soit par l'approche d'une bougie ou d'une allumette enflammée. On fait la synthèse de l'eau, tandis qu'il n'y a pas lieu de faire la synthèse de l'air.

32. Dissolution. — Dans la nature et dans les laboratoires, le rôle de l'eau est surtout celui d'un dissolvant : certains corps solides, tels que le sucre, le sel marin, mis en contact avec l'eau, passent à l'état liquide et se mélangent avec elle. On dit alors qu'il y a *dissolution* du corps dans l'eau.

Le corps, d'abord solide, passe à l'état liquide; donc il y a absorption de chaleur, et non seulement de la chaleur de fusion, mais encore de la *chaleur de diffusion*. Ainsi 1 gramme de nitre, quand on veut le faire passer simplement de l'état solide à l'état liquide, absorbe 49 calories; si on le dissout dans 5 grammes d'eau, il absorbe 69 calories, dans 20 grammes d'eau, il faut lui donner 86 calories, c'est là le principe des *mélanges réfrigérants*.

Si l'on prend 100 grammes d'eau à 0°, ils dissolvent 36 grammes de sel marin, au maximum : la solution est alors *saturée* de sel marin, et le poids de matière dissous dans 100 grammes est le *coefficient* de *solubilité* à 0° du corps dans le liquide employé.

Le coefficient de solubilité varie avec la température. On représente ses variations au moyen des *lignes de solubilité* : une telle ligne peut être construite au moyen de quatre ou cinq expériences. On trace deux droites rectangulaires ox et oy (fig. 21); on porte sur la droite horizon-

tale ox des longueurs proportionnelles aux températures et sur la
droite verticale oy des longueurs proportionnelles au poids de solide
dissous qui sature, à chaque température, un même poids donné du
dissolvant.

Pour le sel marin, la ligne de solubilité est une droite presque
parallèle à l'axe des températures; pour le chlorure de potassium,
une ligne droite inclinée sur l'axe des températures.

En général, les lignes de solubilité sont, comme pour le nitre, des
courbes de forme parabolique qui s'élèvent rapidement en tournant

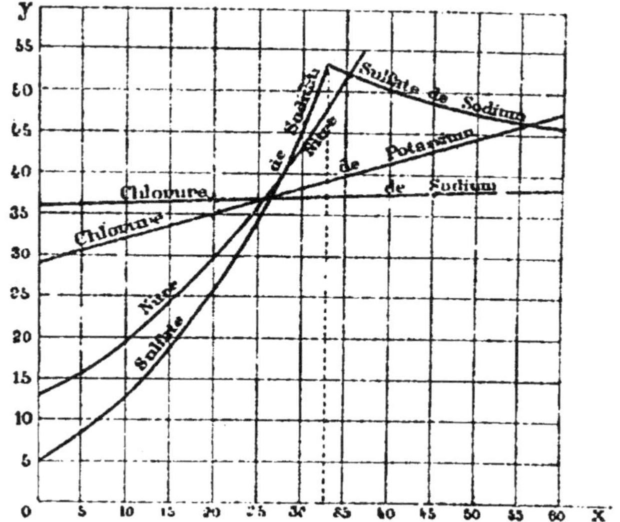

Fig. 21. — Lignes de solubilité.

leur convexité vers l'axe des températures. Pour le sulfate de sodium,
il y a un maximum de solubilité à 33°; quelques sels de calcium ont
des coefficients de solubilité qui diminuent quand la température
augmente, comme le sulfate de calcium par exemple (23).

Les gaz se dissolvent aussi dans l'eau, comme nous l'avons constaté
pour les gaz de l'air (22), et leur solubilité diminue quand la température augmente : à la température d'ébullition, l'eau abandonne les
gaz qu'elle tenait en dissolution.

Le solubilité d'un gaz dans l'eau se mesure par son *coefficient de solubilité :* on peut le définir le volume de gaz dissous dans un litre d'eau.
L'oxygène étant plus soluble dans l'eau que l'azote, les gaz extraits de
l'eau contiennent une proportion d'oxygène plus forte que dans
l'air (19).

Le coefficient de solubilité d'un corps solide dans un liquide peut encore, comme toutes les quantités physiques, se représenter par une relation algébrique, établie empiriquement, entre la température t, qui est ici la variable arbitraire, et le coefficient de solubilité c, qui est la fonction. On pose :

$$c = a + bt + dt^2 + \ldots$$

le second membre pouvant se composer de plusieurs termes qui contiennent les puissances successives de la variable t. On fait un certain nombre d'expériences, qui donnent des valeurs correspondantes de c et de t ; en les portant dans la formule, on détermine les constantes a, b, d, etc. On prend dans le second membre un nombre suffisant de termes pour que la relation représente bien les résultats de toutes les expériences : cela ne peut se faire qu'en tâtonnant. C'est ainsi que pour le nitre la relation est :

$$c = 13,32 + 0,5738\, t + 0,017168\, t^2$$

c'est l'*équation* de la courbe de solubilité.

33. Sursaturation. — Si d'une solution saturée on enlève, par évaporation par exemple, une partie du dissolvant, ou bien si l'on sature le dissolvant à chaud avec un corps plus soluble à chaud qu'à froid, et qu'on laisse refroidir, une partie du solide devra se déposer.

Cependant, bien souvent il n'en est rien : on dit alors que la solution est sursaturée. Le phénomène de la *sursaturation* est analogue à celui de la surfusion (12) ; les molécules du solide qui doit se déposer sont dans un état d'équilibre instable, et un ébranlement, ou le contact de l'air, sont souvent suffisants pour produire la solidification. Dans tous les cas, ce résultat s'obtient en projetant dans la solution sursaturée une parcelle du solide dissous : et pendant la solidification il se dégage de la chaleur (M. Gernez).

Si l'on fait, par exemple, une dissolution de sulfate de sodium, saturée à chaud, et qu'on la laisse refroidir lentement à l'abri de l'air en couvrant le récipient, ou en versant à la surface de la dissolution une mince couche d'huile, la liqueur pourra se refroidir sans qu'il y ait dépôt du corps dissous ; mais si on y projette une parcelle de sulfate de sodium, la solidification d'une partie du sel se fera immédiatement, et la température s'élèvera.

CRISTALLISATION

34. Modes de cristallisation. — Lorsqu'un corps fondu ou vaporisé se solidifie, lorsqu'un corps dissous se dépose, leurs molécules se groupent généralement en figures de forme géométrique : le corps cristallise.

On peut faire cristalliser les corps par *voie sèche* ou par *voie humide*.

Par *voie sèche*, on fait fondre le corps et on le laisse refroidir, en ayant soin d'enlever, aussitôt que la solidification commence, une partie du corps encore fondu, de manière que les cristaux soient visibles. On peut faire cristalliser ainsi le soufre et les métaux facile ment fusibles, l'étain, le bismuth, le plomb. C'est la méthode par *fusion et refroidissement.*

Elle réussit particulièrement bien avec le soufre ; dans un creuset de terre, on fait fondre du soufre en ayant soin de boucher le creuset, et on le laisse lentement refroidir à découvert. Aussitôt qu'il s'est formé à la partie supérieure une croûte solide, on y perce deux trous et on fait écouler par l'un deux le soufre encore liquide ; en enlevant ensuite entièrement la croûte supérieure, on voit très nettement les cristaux de soufre qui apparaissent sous la forme d'aiguilles translucides (fig. 22).

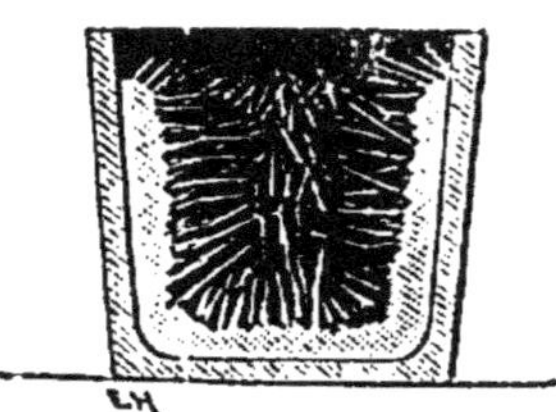

Fig. 22. — Cristallisation du soufre par voie sèche.

On peut encore sublimer les corps qu'on n'observe pas à l'état liquide et condenser les vapeurs ; c'est la méthode par *sublimation,* applicable en particulier à l'iode, au camphre et à la naphtaline.

Dans une capsule on met de la naphtaline brute, produit brun ayant une forte odeur de goudron, on recouvre d'une feuille de papier filtre fixée sur les bords et on place par-dessus un cône en carton. En chauffant doucement, on ne tarde pas à voir les parois du cône de carton se couvrir de petites lamelles brillantes de naphtaline sublimée.

Par *voie humide*, on peut, après avoir saturé le dissolvant du solide à faire cristalliser, évaporer spontanément, ou sous l'influence d'une douce chaleur ; c'est la méthode par *dissolution et évaporation*, applicable au soufre dissous dans le sulfure de carbone ou au sulfate de sodium dissous dans l'eau. C'est celle que l'on emploie dans les marais salants pour extraire le chlorure de sodium de l'eau de mer.

On peut aussi, lorsque le corps est plus soluble à chaud qu'à froid, saturer le dissolvant à chaud, puis laisser refroidir : c'est la méthode par *dissolution à chaud et refroidissement*. On l'emploie pour faire cristalliser l'alun, le nitre et la plupart des sels.

Quelquefois les cristaux obtenus sont très petits. Pour augmenter leur volume, on les laisse au contact de la dissolution, puis on chauffe doucement et l'on refroidit, alternativement : en chauffant, une partie du solide se dissout, puis les cristaux se reforment ensuite sur les cristaux non dissous.

35. Systèmes cristallins. — Les cristaux sont ordinairement des polyèdres convexes.

Quand on étudie les diverses formes sous lesquelles les corps cristallisent, on reconnaît qu'elles sont très nombreuses ; mais toutes peuvent se déduire d'un petit nombre de formes simples, appelées *formes types.*

L'ensemble de toutes les formes qui se déduisent d'une même forme type constitue un *système cristallin*.

On compte six systèmes cristallins :

1° Le système *cubique*, dont la forme type est le cube (fig. 23). Il possède trois axes de symétrie rectangulaires et égaux, parallèles aux trois arêtes *b*.

2° Le système *quadratique*, dont la forme type est le prisme droit

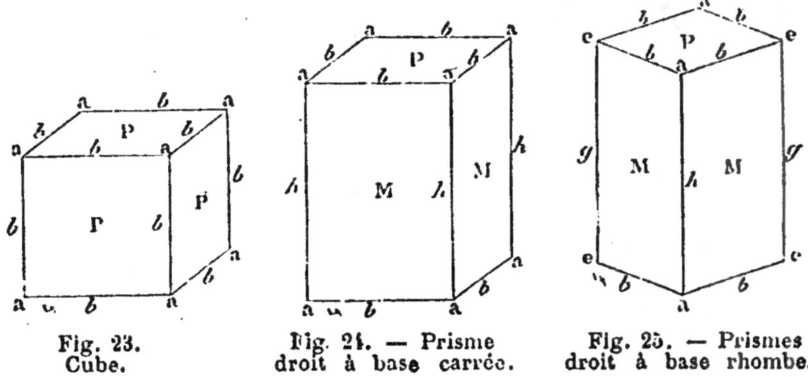

Fig. 23.
Cube.

Fig. 24. — Prisme
droit à base carrée.

Fig. 25. — Prismes
droit à base rhombe.

à base carrée (fig. 24). Il possède trois axes de symétrie, parallèles aux trois arêtes *b* et *h*, par conséquent rectangulaires et dont deux sont égaux.

3° Le système *orthorhombique*, dont la forme type est le prisme droit

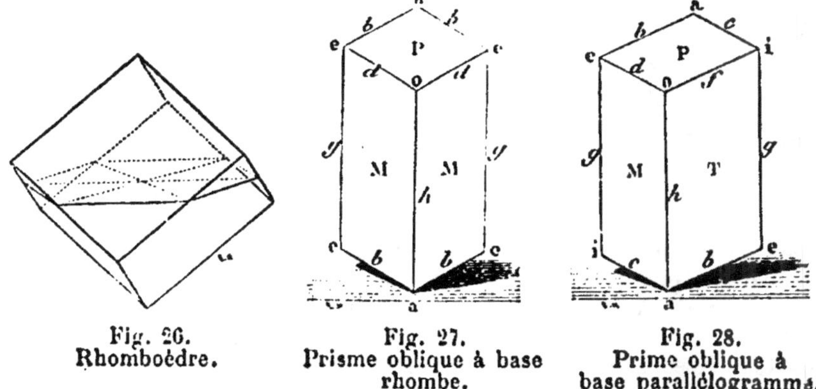

Fig. 26.
Rhomboèdre.

Fig. 27.
Prisme oblique à base
rhombe.

Fig. 28.
Prime oblique à
base parallélogramme.

à base *rhombe*, ou losange (fig. 25). Il possède trois axes de symétrie parallèles, l'un aux arêtes latérales *h*, les deux autres aux diagonales du losange de base; ils sont donc rectangulaires et inégaux.

4° Le système *rhomboédrique*, dont la forme type est le *rhomboèdre*, solide dont toutes les faces sont des rhombes égaux (fig. 26).

Il y a dans le rhomboèdre six arêtes identiques et telles, qu'en en joignant les milieux, on obtient un hexagone régulier ; les axes du rhomboèdre sont les diagonales de l'hexagone régulier ainsi obtenu ; ils sont donc égaux et inclinés les uns sur les autres.

5° Le système *clinorhombique*, dont la forme type est le prisme oblique à base rhombe (fig. 27). Il possède trois axes parallèles aux arêtes latérales *h* et aux diagonales du losange de base ; donc, ces trois axes sont inégaux, et deux sont rectangulaires entre eux.

6° Le système *triclinique*, dont la forme type est le prisme oblique à base parallélogramme (fig. 28). Ses trois axes sont parallèles aux trois arêtes *b*, *c* et *h* ; ils sont donc obliques et inégaux.

De chaque forme type on peut déduire toutes les autres formes du même système, à l'aide des lois suivantes :

Loi de symétrie : *Si un angle polyèdre, une arête, une face de cristal subit une modification, tout angle, arête, ou face identique subit la même modification.*

Par exemple, dans le cube, tous les angles solides sont identiques, et la modification subie par l'un de ces angles se reproduit sur tous

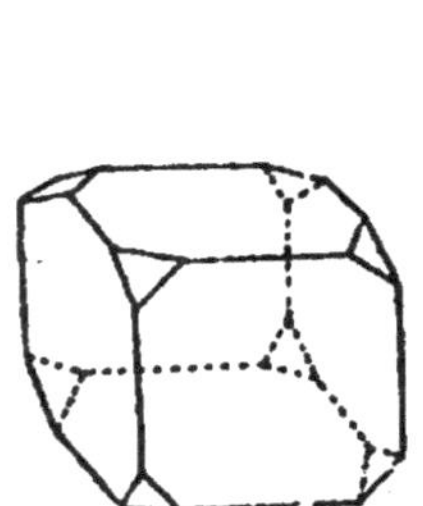

Fig. 29. — Cube modifié suivant les angles solides.

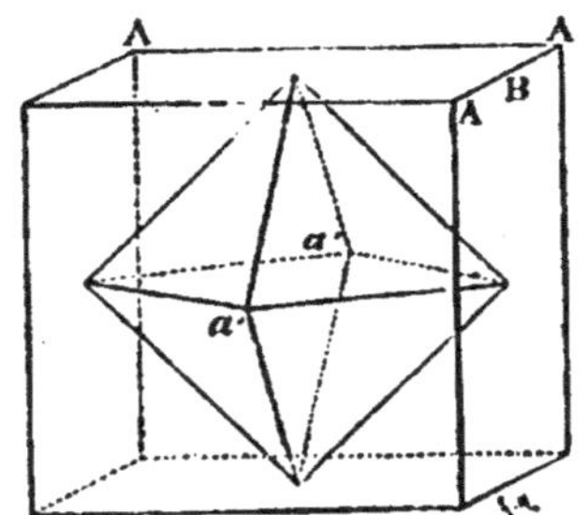

Fig. 30. Transformation du cube en octaèdre.

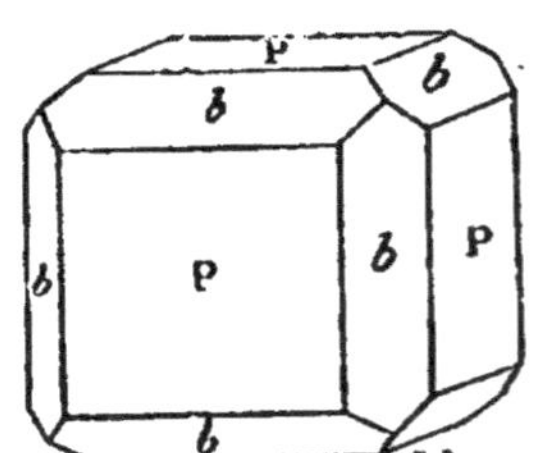

Fig. 31. Cube modifié suivant les arêtes.

les autres ; une facette supprimant l'un d'eux devra être également inclinée sur les trois arêtes, qui sont identiques, et il devra y avoir une facette identique à tous les sommets (fig. 29). Les huit facettes, en se développant, donnent l'octaèdre régulier (fig. 30).

De même, dans le cube, toutes les arêtes sont identiques, et si l'une d'elles est coupée par un plan, ce plan devra être également incliné sur les deux faces, dont l'arête est l'intersection, et toutes les arêtes devront être modifiées de la même manière (fig. 31).

Dans le prisme droit à base carrée, tous les angles solides sont aussi identiques, et la modification sera la même pour tous (fig. 32); mais parmi les 12 arêtes, il n'y a d'identiques que les 8 arêtes des deux bases, ces 8 arêtes seront donc les seules à être modifiées identiquement (fig. 33).

On pourrait multiplier indéfiniment ces exemples ; nous nous contenterons d'en indiquer encore un qui a une grande importance. Dans le rhomboèdre, il y a 6 arêtes identiques, ce sont celles dont on joint

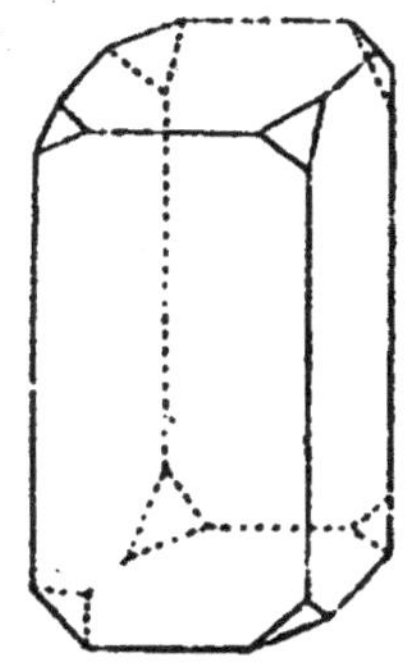

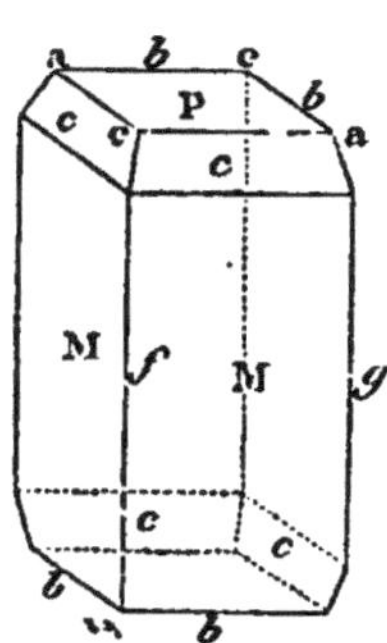

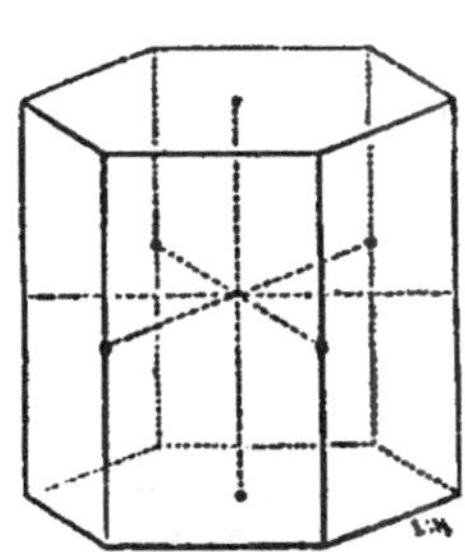

Fig. 32. — Prisme droit à base carrée, modifié suivant les angles solides.

Fig. 33. Prisme droit à base carrée modifié suivant les arêtes.

Fig. 34. Prisme hexagonal régulier.

les milieux pour avoir l'hexagone régulier définissant les axes (fig. 26) ; si l'on coupe ces 6 arêtes par des plans passant par les côtés de l'hexagone régulier et parallèles à une même droite, on aura un prisme hexagonal régulier (fig. 34), que certains auteurs prennent, au lieu du rhomboèdre, comme forme type du quatrième système cristallin.

Lorsqu'une modification a lieu sur un angle solide dont toutes les arêtes ne sont pas identiques, ou sur une arête dont les faces ne sont pas identiques, elle n'a pas lieu cependant d'une façon quelconque, elle se fait d'après la loi suivante.

Loi de dérivation : *Lorsque la modification a lieu par un plan sécant sur les angles ou sur les arêtes, ce plan coupe les arêtes à partir du sommet de l'angle à des distances qui sont entre elles dans des rapports simples, comme* $1, 2, \frac{1}{2}, \frac{1}{3}$.

Cette loi limite, comme on le voit, le nombre de formes secondaires que l'on peut faire dériver d'une forme type.

Il est rare que les cristaux, naturels ou artificiels, se présentent sous une des formes bien nettes et géométriques que nous venons de décrire ; ils forment souvent des amas, ou ils sont enchevêtrés les uns dans les autres. Même lorsqu'ils sont isolés, ils sont, le plus souvent, tronqués : la figure 35 montre la forme que présente souvent un cristal isolé d'un corps cristallisant sous la forme d'octaèdre régulier, comme l'alun. Mais ce qui caractérise un cristal, c'est la constance des angles que les faces forment entre elles.

En général, les faces de cristal sont deux à deux parallèles ; cependant, si on considère une forme cristalline quelconque et que l'on supprime une face sur deux, en suivant une direction quelconque, on formera un solide ayant deux fois moins de faces et dans lequel le parallélisme de celles-ci n'existera plus. C'est ce que l'on appelle

Fig. 35. — Cristal isolé d'un corps cristallisant un octaèdre régulier.

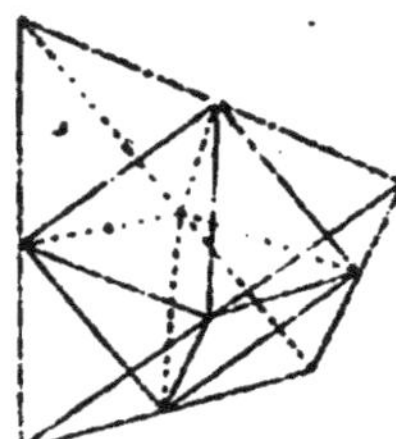

Fig. 36. — Modification hémiédrique de l'octaèdre transformé en tétraèdre.

une forme *hémiédrique*, tandis que les premières sont les formes *holoédriques*.

La figure 36 montre comment on peut passer de l'octaèdre au tétraèdre, qui est une forme hémiédrique du premier.

36. Polymorphisme. — Un corps *dimorphe* est celui qui peut prendre deux formes cristallines appartenant à deux systèmes différents.

Ainsi, le soufre natif, ou obtenu par évaporation de sa dissolution dans le sulfure de carbone, cristallise en octaèdre dérivant du prisme droit à base rhombe ; obtenu par fusion et refroidissement il cristallise en prisme oblique à base rhombe. Le carbonate de calcium se trouve dans la nature sous deux formes : le spath d'Islande, cristallisé en rhomboèdre, et l'aragonite, en prisme droit à base rhombe.

L'anhydride arsénieux sublimé cristallise en octaèdre régulier ; en contact avec l'eau dans un tube à 200°, il cristallise en prisme droit à base rhombe (104). Il en est de même de l'oxyde d'antimoine (213).

Les corps dimorphes sont assez nombreux ; mais les corps *trimorphes* ou *polymorphes* sont rares. On peut citer l'oxyde de titane.

Les différentes formes sous lesquelles cristallisent les corps dimorphes ou polymorphes appartiennent à des systèmes différents, mais qui sont cependant voisins.

37. Isomorphisme. — Quand on prend un cristal d'alun ordinaire et qu'on le place dans une solution d'alun d'ammoniaque, le cristal grossit comme il le ferait dans sa propre solution et sans changer de forme ; de même dans l'alun de chrome.

Mistcherlich a montré que plusieurs corps possèdent cette propriété ; il les appela *isomorphes*, c'est-à-dire *qui ont la même forme*. Il a remarqué que la constitution chimique des corps qui ont cette propriété est tout à fait analogue.

Les aluns sont des corps isomorphes. L'alun ordinaire, ou alun potassique, est un sulfate double d'aluminium et de potassium ; on peut y remplacer le potassium par l'ammonium, le sodium, etc., ou bien encore l'aluminium par le fer ou le chrome. La substitution peut encore porter sur le soufre : on peut le remplacer par le sélénium. Tous ces aluns ont des cristaux de même forme.

Un autre exemple intéressant de corps isomorphes, ce sont les carbonates de calcium, de magnésium, de zinc, de manganèse et de fer ; ces corps cristallisent tous en rhomboèdres, dont les angles ont des valeurs très voisines :

Carbonate de chaux (spath d'Islande)	105°21′.
Carbonate de magnésie (giobertite)	107°25′.
Carbonate de chaux et de magnésie (dolomie). . .	106°15′.
Carbonate de zinc (smithsonite).	107°40′.
Carbonate de manganèse (diallogite).	106°51′.
Carbonate de fer (sidérose)	107°.

Les sulfates et les chromates sont isomorphes : par exemple, le sulfate et le chromate de sodium.

L'expérience qui établit l'isomorphisme de deux corps est la suivante : on fait une dissolution de l'un des corps et l'on y introduit un cristal de l'autre corps ; si ce dernier augmente de volume en conservant sa forme, les deux corps sont isomorphes.

Des corps peuvent être isomorphes, et même *isodimorphes*, comme l'anhydride arsénieux et l'oxyde d'antimoine (36).

38. Eau de cristallisation. Efflorescence. Déliquescence. — La plupart des corps cristallisés sont des hydrates, c'est-à-dire qu'ils sont combinés à une certaine quantité d'eau, que l'on appelle *eau de cristallisation* ; si on leur enlève alors cette eau, en les chauffant par exemple, ils perdent leur forme cristalline et, s'ils sont colorés, ils deviennent généralement blancs, comme cela arrive pour le sulfate de fer, l'azotate de cuivre.

Pour certains corps, cette eau se vaporise facilement et spontanément dans le vide et même dans l'air, à la pression ordinaire. C'est ce que l'on appelle l'*efflorescence ;* on dit que le corps s'effleurit ou est efflorescent.

Le carbonate neutre de sodium cristallisé est efflorescent.

Si l'on place un corps efflorescent dans un vase où l'on fait le vide, l'eau se dégage à l'état de vapeur jusqu'à ce qu'elle atteigne une tension f, appelée *tension d'efflorescence* de la substance ; pour une température déterminée t, la tension d'efflorescence f est constante.

Mais si l'on augmente la température, la tension d'efflorescence augmente. Dans l'air sec, le corps se comporte comme dans le vide.

Dans l'air humide, ou dans l'air extérieur, où il y a toujours de la vapeur d'eau, si à la température t la tension de la vapeur d'eau de l'air est plus petite que la tension d'efflorescence f de la substance, cette dernière laisse dégager de la vapeur d'eau, elle est efflorescente. Mais si la tension de la vapeur d'eau de l'air est plus grande que la tension d'efflorescence du corps, ce dernier absorbera, au contraire, une certaine quantité de vapeur d'eau, et il fondra, au moins en partie. C'est le phénomène de la *déliquescence* ; on dit alors que le corps est *déliquescent*.

Le chlorure de calcium cristallisé est déliquescent ; la potasse aussi.

CHAPITRE II

LOIS DES COMBINAISONS. — NOTIONS DE THÉORIE ATOMIQUE. — NOMENCLATURE ET NOTATION SYMBOLIQUE

Maintenant que nous avons étudié en détail l'un des principaux com-posés, l'eau, nous allons examiner quelles sont les lois fondamentales de la chimie et les conséquences qu'on en a tirées. Elles nous serviront ensuite de guide dans l'étude des autres corps.

LOIS DES COMBINAISONS EN POIDS

39. Loi des proportions définies (Proust). — A la suite de nom-breuses analyses, un chimiste français, Proust, a pu énoncer en 1806 la loi suivante :

Lorsque deux corps s'unissent pour former un composé déterminé, ils s'unissent toujours dans des proportions invariables.

Par exemple, 8 grammes d'oxygène s'unissent à 1 gramme d'hy-drogène pour former de l'eau, et, pour former le même composé, la combinaison des deux corps aura toujours lieu dans le même rapport : à 16 grammes d'oxygène s'uniront 2 grammes d'hydrogène, à 32 grammes du premier s'uniront 4 grammes du second, et ainsi de suite.

40. Loi des proportions multiples (Dalton). — Mais deux corps peuvent s'unir en proportions différentes, donnant lieu alors à des composés différents. Ces combinaisons multiples se font d'après la loi suivante, due à Dalton, chimiste et physicien anglais :

Lorsque deux corps s'unissent en proportions différentes, il y a tou-jours un rapport simple entre les divers poids de l'un des corps qui s'unissent à un même poids de l'autre.

Les rapports que l'on rencontre le plus souvent sont :

$$1, \quad 1\ 1/2, \quad 2, \quad 3, \quad 4, \quad 5.$$

Par exemple, l'azote et l'oxygène forment plusieurs composés :

Le *protoxyde d'azote* qui contient	14 gr.	d'azote	et	8 gr.	d'oxygène
Le *bioxyde d'azote*	—	14 gr.	—	16 gr.	—
L'*anhydride azoteux*	—	14 gr.	—	24 gr.	—
Le *peroxyde d'azote*	—	14 gr.	—	32 gr.	—
L'*anhydride azotique*	—	14 gr.	—	40 gr.	—

Dans ces différents composés, les poids d'oxygène qui l'unissent à un même poids d'azote sont entre eux comme les nombres 1, 2, 3, 4 et 5, c'est-à-dire dans des rapports simples.

Le chlore et le phosphore forment deux composés :

Le *trichlorure de phosphore* qui contient 31 grammes de phosphore et 106^{gr},5 de chlore.

Le *pentachlorure* qui contient 31 grammes de phosphore et 177^{gr},5 de chlore.

Dans ces deux composés les poids de chlore qui s'unissent à un même poids de phosphore sont entre eux comme les nombres 3 et 5.

41. Loi des proportionnalités, ou des nombres proportionnels. — Cette loi est généralement attribuée au chimiste allemand Richter. On peut l'énoncer ainsi :

Les poids de deux corps qui s'unissent pour former un composé sont des multiples simples des poids des mêmes corps qui s'uniraient à un même poids d'un troisième.

Par exemple, pour former l'anhydride sulfureux, 32 grammes de soufre s'unissent à 32 grammes d'oxygène. Or le soufre et l'oxygène s'unissent tous deux à l'hydrogène pour former l'hydrogène sulfuré et l'eau ; dans le premier, à 2 grammes d'hydrogène s'unissent 32 grammes de soufre, et dans la seconde à 2 grammes d'hydrogène s'unissent 16 grammes d'oxygène. Les poids de soufre et d'oxygène qui s'unissent dans le premier sont des multiples simples de 32 et de 16.

De même 168 grammes de fer s'unissent à 64 grammes d'oxygène, pour former un oxyde de fer. Or, le fer et l'oxygène s'unissent tous deux au soufre pour donner le sulfure de fer et l'anhydride sulfureux ; dans le premier, à 32 grammes de soufre sont unis 56 grammes de fer, et dans le second, au même poids de soufre, sont unis 32 grammes d'oxygène. Les poids de fer et d'oxygène ae l'oxyde de fer 168 et 64 sont des multiples simples des poids 56 et 32 qui s'unissent à un même poids de soufre, 168 = 56 × 3 et 64 = 32 × 2.

42. Nombres proportionnels. — On appelle *nombres proportionnels* les nombres qui expriment le rapport dans lequel deux ou plusieurs corps se combinent en poids. Ainsi, dans les exemples précédents, 16, 32, 56 représentent des nombres proportionnels de l'oxygène, du soufre, du fer.

Ces nombres, exprimant des rapports, sont purement relatifs, et l'on conçoit que les systèmes de nombres proportionnels peuvent varier avec le corps dont le nombre proportionnel est pris comme unité :

Mais il y a encore une autre cause de variation plus importante : c'est que deux corps peuvent se combiner en plusieurs proportions, donnant ainsi des composés différents, et que par conséquent les nombres proportionnels varient à l'infini, suivant les composés que l'on compare.

Ainsi, dans les exemples précédents, en comparant les composés oxygénés de l'hydrogène, du soufre et du fer, nous avons un premier système de nombres proportionnels qui est : 2 pour l'hydrogène, 16 pour l'oxygène, 32 pour le soufre, 56 pour le fer. Si nous comparons les composés oxygénés du soufre et du fer, nous aurons un autre système, qui est : 32 pour le soufre, 32 pour l'oxygène, 84 pour le fer.

D'après la loi de Richter, les nombres proportionnels d'un même élément seront, dans ces différents systèmes, et en conservant le même élément pour terme de comparaison, des multiples l'un de l'autre.

Pendant longtemps les chimistes, et principalement les chimistes français, se sont partagés entre deux systèmes de nombres proportionnels : le système des *équivalents*, encore suivi en France jusqu'en ces dernières années, et le système des *poids atomiques*, uniquement adopté aujourd'hui.

Pour bien comprendre ce que l'on entend par poids atomiques, il faut encore connaître une loi sur les combinaisons des gaz.

LOI DES COMBINAISONS EN VOLUME

43. Loi de Gay-Lussac. — Gay-Lussac, à la suite de ses expériences avec de Humboldt sur la composition de l'eau en volume (29), étudia la composition d'un certain nombre de gaz et put énoncer la loi suivante .

Lorsque deux gaz se combinent, il y a toujours un rapport simple entre les volumes des composants ; il y a aussi un rapport simple entre le volume du composé et celui de chaque composant.

Ainsi, 1 volume d'oxygène s'unit à 2 volumes d'hydrogène pour donner 2 volumes de vapeur d'eau (29) ; 2 volumes de gaz chlorhydrique sont formés par la combinaison de 1 volume d'hydrogène avec 1 volume de chlore ; enfin, 2 volumes d'ammoniaque résultent de la combinaison de 1 volume d'azote avec 3 volumes d'hydrogène.

On remarque que, quand deux gaz se combinent à volumes égaux, le plus souvent le volume du composé égale la somme des volumes des composants ; si la combinaison a lieu à volumes inégaux, le volume du composé est plus petit que la somme des volumes des composants. Il y a alors *contraction*, la contraction étant la différence

entre la somme des volumes employés et le volume du composé.
Pour l'eau, la contraction est 1/3; pour l'ammoniaque, elle est 1/2.

Pour vérifier le rapport des volumes des composants dans les corps
précédents, on fait passer le courant électrique dans trois voltamètres
d'Hoffmann (fig. 37) qui contiennent, le premier A une dissolution de
gaz acide chlorhydrique, le second B de l'eau acidulée et le troisième C

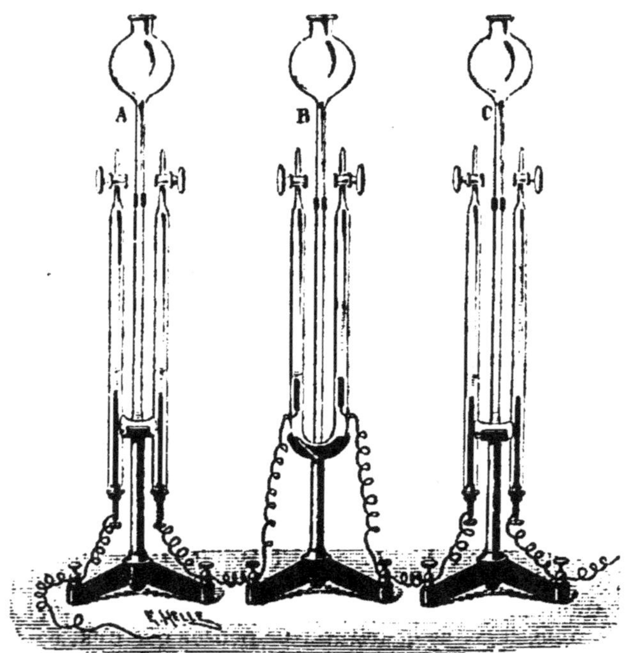

Fig. 37 — Décomposition simultanée de l'acide chlorhydrique,
de l'eau et de l'ammoniaque.

une dissolution d'ammoniaque ; on remarque que, dans le premier,
les volumes de gaz résultant de la décomposition sont égaux ; dans
le second, le volume d'oxygène est la moitié de celui de l'hydrogène ;
dans le troisième, le volume d'azote est le tiers de celui de l'hydrogène.

PRINCIPES DE LA THÉORIE ATOMIQUE

44. Interprétation des lois précédentes. — Pour expliquer les lois
des combinaisons en poids des corps, Dalton eut l'idée de reprendre en
la précisant une hypothèse déjà émise par les anciens. Il admit que

tout corps est formé de *particules* insécables et que la particule d'un corps composé est formée par la juxtaposition des particules de ses éléments.

Dalton appelait atomes ces particules insécables, mais aujourd'hui en chimie, on réserve le nom d'*atome* à la plus petite quantité d'un corps simple qui peut entrer dans une combinaison, tandis qu'on appelle *molécule* la plus petite quantité d'un corps, simple ou composé, qui peut exister à l'état libre. La molécule résulte donc de la juxtaposition d'atomes simples, identiques ou différents.

Cette hypothèse sur la constitution des corps, qui est admise maintenant par tous les physiciens et tous les chimistes, et qui permet d'expliquer d'une façon satisfaisante tous les phénomènes de la physique, permet aussi de se rendre compte des lois des combinaisons chimiques.

Si en effet les atomes sont insécables, il faudra qu'un composé soit formé de la combinaison d'un atome de l'un des éléments avec un, deux ou trois, etc., atomes du second ; les poids du second corps qui se combinent à un même poids du premier, seront entre eux comme les nombres 1, 2, 3, etc. C'est la loi des proportions multiples (40).

Du nombre d'atomes de chacun des éléments, combinés pour former le corps composé, dépend la nature et les propriétés de ce composé, puisque des proportions différentes donnent des composés différents ; un corps déterminé est toujours formé par la combinaison d'un même nombre d'atomes du premier élément à un même nombre d'atomes du second. Donc le rapport des poids, suivant lesquels deux corps se combinent, est constant ; c'est la loi des proportions définies (44).

Enfin, la loi de Gay-Lussac sur les combinaisons en volume (48), donne lieu à une interprétation importante : la combinaison de deux éléments gazeux a lieu entre des volumes qui sont entre eux dans un rapport simple, il est assez naturel de penser que c'est parce que :

A la même température et sous la même pression un même volume de tous les gaz simples renferme le même nombre de molécules.

Si deux volumes d'hydrogène s'unissent à 1 volume d'oxygène, c'est parce que 2 molécules d'hydrogène s'unissent à une molécule d'oxygène.

La loi de Gay-Lussac est vraie pour les combinaisons, non seulement entre les gaz simples, mais aussi entre les gaz composés ; ainsi, pour former le sel ammoniac, le gaz chlorhydrique et l'ammoniaque s'unissent dans un rapport simple, à volumes égaux. Nous pouvons donc généraliser l'interprétation de cette loi et dire :

A la même température et sous la même pression, un même volume de tous les gaz, simples ou composés, contient le même nombre de molécules.

Cette interprétation, donnée d'abord par un chimiste italien, Avogadro, puis reprise par Ampère, porte le nom d'*hypothèse d'Avogadro,* ou d'*hypothèse d'Ampère.*

45. Poids moléculaires. — On prend pour unité de poids et de volume le poids et le volume de l'atome d'hydrogène; un atome d'hydrogène, qui pèse 1, occupe un volume égal à 1. A quel volume de vapeur doit-on alors rapporter le poids de la molécule d'un corps, simple ou composé; est-ce à 1 volume de vapeur ? Non, si l'on veut éviter les nombres fractionnaires ; car, un volume de vapeur d'eau étant formé (20) d'un volume d'hydrogène et d'un demi-volume d'oxygène, la molécule d'eau occupant un volume serait formée d'un volume ou d'un atome d'hydrogène, combiné à un demi-volume, ou à un demi-atome d'oxygène.

Mais l'atome est insécable, et il faut rapporter le poids de la molécule à un volume tel qu'une molécule d'un corps composé quelconque contienne toujours au moins un atome de chacun de ses éléments. L'étude des corps montre qu'il suffit pour cela de rapporter la molécule à un volume égal à 2, l'atome d'hydrogène, qui pèse 1, occupant un volume égal à 1.

Les molécules de tous les corps simples et composés correspondent donc toutes à 2 volumes de vapeur, et le poids moléculaire d'un corps gazeux s'obtient en prenant le double de sa densité par rapport à l'hydrogène, puisqu'une molécule d'hydrogène, occupant un volume égal à 2, pèse 2, ou bien, si la densité de vapeur est prise par rapport à l'air, en multipliant cette densité par deux fois l'inverse de la densité de l'hydrogène $\frac{1}{0,0693} = 14,44$, ou par 28,88.

Par exemple la densité de vapeur de l'eau est 0,622 par rapport à l'air ; donc le poids moléculaire de l'eau est $0,622 \times 28,88 = 17,96$, nombre très voisin de 18, qui est généralement admis.

Il faut d'ailleurs tenir compte de ce fait qu'en général les densités de vapeur varient avec la température, et qu'elles ne deviennent constantes qu'à partir d'une température suffisamment élevée. C'est cette valeur limite que l'on doit prendre pour déterminer les poids moléculaires.

Nous n'avons parlé que des corps gazeux ; mais certains corps ne peuvent être obtenus à cet état. Pour ceux-là, on a recours, lorsqu'on veut déterminer leur poids moléculaire, à des considérations chimiques.

46. Poids atomiques. — Pour déterminer le poids atomique d'un corps simple, il suffit de connaître les poids moléculaires de plusieurs de ses composés gazeux et de déterminer par l'analyse les poids de ce corps simple que contient une molécule de ses divers composés. Le plus petit de ces poids sera par définition le poids atomique du composé.

Par exemple, une molécule d'eau, pesant 18, contient 16 d'oxygène; une molécule d'anhydride sulfureux pesant 64, contient $32 = 16 \times 2$ d'oxygène ; une molécule d'anhydride carbonique pesant 44, contient

$32 = 16 \times 2$ d'oxygène. D'après ces exemples, 16 est le poids atomique de l'oxygène.

Si l'on ne connaît pas un nombre suffisant de composés gazeux du corps simple dont on veut avoir le poids atomique, on peut avoir recours à une loi remarquable du Dulong et Petit sur les chaleurs spécifiques qui s'énonce ainsi :

Le produit de la chaleur spécifique d'un corps simple par son poids atomique est un nombre constant.

Ce qui revient à dire que la capacité calorifique de l'atome d'un corps simple quelconque est la même pour tous, qu'il faut la même quantité de chaleur pour élever de 1 degré la température d'un atome d'un corps quelconque.

La valeur moyenne du produit constant est de 6,4 ; en divisant ce nombre par la chaleur spécifique de l'élément on aura son poids atomique.

Mais la détermination des chaleurs spécifiques est difficile à faire très exactement, parce qu'il est difficile d'éliminer toutes les causes qui peuvent faire varier pendant l'expérience la température du corps que l'on étudie ; de plus, la chaleur spécifique d'un corps varie avec son état allotropique et aussi avec les limites de température entre lesquelles on les détermine · le carbone, le silicium et le bore sont restés longtemps en dehors de la loi de Dulong et Petit et n'y sont rentrés que depuis que M. Weber a pris leurs chaleurs spécifiques à de hautes températures.

47. Dissociation. — Lorsqu'on détermine les densités de vapeur des corps composés, on est quelquefois arrêté par une difficulté ; le composé se détruit en partie à une certaine température et se reforme à une température différente.

C'est ce qui arrive notamment pour l'eau ; vers 1100°, les éléments se séparent, mais à 300° ils se recombinent ; pour les conserver séparés et montrer qu'ils l'ont bien été réellement à une température élevée, on peut refroidir brusquement, ou bien encore, comme l'a fait H. Sainte-Claire Deville, utiliser la propriété que possède l'hydrogène de traverser facilement les membranes poreuses : on prend deux tubes, enfermés l'un dans l'autre, le tube intérieur en porcelaine non vernie et le tube extérieur en porcelaine vernie ; entre les deux tubes, circule un courant de gaz carbonique, au centre un courant de vapeur d'eau. En chauffant très fortement, les éléments de l'eau se décomposent, et comme l'hydrogène traverse les membranes poreuses quatre fois plus vite que l'oxygène, il passe plus rapidement à travers le tube de porcelaine poreuse, il est entraîné par le gaz carbonique et les éléments de l'eau se trouvent séparés.

Lorsque les deux éléments d'un composé, une fois séparés, sont ainsi susceptibles de se recombiner, la décomposition du composé, en vase clos et à une température donnée, n'est plus illimitée : elle s'arrête quand l'un des composants, le corps gazeux, ou le mélange des corps gazeux, exerce sur le reste une certaine pression.

Ce phénomène de décomposition limitée s'appelle *dissociation*, et la pression exercée par le gaz s'appelle *tension de dissociation*. La tension de dissociation est constante pour une température donnée et reste la même, de quelque côté que l'on prenne le phénomène. Quand la température change, la tension f prend d'autres valeurs : si elle diminue quand la température s'abaisse, c'est que le corps gazeux se recombine avec le résidu, jusqu'à ce que ce qui reste de gaz acquière la valeur correspondant à la nouvelle température ; c'est le contraire lorsqu'on chauffe, la tension augmente parce qu'une nouvelle quantité de gaz se produit par la décomposition.

Le phénomène de la dissociation a été découvert et étudié par H. Sainte-Claire Deville.

En chauffant du carbonate de calcium en vase clos, la tension de dissociation correspondante à 860° (ébullition du cadmium) est 85 millimètres. Quand elle est atteinte, la décomposition s'arrête. Si l'on enlève alors l'anhydride carbonique, une nouvelle quantité de carbonate se décompose, jusqu'à ce que la tension de l'anhydride carbonique redevienne 85 millimètres. A 1040° (ébullition du zinc), la tension de dissociation est 510 millimètres. Si l'on refroidit à 0°, le vide se refait dans l'appareil, par suite de la recombinaison totale de l'anhydride carbonique avec la chaux.

On peut remarquer l'analogie de ce phénomène avec celui de l'efflorescence (38) ; ce dernier est une véritable dissociation de la combinaison formée par la substance avec son eau de cristallisation.

Or, en déterminant la densité de vapeur du sel ammoniac, on trouve un nombre constant 1 ; le poids moléculaire de ce corps serait donc 28,9. Mais une molécule de sel ammoniac provient de l'union directe d'une molécule d'ammoniaque, dont le poids moléculaire est bien établi, et d'une molécule d'acide chlorhydrique, pour lequel il en est de même ; le poids moléculaire du sel ammoniac doit donc être la somme de ceux de l'ammoniaque et de l'acide chlorhydrique. En le déterminant ainsi, on trouve : $17 + 36,5 = 53,5$, qui est sensiblement le double du précédent, et c'est celui que l'on prend. Il correspondrait donc à 4 volumes de vapeur, au lieu de 2.

Pour expliquer cette anomalie, on admet que le sel ammoniac se dissocie quand on le chauffe, et que la densité de vapeur mesurée est, non pas celle du composé, mais celle d'un mélange d'ammoniaque et d'acide chlorhydrique.

NOMENCLATURE

48. But de la nomenclature. — Si les corps simples sont peu nombreux, il n'en est pas de même des corps composés ; le nombre de ceux-ci est, pour ainsi dire, illimité, étant donné les combinaisons possibles des corps simples ou composés. Aussi a-t-on cherché à établir des règles précises pour les noms à donner aux corps de la chimie.

A la fin du siècle dernier, un chimiste français, Guyton de Morveau, frappé de la confusion qui régnait alors dans le langage chimique, présenta à l'Académie des sciences un mémoire, où il proposait la réforme de ce langage. L'Académie lui adjoignit Lavoisier, Fourcroy et Berthollet, et c'est des travaux de ces quatre chimistes qu'est sortie la nomenclature, ou ensemble des règles établies pour nommer tous les corps, simples et composés. Cette nomenclature, qu'on a appelée nomenclature française, ou nomenclature de Lavoisier, est généralement suivie encore aujourd'hui dans tous les pays; on y a apporté seulement quelques modifications de détail, nécessitées par les progrès de la science.

49. Corps simples. — Pour les corps simples anciennement connus, on a conservé les noms anciens. Tels sont : le *fer*, l'*or*, l'*argent*, le *carbone*. Pour les autres, on a pris des noms généralement courts et sans aucun sens, comme le *nickel*, le *bore*.

On a cependant, pour certains d'entre eux, indiqué dans le nom une propriété caractéristique. Ainsi, *oxygène* signifie *qui engendre les acides*; *hydrogène*, *qui engendre l'eau*; *brome*, *qui a mauvaise odeur*; *chlore*, *de couleur pâle*, etc.

50. Composés binaires oxygénés. — Les corps composés peuvent être binaires, c'est-à-dire composés de deux éléments, ou bien ternaires, quaternaires, etc.

Les auteurs de la nomenclature ont attribué à l'oxygène une grande importance et ont donné des noms particuliers aux composés binaires oxygénés : les uns ont été appelés *anhydrides*; les autres, *oxydes*. Les anhydrides sont les composés binaires oxygénés qui, en se combinant avec l'eau, donnent des acides, et les oxydes, ceux qui, avec l'eau, ne donnent pas d'acides.

Anhydrides. — Le nom d'un anhydride s'obtient en ajoutant la terminaison *ique* au nom du corps qui s'unit à l'oxygène ; ainsi, le carbone donne l'*anhydride carbonique*, le bore, l'*anhydride borique*.

Si le même corps, en se combinant à l'oxygène en proportions différentes, donne deux anhydrides différents, on les distingue en employant deux terminaisons : *ique* pour celui qui contient le plus d'oxygène, *eux* pour celui qui en contient le moins. Par exemple, l'arsenic donne les anhydrides *arsénique* et *arsénieux*.

Enfin, si le même corps donne avec l'oxygène plus de deux anhydrides, on les distingue en mettant devant le nom du corps combiné à l'oxygène les préfixes *hyper*, ou *per*, qui signifie *au-dessus*, ou *plus oxygéné*; et *hypo*, qui signifie *au-dessous*, ou *moins oxygéné*. Ainsi, le soufre et l'oxygène forment trois anhydrides, qui sont, par ordre d'oxydation décroissante :

L'anhydride persulfurique,
—   sulfurique,
—   sulfureux.

L'anhydride persulfurique est plus oxygéné, et l'anhydride sulfureux moins oxygéné, que l'anhydride persulfurique.

Oxydes. — On forme le nom d'un oxyde en ajoutant au mot *oxyde* le nom du corps combiné à l'oxygène, que l'on fait précéder de la préposition *de*.

Par exemple, le *zinc* et l'*oxygène* forment l'*oxyde de zinc*, le *carbone* et l'*oxygène*, l'*oxyde de carbone*.

Si le corps considéré donne avec l'oxygène plusieurs oxydes, on les distingue par des préfixes, que l'on place devant le mot oxyde et qui sont les suivants, par ordre d'oxydation décroissante :

Proto, qui signifie *premier*, ou le moins oxygéné ;

Sesqui, qui signifie *un et demi*, une fois et demi aussi oxygéné que le premier ;

Bi ou *deuto*, qui signifie *deux*, deux fois aussi oxygéné que le premier ;

Tri, qui signifie *trois*, trois fois aussi oxygéné que le premier ;

Tétra ou *quadri*, qui signifie *quatre*, quatre fois aussi oxygéné que le premier ;

Penta, qui signifie *cinq*, cinq fois aussi oxygéné que le premier.

Ainsi, le manganèse et l'oxygène forment trois composés, qui sont : le *protoxyde*, le *sesquioxyde* et le *bioxyde de manganèse*.

Celui des oxydes qui contient le plus d'oxygène s'appelle *peroxyde*. On dit, par exemple : *bioxyde* ou *peroxyde de manganèse*.

On emploie quelquefois pour les oxydes une nomenclature analogue à celle des anhydrides. On dit *oxyde plombique*, au lieu d'*oxyde de plomb* ; *oxyde cuivrique* et *oxyde cuivreux*, le premier contenant une plus forte proportion d'oxygène.

51. Composés binaires non oxygénés. — C'est le cas général. Lorsque deux corps quelconques se combinent, on prend d'abord le nom du corps le plus électro-négatif (celui qui se porterait au pôle positif dans une décomposition par le courant électrique dans un voltamètre), et on ajoute la terminaison *ure* ; on le fait suivre du nom du second corps, en les séparant par la préposition *de*. Si l'un des corps est un métalloïde et l'autre un métal, c'est toujours le métalloïde qui est électro-négatif et qui prend la terminaison ure.

Ainsi, le *chlore* et le *cuivre* donnent le *chlorure de cuivre*, le *phosphore* et l'*hydrogène* le *phosphure d'hydrogène* ; l'hydrogène se combine avec certains métaux pour donner des *hydrures* métalliques.

Si les deux corps se combinent en plusieurs proportions pour donner des composés différents, on les distingue en plaçant devant le nom du premier corps les mêmes préfixes que pour les oxydes : *proto, sesqui, bi, tri... per*. Ainsi l'on connaît le *trichlorure* et le *pentachlorure* ou *perchlorure de phosphore*, le *protosulfure* et le *bisulfure de fer*.

Si les deux corps combinés sont deux *métaux*, le composé prend le nom d'*alliage* : le *cuivre* et le *zinc* forment l'*alliage de cuivre et de zinc*.

Si l'un des métaux est le *mercure*, le composé prend le nom d'*amalgame* : l'*or* et le *mercure* forment l'*amalgame d'or*.

52. Composés ternaires. — Les composés ternaires sont d'abord les *acides*, résultant de la combinaison d'un anhydride avec l'eau ; ils se reconnaissent à leur saveur aigre et à ce que (liquides ou en dissolution) ils rougissent la teinture de tournesol. Pour former le nom de l'acide, on remplace tout simplement le mot *anhydride* par le mot *acide* : on dit, par exemple : *acide azotique, acide phosphoreux, acide hypochloreux*.

Ensuite viennent les *hydrates*, combinaison d'un oxyde avec l'eau ; certains d'entre eux, qui ont une saveur caustique et, lorsqu'ils sont dissous, bleuissent la teinture de tournesol, sont des *bases ;* les autres sont des *corps neutres*. On forme le nom de l'hydrate en remplaçant le mot *oxyde* par le mot *hydrate :* on dit, par exemple, *hydrate de calcium, hydrate d'argent*.

On dit aussi *hydrate cuivreux* et *hydrate cuivrique*.

Certaines bases, caustiques et brûlant la peau, s'appellent des *alcalis ;* telles sont la potasse et la soude.

Un *sel* est le résultat du remplacement de l'hydrogène d'un acide par un métal. On forme le nom d'un sel en remplaçant dans le nom de l'acide la terminaison *ique* par *ate*, ou la terminaison *eux* par *ite ;* par exemple, le *cuivre*, en agissant sur l'*acide azotique*, donne l'*azotate de cuivre*. Les sels peuvent aussi se former par l'action des anhydrides sur les hydrates et des acides sur les oxydes ; ainsi l'*anhydride carbonique* se dissout dans l'*hydrate de potassium*, ou *potasse*, pour donner le *carbonate de potassium ;* l'*oxyde de plomb* se dissout dans l'*acide azotique* pour donner l'*azotate de plomb*. On dit aussi pour les sels *sulfate plombique, azotate mercurique, azotate mercureux*.

Il y a des composés ternaires qui ont la constitution de sels, dans lesquels l'oxygène serait remplacé par du soufre.

Ces composés résultent de l'action d'anhydrides ou d'acides, où l'oxygène serait remplacé par du soufre, sur des oxydes ou des hydrates constitués aussi de la même façon.

On leur donne pour cette raison le nom de *sulfo-sels*, et on les désigne le plus généralement sous le nom de *sulfures doubles*. L'on dira *sulfure double de potassium et d'étain* pour le composé obtenu en dissolvant le sulfure d'étain dans le sulfure de potassium.

Quelquefois aussi, l'un des sulfures porte un nom qui rappelle le rôle qu'il joue. Ainsi, le bisulfure de carbone, dont la constitution est analogue à celle de l'anhydride carbonique et qui se comporte vis-à-vis des sulfures alcalins comme ce dernier vis-à-vis des alcalis, est appelé quelquefois *anhydride sulfocarbonique;* alors, le composé qu'il forme avec le sulfure de potassium s'appelle souvent *sulfocarbonate de potassium.*

Le protosulfure d'hydrogène est appelé souvent acide sulfhydrique, et les composés qu'il forme avec les sulfures de potassium, d'ammonium, s'appellent sulfhydrates de potassium ou d'ammonium.

Les chlorures peuvent également réagir les uns sur les autres, et s'unir pour former des *chloro-sels,* auxquels on donne généralement le nom de *chlorures doubles.* Par exemple, le *bichlorure de platine* et le *chlorure d'ammonium* s'unissent pour former le *chlorure double de platine et d'ammonium.*

On l'appelle aussi quelquefois *chloroplatinate d'ammonium;* avec le chlorure de potassium, on a de même le *chloroplatinate de potassium.*

Les composés ternaires qui ne rentrent pas dans l'un des cas précédents ne sont pas en général dénommés. On emploie pour les désigner des noms qui rappellent leur composition.

53. Composés quaternaires. — Il n'existe pas de règle générale pour former le nom d'un composé quaternaire, et l'on opère pour ces composés comme nous venons de le dire pour les composés ternaires : on forme un nom qui rappelle leur composition.

Mais il existe toute une classe de composés quaternaires particulièrement intéressante.

Le *sulfate de potassium,* par exemple, peut s'unir au *sulfate d'aluminium,* donnant ainsi un composé quaternaire de composition tout à fait particulière; on l'appelle *sulfate double de potassium et d'aluminium.* C'est le corps que l'on désigne aussi sous le nom d'*alun.*

On aura de même des carbonates doubles, des phosphates doubles, etc.

54. Exceptions. — Les exceptions aux règles de nomenclature précédentes sont nombreuses.

1° Tout d'abord un grand nombre de substances, connues bien avant l'établissement de la nomenclature, ont conservé en chimie, et surtout dans le commerce, l'industrie ou la minéralogie, leurs noms anciens. Ainsi, le silicium et l'oxygène forment l'*anhydride silicique,* plus connu sous le nom de *silice :* c'est le sable, le quartz ou cristal de roche. Les alliages de cuivre et de zinc, de cuivre et d'étain sont le *laiton* et le *bronze;* les oxydes de *calcium,* de *baryum,* de *strontium,* d'*aluminium,* de *magnésium,* s'appellent souvent la *chaux,* la *baryte,* la *strontiane,* l'*alumine,* la *magnésie;* les hydrates de *potassium,* de *sodium* portent les noms de *potasse* et de *soude.*

Certains chimistes remplacent alors dans les sels formés par ces oxydes, ou ces hydrates, le nom du métal par le nom ancien de la base : ils disent *sulfate de potasse*, au lieu de *sulfate de potassium*, *hypochlorite de chaux*, au lieu d'*hypochlorite de calcium*, *carbonate de magnésie*, au lieu de *carbonate de magnésium*.

2° L'hydrogène forme avec les métalloïdes des composés dont la plupart sont gazeux.

Si le composé hydrogéné est acide, comme cela a lieu pour la combinaison de l'hydrogène avec le chlore, on forme son nom, comme celui de l'acide oxygéné, en employant la terminaison *hydrique* au lieu de *ique* : on dit *acide chlorhydrique*, *acide bromhydrique*, *acide fluorhydrique*. Ces corps s'appellent *hydracides* par opposition aux *oxacides*, qui sont les acides contenant de l'oxygène.

Si le composé hydrogéné gazeux n'est pas acide, on forme souvent son nom en employant le mot *hydrogène*, suivi du nom du corps combiné avec lui et auquel on donne la terminaison *é* : ainsi l'hydrogène et le *phosphore* donnent l'*hydrogène phosphoré*, l'*hydrogène* et le *soufre* l'hydrogène *sulfuré*. Si la combinaison a lieu en plusieurs proportions, on distingue les divers composés par les préfixes *proto*, *bi*, etc. : on dit par exemple *hydrogène protocarboné* et *hydrogène bicarboné*.

3° Enfin, certains corps composés se comportent comme des corps simples dans les réactions chimiques : on leur donne le nom de *radicaux*, et on les désigne par un nom unique, comme si l'on avait affaire à un corps simple. Ainsi, le carbone et l'azote forment un radical, le *cyanogène*; l'azote et l'hydrogène forment un radical, l'*ammonium*.

On admet l'existence de beaucoup de ces radicaux; mais bien peu ont été isolés. Le cyanogène est de ces derniers.

55. Remarque générale. — Cette nomenclature a rendu à la science les plus grands services, mais elle est encore imparfaite.

D'abord, on a attribué à l'oxygène une importance exagérée et que rien ne justifie; ensuite, les préfixes et les terminaisons employés pour les acides ne permettent de dénommer que six acides et cela peut être insuffisant, comme c'est déjà arrivé pour les acides du soufre (298); enfin, dans les noms des acides, rien ne rappelle les proportions dans lesquelles les corps se combinent, contrairement à ce qui a lieu pour les oxydes.

NOTATION SYMBOLIQUE

56. Notation symbolique. — La nomenclature, dont nous venons d'exposer les règles, est complétée par une notation symbolique ; le principe en est dû à Berzélius.

Chaque corps simple est représenté par un symbole, et chaque corps composé par l'ensemble des symboles des corps simples, ou éléments qui entrent dans la composition. Cette notation présente le grand avantage de rappeler non seulement les noms, mais aussi les proportions, des éléments qui composent un corps.

57. Symboles des corps simples. — Pour représenter un corps simple, on prend la première lettre du nom français, ou latin, du corps, quelquefois les deux premières, quelquefois la première et une autre du nom de corps; lorsqu'on n'emploie qu'une lettre, elle est majuscule; si on en emploie deux, la première est majuscule, la seconde minuscule.

Par exemple, l'oxygène est représenté par O, l'hydrogène par H, l'azote par Az, l'argent par Ag.

Ce symbole représente aussi *un atome* du corps simple : ainsi, H représente un atome d'hydrogène qui pèse 1, O un atome d'oxygène qui pèse 16.

Voici un tableau des principaux corps simples, avec leur symbole et leur poids atomique :

NOMS	SYMBOLES	POIDS Atomiques	NOMS	SYMBOLES	POIDS Atomiques
Aluminium	Al	27	Mercure (*Hydrargyrum*)	Hg	200
Antimoine (*Stibium*)	Sb	120	Molybdène	Mo	96
Argent	Ag	108	Nickel	Ni	59
Arsenic	As	75	Or (*Aurum*)	Au	196,2
Azote	Az	14	Osmium	Os	195
Baryum	Ba	137	Oxygène	O	16
Bismuth	Bi	210	Palladium	Pd	106,5
Bore	Bo	11	Phosphore	P	31
Brome	Br	80	Platine	Pt	194,4
Cadmium	Cd	112	Plomb	Pb	206,4
Calcium	Ca	40	Potassium (*Kalium*)	K	39
Carbone	C	12	Rhodium	Rh	104
Césium	Cs	132	Rubidium	Rb	85,2
Chlore	Cl	35,5	Ruthénium	Ru	103,5
Chrome	Cr	52	Sélénium	Se	79
Cobalt	Co	59	Silicium	Si	28
Cuivre	Cu	63,5	Sodium (*Natrium*)	Na	23
Etain (*Stannum*)	Sn	118	Soufre	S	32
Fer	Fe	56	Strontium	Sr	87,5
Fluor	Fl	19	Tellure	Te	125
Gallium	Ga	69	Thallium	Tl	203,7
Glucinium	Gl	9	Titane	Ti	50
Hydrogène	H	1	Tungstène (*Wolfram*)	Tu	183,6
Indium	In	113,5	Uranium	U	239
Iode	I	126,5	Vanadium	V	51,2
Iridium	Ir	193	Yttrium	Y	89,6
Lithium	Li	7	Zinc	Zn	65
Magnésium	Mg	24	Zirconium	Zr	90,4
Manganèse	Mn	55			

58. Formules des corps composés. — Pour les corps composés, si les éléments se combinant ne formaient jamais qu'un seul composé, ce serait très simple ; il suffirait d'employer les symboles des éléments qui se combinent. Mais, le plus souvent, deux éléments peuvent se combiner en diverses proportions et ces proportions doivent être indiquées dans la formule.

Pour obtenir ce résultat, on convient que la *formule* d'un corps composé s'obtient en écrivant à la suite les uns des autres les symboles des corps simples qui le composent, et en affectant chacun d'eux d'un exposant, qui représente le nombre d'atomes qui entrent dans la combinaison ; cette formule représente la *molécule* du corps composé. Ainsi, l'eau est formée de 2 atomes d'hydrogène pour un d'oxygène, sa formule est H^2O ; la formule atomique est la traduction de la loi de Gay-Lussac relative aux combinaisons gazeuses. L'oxyde de carbone, formé d'un atome de carbone pour un d'oxygène, a pour formule CO, tandis que l'anhydride carbonique, qui pour un atome de carbone en contient 2 d'oxygène a pour formule CO^2. L'acide chlorhydrique, formé d'un atome d'hydrogène uni à un atome de chlore, a pour formule HCl.

La molécule d'acide sulfurique a pour formule SO^4H^2, parce qu'elle contient un atome de soufre, 4 d'oxygène et 2 d'hydrogène ; celle d'acide azotique a pour formule AzO^3H, parce qu'elle contient un atome d'azote, 3 d'oxygène et un d'hydrogène.

La molécule d'hydrate de potassium, ou potasse, a pour formule KOH, ce qui indique qu'elle contient un atome de potassium, un d'oxygène et un d'hydrogène ; la molécule d'hydrate de calcium, ou chaux hydratée, contenant, pour un atome de calcium, 2 atomes d'oxygène et 2 d'hydrogène, a pour formule CaO^2H^2.

La formule d'un sel s'obtient en remplaçant, dans celle de l'acide, l'hydrogène par un métal ; ainsi, l'azotate de sodium a pour formule AzO^3K, le sulfate de sodium SO^4Na^2, le sulfate de cuivre SO^4Cu. Ces formules ont encore besoin, pour être bien comprises, d'une explication que nous donnerons par la suite.

59. Équations représentant les réactions chimiques. — A l'aide de la notation symbolique, on peut représenter facilement par une équation chimique ce qui se passe dans une réaction.

Prenons un exemple : l'acide sulfurique SO^4H^2, étendu d'eau et traité à froid par le zinc Zn, donne de l'hydrogène H et du sulfate de zinc SO^4Zn. Cela s'écrira :

$$SO^4H^2 + Zn = SO^4Zn + H^2.$$

On voit par là ce qu'il y a à faire pour écrire l'équation chimique qui représente une réaction déterminée : on écrit dans le premier membre les symboles et formules des corps qui réagissent l'un sur l'autre, et dans le second les symboles et formules des corps résultant de la réaction.

Mais on peut aller plus loin, on peut connaître les poids relatifs des corps qui réagissent et ceux des corps produits ; il suffit pour cela de remarquer que le symbole de chaque élément représente un atome de ce corps. Ainsi, dans l'exemple précédent, les atomes de l'hydrogène, de l'oxygène, du soufre et du zinc étant respectivement 1, 16, 32 et 65, l'équation nous indique que 98 grammes d'acide sulfurique réagissent sur 65 grammes de zinc pour dégager 2 grammes d'hydrogène, et qu'il reste 161 grammes de sulfate de zinc.

Prenons un autre exemple : quand on projette à froid dans l'acide azotique, qui a pour formule AzO^3H, de la tournure de cuivre Cu, il se dégage un gaz, le bioxyde d'azote AzO et il reste dans le récipient une dissolution d'azotate de cuivre $(AzO^3)^2$ Cu.

Si l'on se contente d'écrire dans le premier membre les corps mis en présence pour produire la réaction, et dans le second membre les corps produits, l'équation est :

$$AzO^3H + Cu = AzO + (AzO^3)^2Cu + H^2O.$$

Cette équation ne représente pas complètement la réaction, car d'après la loi de Lavoisier, qui est fondamentale en chimie et qui ne souffre aucune exception, le poids total des corps mis en présence doit se retrouver intégralement dans le poids des corps produits, et il doit en être ainsi en particulier pour chacun des éléments. Or, en tenant compte de ce que le symbole de chaque élément représente l'atome, le poids total des substances mises en présence (premier membre) serait $126^{gr},5$ et celui des corps produits (second membre) $235^{gr},5$; on voit d'ailleurs qu'après la réaction il y a trois atomes d'azote, il est donc impossible qu'il n'y en ait eu qu'un seul avant ; de même pour l'oxygène le nombre d'atomes n'est pas le même dans les deux membres. Un atome de cuivre n'agit donc pas seulement sur une molécule d'acide azotique, mais sur deux au moins; en un mot, il faut devant chacun des corps mettre des coefficients qui indiquent le nombre de molécules de ces corps réagissant les unes sur les autres et le nombre de molécules des corps produits.

La recherche de ces coefficients peut se faire à l'aide de raisonnements spéciaux à chaque cas.

Mais il y a une méthode que l'on peut toujours employer, c'est la méthode des coefficients indéterminés. Désignons, dans l'exemple précédent, par x, y, z, t et u les coefficients inconnus des cinq termes de l'équation, cette dernière devient :

$$x\, Az\, O^3H + y Cu = z\, AzO + t\, (AzO^3)^2\, Cu + u H^2O.$$

On déterminera ensuite les inconnues par la condition que le poids de chacun des éléments soit le même dans les deux membres, ce qui donne le système suivant d'équations algébriques :

$$
\begin{aligned}
\text{Pour} \quad \text{Az} : \quad & x = z + 2t. \\
- \quad \text{O} : \quad & 3x = z + 6t + u. \\
- \quad \text{H} : \quad & x = 2u. \\
- \quad \text{Cu} : \quad & y = t.
\end{aligned}
$$

Il résulte déjà des deux dernières équations que les coefficients u et t sont inutiles puisqu'on doit remplacer le premier par $\frac{x}{2}$ et le second par y. Les deux premières équations sont seules à conserver et deviennent alors :

$$x = z + 2y.$$

$$3x = z + 6y + \frac{x}{2}, \text{ ou} : 5x = 2z + 12y.$$

On n'a que deux équations pour déterminer trois inconnues, on peut donc prendre arbitrairement l'une d'entre elles. Faisons par exemple $x = 1$, les équations deviennent :

$$
\begin{aligned}
2y + z &= 1. \\
12y + 2z &= 5.
\end{aligned}
$$

En multipliant la première par 2, et retranchant, ce qui éliminera z, on a :

$$8y = 3. \quad \text{d'où} : \quad y = \frac{3}{8}$$

et par conséquent : $z = 1 - \frac{3}{4} = \frac{1}{4}$.

L'équation chimique devient alors :

$$\text{Az O}^3\text{H} + \frac{3}{8}\text{Cu} = \frac{1}{4}\text{Az O} + \frac{3}{8}(\text{Az O}^3)^2\text{Cu} + \frac{1}{2}\text{H}^2\text{O},$$

ou, en multipliant tout par 8, pour avoir des coefficients entiers ·

$$8\text{Az O}^3\text{H} + 3\text{Cu} = 2\text{AzO} + 3(\text{Az O}^3)^2\text{Cu} + 4\text{H}^2\text{O}.$$

On peut alors traduire l'équation numériquement en remplaçant les symboles par les poids atomiques ; on trouve ici que 504 grammes d'acide azotique, réagissant sur 100$^\text{gr}$,5 de cuivre, donnent 40 grammes de bioxyde d'azote et 562$^\text{gr}$,5 d'azotate de cuivre.

Une fois complètement établie et traduite numériquement, l'équation qui représente une réaction permet de résoudre tous les problèmes que l'on peut se poser au point de vue chimique sur cette réaction.

Si l'on demande par exemple combien il faut prendre d'acide azotique Az O³H pour préparer 10 litres de bioxyde d'azote, mesurés à 0° et sous la pression de 760 millimètres, on remarquera que la densité du bioxyde d'azote étant 1,037 et le poids du litre d'air dans les conditions normales étant de 1ᵍʳ,293, le litre de bioxyde d'azote pèse 1ᵍʳ,293 × 9 = 1ᵍʳ,343 et les 10 litres pèsent 13ᵍʳ,43. Or, la traduction numérique de la formule nous indique que pour préparer 10 grammes de bioxyde d'azote il faut employer 504 grammes d'acide azotique monohydraté; donc pour en préparer 10 litres, qui pèsent

13ᵍʳ,43, il faudra employer $\dfrac{504^{gr} \times 13,43}{10} = 112^{gr},85$ d'acide azotique.

CHAPITRE III

HYDROGÈNE. — OXYGÈNE ET OZONE. — AZOTE

HYDROGÈNE.

$$H = 1.$$

60. Historique. — L'hydrogène a été découvert en 1766, par Cavendish, qui l'obtenait en mettant de la limaille de fer au contact de l'acide sulfurique étendu d'eau. La réaction est représentée par la formule :

$$SO^4 H^2 + Fe = SO^4 Fe + H^2.$$

C'est un des éléments de l'eau, ce qui lui a fait donner par Lavoisier le nom d'*hydrogène*, ce qui signifie *qui engendre l'eau*. Il entre aussi à l'état de combinaison dans toutes les matières organiques.

61. Préparation. — Pour préparer l'hydrogène, on décompose généralement l'eau par un métal.

Certains métaux, comme le potassium, le sodium, décomposent l'eau à la température ordinaire. Si dans une éprouvette A (fig. 38) reposant sur la cuve à mercure B et pleine de ce liquide, on fait passer, avec une pipette recourbée C, un peu d'eau, qui s'élève en haut de l'éprouvette, et un fragment de sodium D, qui traverse aussi le mercure et arrive au contact de l'eau, on verra aussitôt se produire un gaz qui refoulera l'eau et le mercure. Ce gaz sera de l'hydrogène provenant de la décomposition de l'eau, et il se produira en même temps de la *soude* Na OH, d'après la formule :

$$2H^2O + Na^2 = 2Na OH + H^2.$$

Le fer et les métaux analogues, comme le zinc, décomposent l'eau au rouge sombre, c'est-à-dire vers 300°. Dans un tube de porcelaine, contenant des copeaux de fer Fe, on fait passer un courant de vapeur

d'eau (fig. 17); il se forme de l'oxyde salin de fer Fe³ O⁴, et l'hydrogène se dégage :

$$3Fe + 4H^2\,\dot{O} = Fe^3\,O^4 + 4H^2.$$

Certains métaux, comme le cuivre, ne décomposent l'eau qu'à la
chaleur blanche.

Les métaux précieux, l'argent, l'or, le platine ne décomposent pas

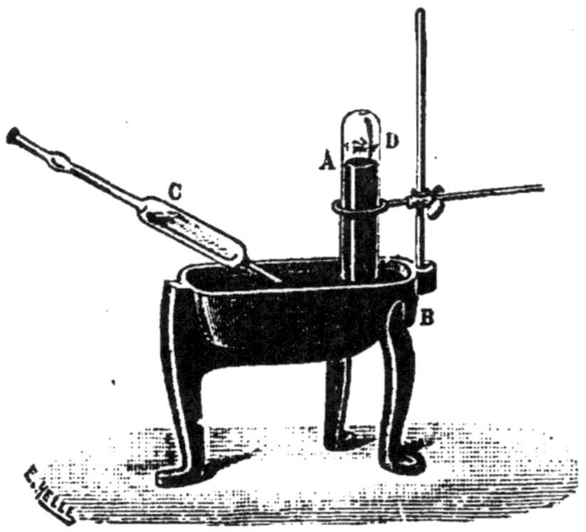

Fig. 38. — Décomposition de l'eau par le sodium.

l'eau en s'unissant à l'un de ses éléments ; fortement chauffés, ils
décomposent l'eau en dissociant ses éléments.

Le fer et les métaux analogues, qui décomposent la vapeur d'eau
vers 300°, décomposent aussi à froid l'acide chlorhydrique, ou l'acide
sulfurique étendu d'eau :

$$SO^4\,H^2 + Zn = SO^4\,Zn + H^2.$$
$$2HCl + Zn = Zn\,Cl^2 + H^2.$$

Il reste comme résidu une dissolution d'un sel du métal, sulfate ou
chlorure.

Dans les laboratoires, on se sert (fig. 39) d'un flacon à deux tubulures F, qui contient du zinc et de l'eau ; au moment où l'on veut produire l'hydrogène, on verse par le tube à entonnoir S, avec un verre
et par petites quantités à la fois, de l'acide sulfurique ordinaire. Le
gaz qui se dégage par le tube T est recueilli dans une éprouvette E
pleine d'eau et reposant sur la cuve à eau C ; un têt à gaz t permet à
l'éprouvette de se tenir droite dans la cuve.

Pour avoir à volonté de grandes quantités d'hydrogène, on emploie

l'appareil à production continue. Il se compose (fig. 40) de deux
flacons à tubulure inférieure, qui communiquent par un gros tuyau
en caoutchouc; l'un contient de l'acide chlorhydrique, l'autre un lit

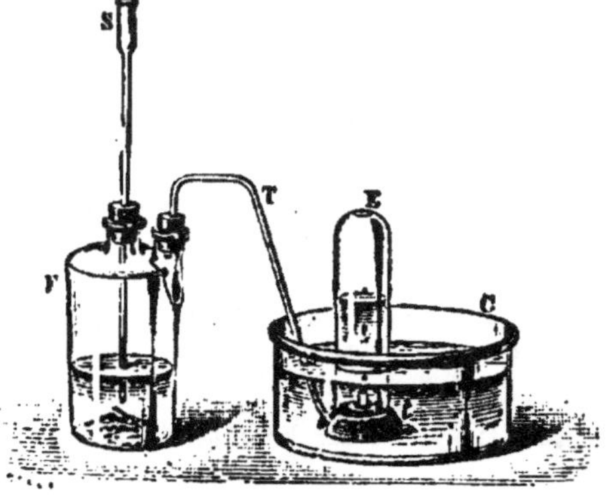

Fig. 39. — Préparation de l'hydrogène par le zinc et l'eau acidulée.

de corps inertes, tels que des débris de verre, au-dessus duquel on
met des morceaux de zinc. Ce dernier flacon est fermé par un bouchon,
dans lequel passe un tube à robinet muni d'un appareil laveur dans

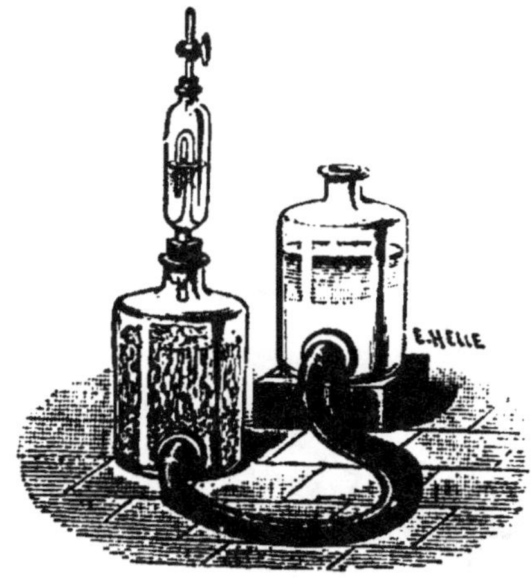

Fig. 40. — Appareil à production continue d'hydrogène.

equel circule le gaz. Lorsque l'on veut avoir de l'hydrogène on ouvre
le robinet, le liquide se met au même niveau dans les deux vases,
mouille le zinc et produit de l'hydrogène qui se dégage. Lorsque l'on
veut arrêter la réaction, on ferme le robinet, l'hydrogène, qui ne peut

plus s'échapper, exerce sur le liquide une pression qui le refoule dans l'autre vase et la réaction cesse.

Il ne faut pas opérer avec le zinc pur. En expérimentant avec beaucoup de soin, on peut constater que dans l'eau acidulée une lame de zinc pur se trouve au bout d'un certain temps couverte de bulles de gaz, qui empêchent le contact du zinc avec ce liquide, et la réaction s'arrête. Si l'on forme alors un circuit de pile, en plongeant dans le liquide du cuivre et le reliant extérieurement avec le zinc, l'hydrogène se dégage sur le cuivre, la surface du zinc est débarrassée des bulles de gaz et la réaction continue. C'est ce qui arrive avec le zinc du commerce, qui n'est pas pur. On remarque que les bulles de gaz partent toujours des mêmes points du zinc.

Le zinc peut encore décomposer les alcalis en présence de l'eau ; si l'on fait bouillir du zinc pur avec une dissolution concentrée de potasse KOH, on a :

$$2 \, (KO \, H) + Zn = K^2O^2Zn + H^2.$$

Enfin, le formiate de potassium $CH \, O^2 \, K$, chauffé avec de la potasse, donne de l'hydrogène et du carbonate de potassium $CO^3 \, K^2$:

$$CH \, O^2 \, K + KOH = CO^3 \, K^2 + H^2.$$

C'est le procédé employé par M. Pictet pour préparer l'hydrogène qu'il a. liquéfié.

62. Propriétés physiques. — L'hydrogène est un gaz incolore, insipide, inodore quand il est pur. Préparé par la méthode ordinaire des

Fig. 41. — Transvasement de l'hydrogène.

laboratoires, il a une odeur fétide, due aux impuretés qu'il contient (30).

Sa densité par rapport à l'air est 0,0693 ; le poids d'un litre à 0° et

760 millimètres est donc 0,0896. Le poids atomique de l'hydrogène a été pris pour unité ; son poids moléculaire est 2.

C'est le plus léger de tous les gaz. On peut le transvaser d'une éprouvette dans une autre, en plaçant (fig. 41) l'éprouvette B qui contient l'hydrogène, au-dessous de celle A qui contient l'air.

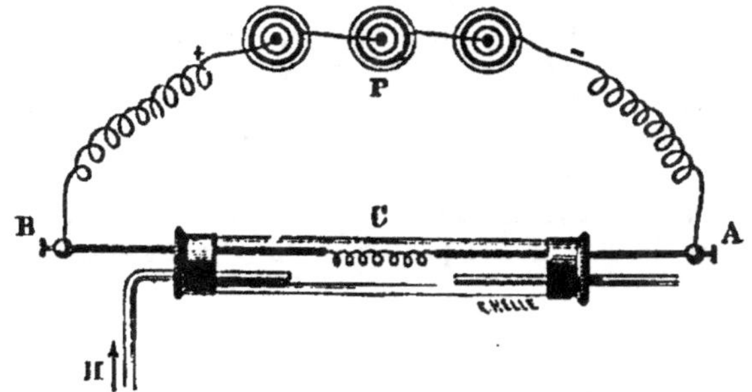

Fig. 42. — Conductibilité de l'hydrogène.

Il est bon conducteur de la chaleur et de l'électricité ; un fil de platine enroulé en spirale, réunissant les deux pointes métalliques A et B et rougi par le passage du courant d'une pile électrique P, reste

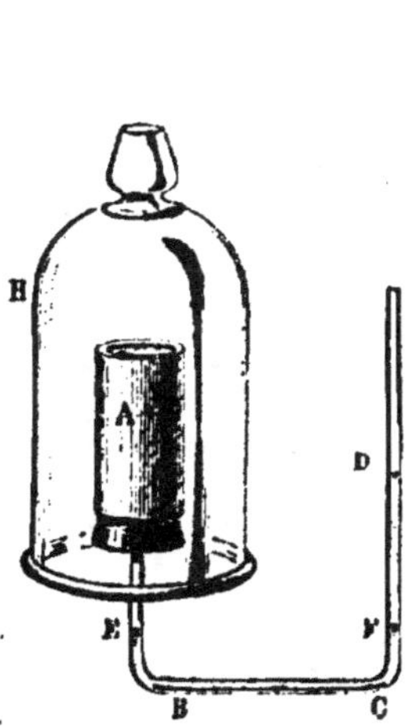

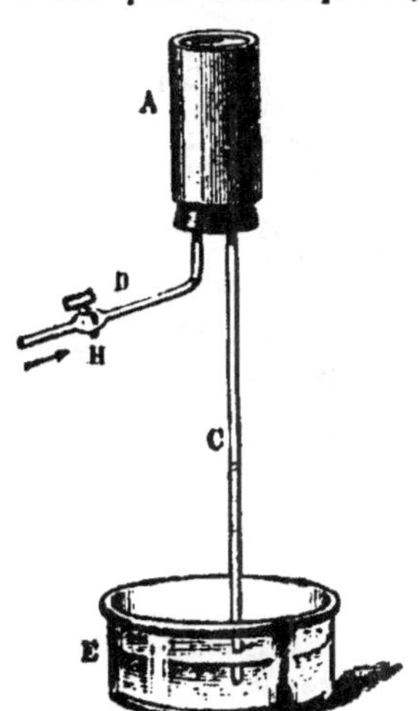

Fig. 43. — Endosmose de l'hydrogène.

Fig. 44. — Endosmose de l'hydrogène.

incandescent lorsqu'on fait passer dans le tube C un courant d'air, d'anhydride carbonique, ou de tout autre gaz ; son incandescence cesse lorsqu'on fait passer de l'hydrogène (fig. 42).

L'hydrogène traverse facilement les membranes poreuses, c'est ce que l'on appelle l'*endosmose* ou propriété *endosmotique*. Si l'on fait arriver par un tube D (fig. 43) de l'hydrogène dans un vase poreux de pile A, renversé et fermé par un bouchon qui porte un tube C plongeant dans un liquide E, lorsque l'on arrête le passage du gaz, le liquide monte, parce que l'hydrogène, sortant rapidement par les parois du vase, fait le vide dans ce vase.

Si l'on recouvre avec une cloche H, pleine d'hydrogène, un vase poreux A muni d'un tube recourbé BC contenant un liquide, le gaz en pénétrant dans le vase y augmente la pression et le liquide s'élève dans la branche de droite à une hauteur FD au-dessus du niveau E de la branche de gauche (fig. 44).

L'hydrogène est très peu soluble dans l'eau ; son coefficient de solubilité est 0,01930 à 0°. Il est plus soluble dans l'alcool.

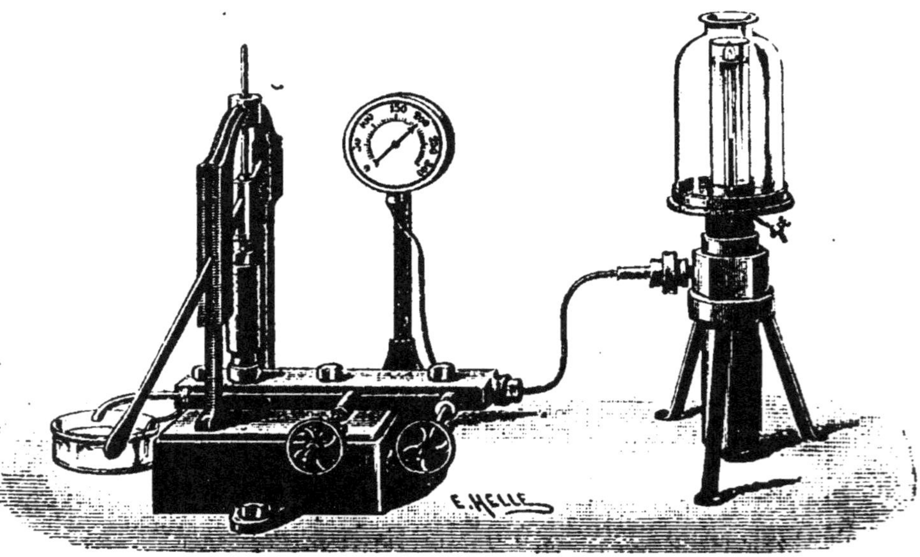

Fig. 45. — Appareil Cailletet pour la liquéfaction des gaz.

C'est de tous les gaz le plus difficile à liquéfier. Il a été obtenu pour la première fois à l'état liquide par M. Cailletet, en 1877 ; l'appareil employé est représenté figure 45. Sur la gauche on voit la pompe qui sert à comprimer le gaz et sur la droite le tube qui contient le gaz et qui plonge dans une cuve métallique à mercure au-dessus de laquelle il est entouré d'une double enveloppe. En comprimant l'hydrogène à 300 atmosphères et le refroidissant à — 19°, on obtient dans le tube, si l'on produit une détente brusque du gaz comprimé, un brouillard traversé de stries.

A peu près à la même époque, M. Raoul Pictet, à l'aide de l'appareil représenté par la figure 46, obtenait un résultat analogue. La cornue O était en fonte et capable de résister à des pressions de 700 atmosphères ; le gaz produit par la réaction de la potasse sur le formiate de potassium arrivait dans le tube A, muni à son extrémité d'un manomètre, et entouré d'une enveloppe où se produisait le froid. M. Pictet obtenait une température très basse en liquéfiant du protoxyde d'azote au moyen d'une circulation d'anhydride sulfureux dans le tube qu'entoure l'enveloppe E ; ce protoxyde d'azote liquide circulait à son tour par le tube B autour du tube A contenant l'hydrogène. Ces circulations de vapeurs étaient produites par des pompes P. Deux réservoirs G et M contenaient les gaz nécessaires.

M. Pictet ayant refroidi l'hydrogène à — 140° et comprimé à 650 atmosphères, le laissait détendre en ouvrant un robinet ; le jet avait une couleur bleu d'acier et produisait un bruit métallique en tombant sur le sol. Il en concluait que l'hydrogène, dans ces circonstances, était solidifié.

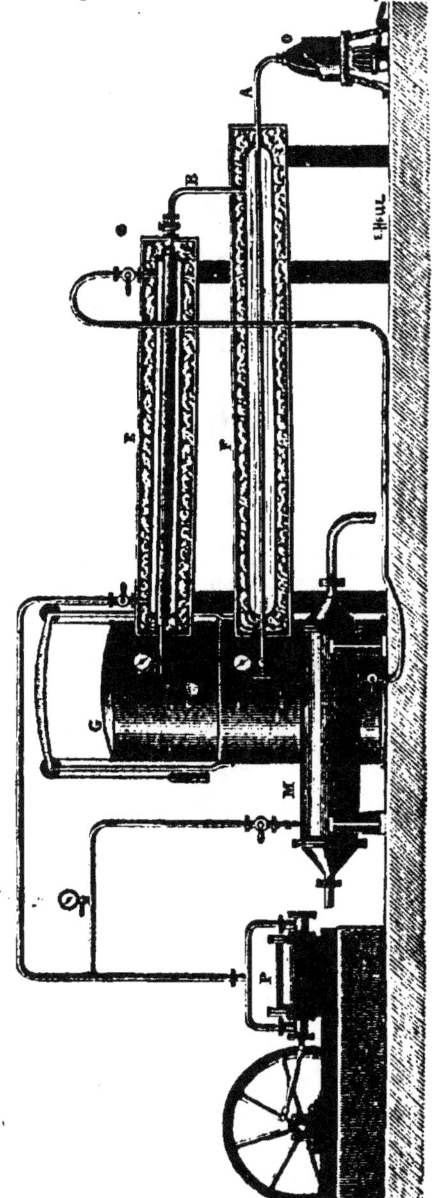

Fig. 46. — Appareil Raoul Pictet pour la liquéfaction des gaz.

63. Propriétés chimiques. — L'hydrogène est un gaz combustible, qui s'enflamme au contact de l'air, par l'approche d'une flamme (fig. 47)

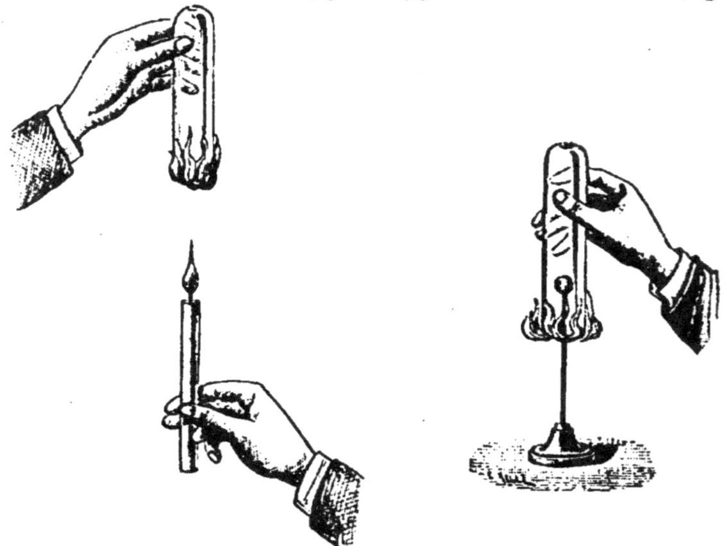

Fig. 47. — Inflammation de l'hydrogène par l'approche d'une flamme.

Fig. 48. — Inflammation de l'hydrogène en présence de la mousse de platine.

ou d'une étincelle électrique, ou tout simplement en présence de la mousse de platine (fig. 48).

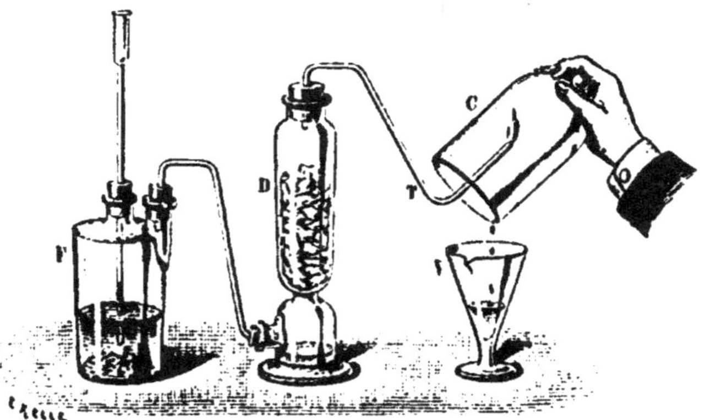

Fig. 49. — Production d'eau par la combustion de l'hydrogène.

Il brûle avec une flamme incolore et en donnant de l'eau, comme on peut le reconnaître en recouvrant d'une cloche la flamme de l'hydrogène; la cloche se couvre d'une rosée et l'eau ne tarde pas à couler goutte à goutte (fig. 49).

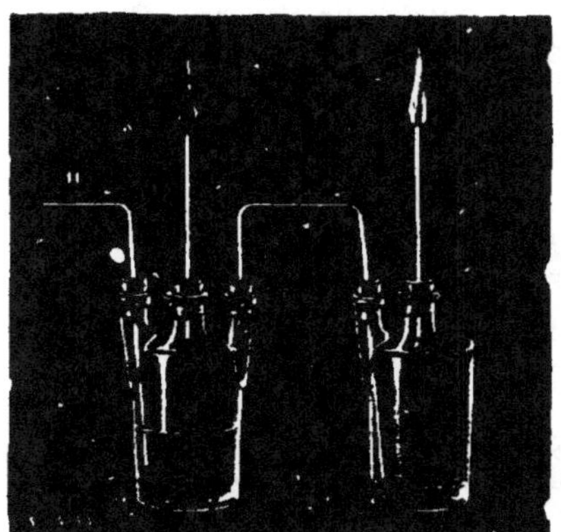

Fig. 50. — Flamme d'hydrogène et flamme du même gaz ayant passé dans du pétrole.

La formule qui explique la réaction est la suivante :

$$H^2 + O = H^2O.$$

Le mélange d'oxygène et d'hydrogène dans les proportions indiquées par la formule, 2 volumes d'hydrogène pour un d'oxygène, détone avec une grande violence par l'approche d'une flamme ; aussi faut-il toujours avoir soin, avant d'allumer l'hydrogène à la sortie d'un appareil, ou avant de chauffer une partie d'un appareil contenant de l'hydrogène, d'attendre que cet appareil soit bien débarrassé d'air.

On peut rendre la flamme de l'hydrogène éclairante, en faisant passer le gaz dans de la benzine ou du pétrole (fig. 50), ou bien en mettant dans la flamme un corps solide comme de la craie.

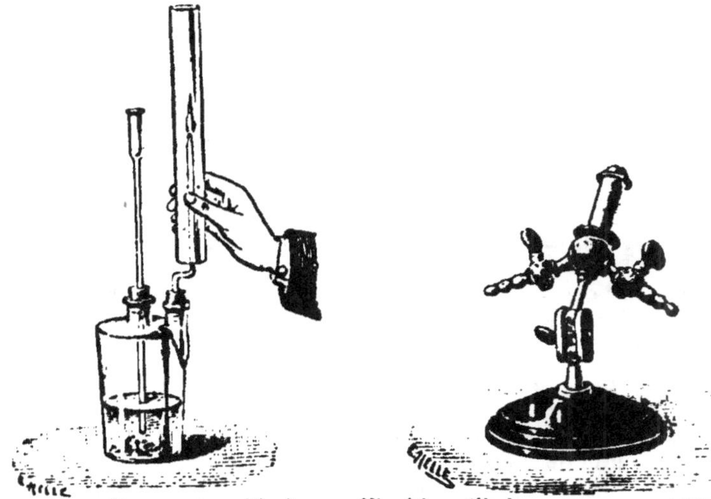

Fig. 51. — Harmonica chimique.   Fig. 52. — Chalumeau à gaz oxhydrique.

Lorsque l'on entoure avec un tube de verre la flamme de l'hydrogène (fig. 51), on entend un son (harmonica chimique), qui est produit par les vibrations de l'air du tube dues aux petites détonations de l'hydrogène qui brûle.

La combustion de l'hydrogène dans l'oxygène dégage une chaleur intense, capable de fondre le fer et de volatiliser l'argent. On utilise cette température élevée dans le chalumeau à gaz oxhydrique (fig. 52) : les gaz arrivent séparément par les deux tubulures latérales ; ils circulent dans deux tubes intérieurs l'un à l'autre et ne se mélangent qu'à la sortie, où l'on peut les allumer sans danger.

L'hydrogène est un *réducteur* énergique ; il décompose les oxydes métalliques, comme les oxydes de cuivre Cu O et de fer Fe^2O^3, et leur enlève leur oxygène en laissant le métal :

$$Cu\,O + H^2 = Cu + H^2O$$
$$Fe^2O^3 + 3H^2 = 2\,Fe + 3H^2O$$

Pour faire l'expérience, on adapte à un flacon à hydrogène une ampoule de verre contenant l'oxyde, et, lorsque l'appareil est débarrassé d'air, on chauffe l'ampoule (fig. 53).

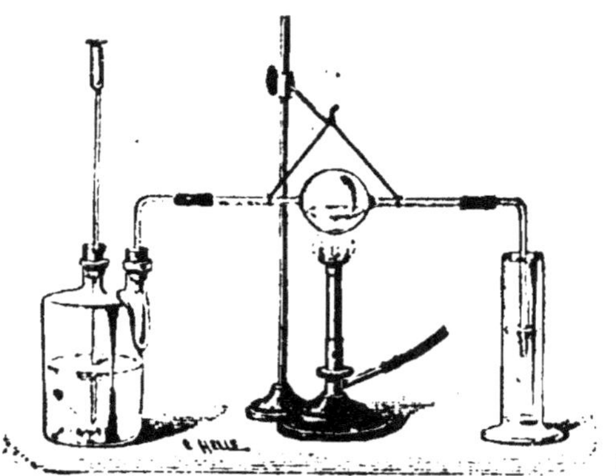

Fig. 53. — Réduction d'un oxyde par l'hydrogène.

Il réduit aussi certains chlorures métalliques, comme le chlorure d'argent Ag Cl et s'empare de l'hydrogène pour former de l'acide chlorhydrique :

$$Ag\,Cl + H = Ag + HCl.$$

L'hydrogène est absorbé par certains métaux. Le noir de platine, le palladium en lame, absorbent l'hydrogène. Ce dernier métal peut en absorber jusqu'à 936 fois son volume ; dans ces circonstances la densité du palladium descend de 12,4 à 11,8. Il paraît se former d'abord un hydrure de palladium spongieux qui peut alors absorber une grande quantité d'hydrogène. Pour charger le plus possible le palladium, il faut le placer au pôle négatif d'un voltamètre. On prend une cuve à eau (fig. 54), dans laquelle plongent deux pointes métalliques, communiquant avec les pôles d'une pile ; celle qui communique avec

le pôle négatif porte une lame de palladium, vernie sur l'une de ses faces
et par conséquent ne pouvant absorber le gaz que par l'autre face.
Lorsqu'on fait passer le courant, l'eau est décomposée et l'hydrogène
se porte sur le palladium qui l'absorbe par sa face non vernie. Cette
face augmente de volume, comme le prouve la diminution de densité
indiquée plus haut, et, comme l'autre face n'augmente pas en même
temps, la lame s'infléchit.

L'hydrogène absorbé par le palladium aurait des propriétés un peu

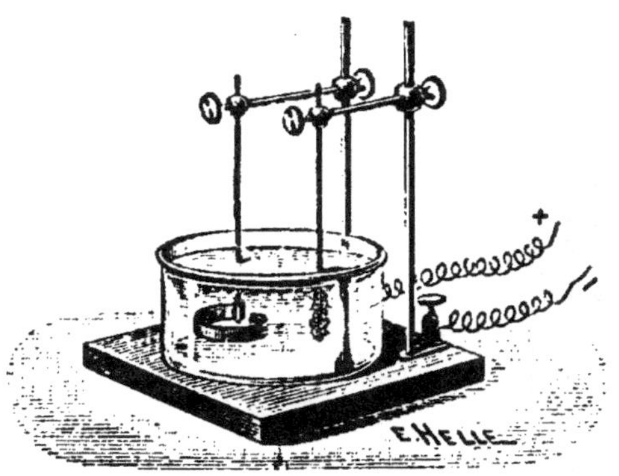

Fig. 54. — Absorption de l'hydrogène par le palladium.

différentes de celles de l'hydrogène gazeux et plus nettement métalliques; on a proposé de lui donner le nom d'*hydrogénium*.

On donne le nom de corps *monovalent, bivalent, trivalent*, etc., aux
corps dont un atome s'unit à 1, 2, 3, etc., atomes d'hydrogène. Ainsi
le chlore est monovalent, parce que, dans l'acide chlorhydrique, HCl,
un atome de chlore est combiné à un atome d'hydrogène ; l'oxygène
est bivalent, parce que, dans l'eau, H^2O, un atome d'oxygène est combiné à deux atomes d'hydrogène.

64. Usages. — L'hydrogène sert à gonfler les ballons ; il est employé,
dans le chalumeau à gaz oxhydrique, à la fusion du platine et à la
soudure autogène des lames de plomb, qui servent à faire les chambres
pour la préparation de l'acide sulfurique.

On a utilisé la propriété qu'a l'hydrogène de brûler en présence de
l'air, sous l'influence de la mousse de platine, pour faire un *briquet à
hydrogène* : il se compose d'un récipient (fig. 55) qui contient de
l'eau acidulée dans laquelle plonge un morceau de zinc ; il se produit
de l'hydrogène. En appuyant sur un ressort, on ouvre un robinet par
lequel l'hydrogène se dégage et arrive sur de la mousse de platine, de
sorte qu'il brûle dans l'air ; en même temps une petite lampe à huile
est amenée en regard du jet d'hydrogène enflammé, et s'allume. En

abandonnant le ressort, le conduit par lequel s'échappait l'hydrogène est fermé, et la lampe allumée revient à sa position primitive.

On emploie le grand éclat que prend la flamme du chalumeau à gaz oxhydrique quand on la fait arriver sur de la chaux, pour produire une lumière très éclatante utilisée dans les appareils de projection et que l'on appelle *lumière de Drummond*, du nom du chimiste

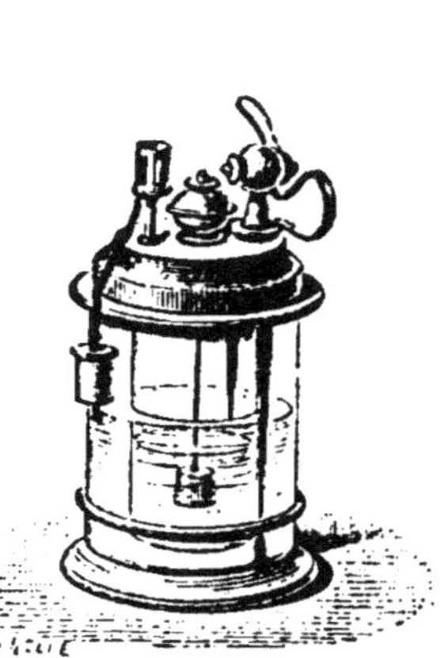

Fig. 55. — Briquet à hydrogène.　　Fig. 56. — Lumière de Drummond.

anglais qui l'a fait connaître le premier. Pour produire cette lumière, on prend un chalumeau à gaz oxhydrique de forme spéciale (fig. 56), dont le dard recourbé projette la flamme sur un morceau de chaux vive.

Dans les laboratoires, l'hydrogène est surtout employé à réduire les oxydes métalliques.

OXYGÈNE

$$O = 16.$$

65. Historique. — L'oxygène a été découvert en 1774 par Priestley, qui le retirait de l'oxyde de mercure ; il a été retrouvé presque en même temps par Scheele et Lavoisier. Ce dernier chimiste l'a étudié avec beaucoup de soin : il a analysé ses combinaisons avec les métalloïdes et les métaux, mesuré les quantités de chaleur dégagées dans ces combinaisons et enfin signalé son rôle dans la respiration des animaux et des végétaux ; il lui attribuait la propriété exclusive de

former des acides, et l'appela pour cette raison *oxygène*, ce qui si
gnifie *qui engendre les acides*.

66. État naturel. — Les sources d'oxygène sont abondantes dans
la nature : l'air en contient environ le $\frac{1}{5}$ de son volume, l'eau les
$\frac{8}{9}$ de son poids ; il entre dans la composition de presque tous les
minéraux et les roches.

On peut le retirer des oxydes, des acides, des sels, de l'eau et de
l'air.

67. Extraction des oxydes. — Certains oxydes se prêtent bien à la
préparation de l'oxygène, en particulier les oxydes des métaux précieux, qui se décomposent totalement par la chaleur.

Prenons par exemple l'oxyde de mercure. On peut préparer cet
oxyde par plusieurs méthodes ; la plus simple consiste à chauffer le
mercure avec de l'acide azotique, il se forme de l'azotate mercurique,

Fig. 57. — Préparation de l'oxygène par le bioxyde de manganèse seul.

que l'on calcine. L'oxyde mercurique ainsi obtenu est rouge orangé.
On le chauffe dans une petite cornue munie d'un tube à dégagement
qui débouche sur la cuve à eau (fig. 2) : l'oxyde devient violet, puis
noir, et se décompose en oxygène, qui se dégage et que l'on recueille
dans une éprouvette, et en mercure, qui se dépose sur les parois de
la cornue.

Un grand nombre de bioxydes se décomposent partiellement quand
on les chauffe : les bioxydes de baryum, de strontium, de calcium
abandonnent la moitié de leur oxygène; le bioxyde de manganèse
n'en abandonne que le tiers.

Le bioxyde de manganèse, $Mn\,O^2$, minerai principal du manganèse, est un produit naturel connu sous le nom de *pyrolusite;* pour le décomposer, on le chauffe fortement dans une cornue en grès au moyen d'un fourneau à réverbère (fig. 57). Il se dégage une partie de l'oxygène, et il se forme un oxyde moins riche $Mn^3 O^4$, *l'oxyde salin* ou *oxyde brun* de manganèse :

$$3 Mn O^2 = Mn^3 O^4 + O^2.$$

Ce bioxyde n'est jamais pur : il contient d'autres oxydes de manganèse, par exemple le sesquioxyde, $Mn^2 O^3$, qui se décompose aussi par la chaleur :

$$3 Mn^2 O^3 = 2 Mn^3 O^4 + O.$$

Mais il contient aussi d'autres impuretés provenant principalement des terrains dans lesquels on le trouve ; ces impuretés sont principalement des carbonates de calcium et de magnésium et des azotates, dont la calcination donne de l'anhydride carbonique et de l'azote. Il faut donc laisser perdre pendant quelque temps les gaz qui se dégagent et qui sont d'abord formés de ces derniers. On peut aussi purifier l'oxygène en le faisant passer dans une solution de potasse, qui retient l'anhydride carbonique ; mais l'azote ne peut être retenu.

Il est plus facile de décomposer le bioxyde de manganèse par l'acide sulfurique ; il se dégage de l'oxygène et il reste du sulfate de manganèse :

$$Mn O^2 + SO^4 H^2 = SO^4 Mn + H^2 O + O.$$

L'expérience peut se faire alors dans un ballon de verre chauffé

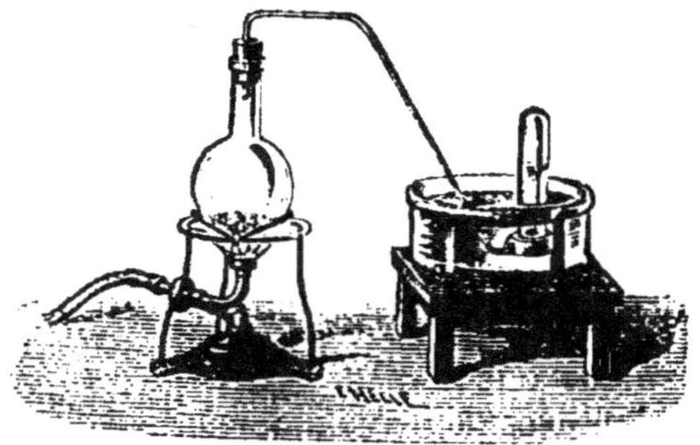

Fig. 58. — Préparation de l'oxygène par le bioxyde de manganèse et l'acide sulfurique.

par un brûleur à gaz (fig. 58) ; mais l'oxygène contient toujours les mêmes impuretés.

68. Extraction des acides. — On peut extraire l'oxygène des acides oxygénés.

Tous les acides oxygénés du chlore se décomposent par la chaleur : pour éviter toute explosion on les fait passer dans un tube très étroit que l'on chauffe. Il se forme du chlore et de l'oxygène ; on peut absorber le chlore par la potasse.

H. Sainte-Claire Deville et Debray ont indiqué un procédé qui a été employé dans l'industrie et qui consiste à décomposer l'acide sulfurique ordinaire $SO^4 H^2$. Ces deux chimistes employaient (fig. 59)

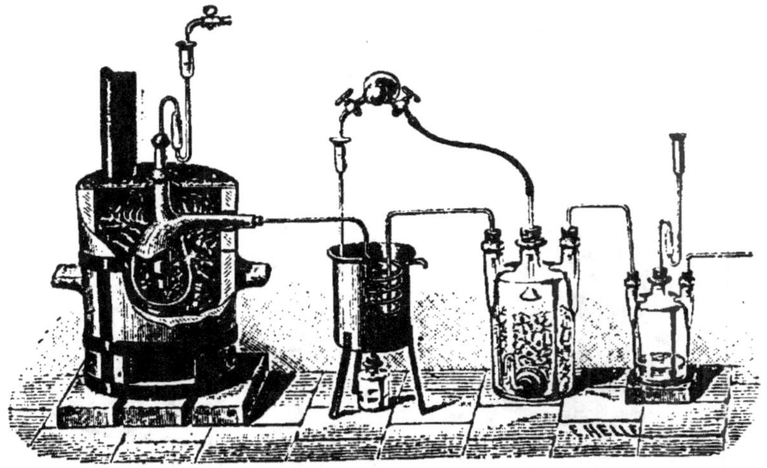

Fig. 59. — Extraction de l'oxygène de l'acide sulfurique.

une cornue de grès dans laquelle l'acide sulfurique tombait sur des feuilles très minces de platine chauffées au rouge vif. Il se dédoublait en anhydride sulfureux, eau et oxygène :

$$SO^4 H^2 = SO^2 + H^2 O + O.$$

On peut remplacer les feuilles de platine par des fragments de briques.

69. Extraction des sels. — On peut obtenir l'oxygène en décomposant les azotates par la chaleur. Quelques-uns, comme les azotates de baryum et de plomb, donnent en même temps des vapeurs rutilantes de peroxyde d'azote AzO^4 (122); mais d'autres comme les azotates de potassium, de sodium, d'argent, se dédoublent au rouge en azotite et oxygène :

$$AzO^3K = AzO^2K + O.$$

Il est plus facile de décomposer le chlorate de potassium ou sel de

Berthollet, ClO^3K. C'est un sel que l'on obtient en faisant passer un courant de chlore gazeux Cl dans une dissolution de potasse KOH concentrée et chaude :

$$6Cl + 6KOH = ClO^3K + 5KCl + 3H^2O.$$

En évaporant ensuite et laissant reposer, on obtient des cristaux de chlorate de potassium que l'on purifie par plusieurs cristallisations successives et qui se présentent alors en paillettes nacrées. Ces cris-

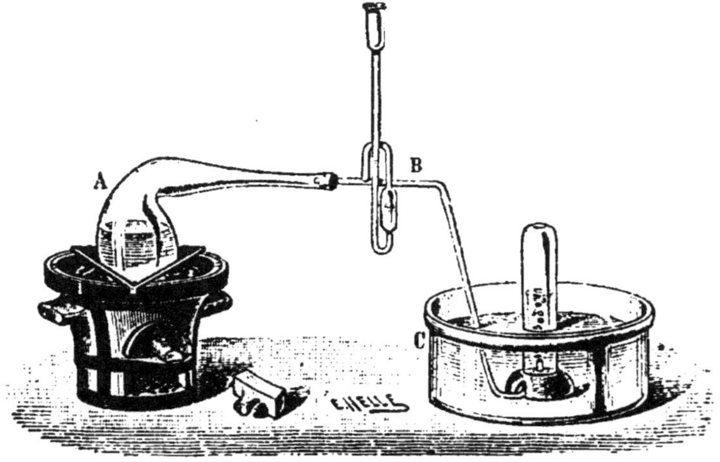

Fig. 60. — Préparation de l'oxygène par le chlorate de potassium.

taux, chauffés modérément et progressivement dans une cornue de verre (fig. 60), crépitent, par suite de l'eau d'interposition retenue entre les lamelles cristallines, fondent, puis se décomposent en laissant dégager tout leur oxygène :

$$ClO^3K = ClK + O^3.$$

Cette décomposition doit être surveillée avec grande attention, parce qu'une partie de l'oxygène peut se porter sur le chlorate non décomposé et le transformer en perchlorate, ClO^4K, moins fusible :

$$2ClO^3K = ClO^4K + ClK + O^2.$$

Si à ce moment on ne chauffe pas un peu plus fort, il peut se former une croûte de perchlorate de potassium, qui s'oppose au dégagement de l'oxygène, et la cornue peut être brisée.

On facilite la décomposition en mélangeant le chlorate de potassium avec du bioxyde, ou mieux de l'oxyde brun de manganèse, préalablement calciné. Dans les laboratoires, on emploie ce procédé et pour opérer sur de grandes quantités, on emploie une sorte de marmite en fonte dont le couvercle mobile est fixé avec un lut de plâtre (fig. 61).

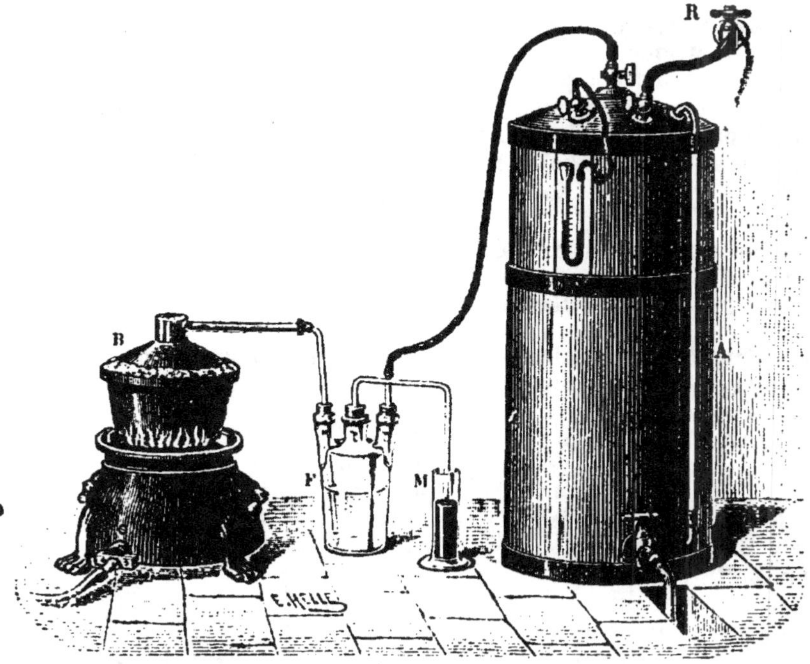

Fig. 61. — Marmite en fonte pour préparer l'oxygène.

L'hypochlorite de calcium $(ClO)^2Ca$, décomposé par la chaleur, donne de l'oxygène et du chlorure de calcium $Ca Cl^2$:

$$(ClO)^2Ca = CaCl^2 + O^2.$$

Il faut faciliter le dégagement d'oxygène en ajoutant du peroxyde de cobalt, qui n'intervient pas chimiquement dans la réaction.

Le bichromate de potassium $Cr^2O^7K^2$, chauffé dans un ballon avec de l'acide sulfurique, dégage de l'oxygène et donne de l'alun de chrome :

$$Cr^2O^7K^2 + 4SO^4H^2 = (SO^4)^3Cr^2 + SO^4K^2 + 4H^2O + O^3.$$

L'appareil est le même que celui de la figure 58.

Le résidu repris par l'eau donne une solution verte, qui laisse déposer, par l'évaporation, des cristaux violets d'alun de chrome.

On peut décomposer le permanganate de potassium $Mn^2O^8K^2$ par l'acide sulfurique ; il se forme du sulfate de potassium, du sulfate de manganèse et de l'oxygène :

$$Mn^2O^8K^2 + 3SO^4H^3 = 2SO^4Mn + SO^4K^2 + 3H^2O + O^5.$$

70. Extraction de l'eau. — On peut décomposer l'eau par le courant électrique dans le voltamètre (29).

On peut aussi décomposer l'eau par un corps qui lui enlève l'hydrogène, le chlore par exemple : si l'on fait passer dans un tube de porcelaine chauffé au rouge (fig. 17) un mélange de vapeur d'eau et de chlore, il se forme de l'oxygène et de l'acide chlorhydrique :

$$H^2O + 2Cl = 2HCl + O.$$

En faisant passer au sortir du tube de porcelaine le mélange gazeux dans un flacon laveur qui contient de l'eau, l'acide chlorhydrique se dissout et l'oxygène se dégage.

71. Extraction de l'air. — On a cherché par plusieurs procédés à extraire l'oxygène de l'air, ce mode de préparation étant évidemment le plus économique.

La première méthode indiquée est celle de Boussingault. On fait passer un courant d'air sec et privé d'anhydride carbonique dans un tube de porcelaine chauffé au rouge sombre et contenant de la baryte BaO ; il se forme du bioxyde de baryum BaO². En interceptant alors l'arrivée de l'air et chauffant au rouge vif, le bioxyde de baryum se décompose, il se dégage de l'oxygène et il se reforme de la baryte, qui peut servir à une nouvelle opération.

En employant ce procédé, la baryte qui a servi environ une vingtaine de fois change de nature et n'est plus assez spongieuse pour absorber l'oxygène. On y a d'abord remédié en ajoutant un peu de chaux ; aujourd'hui, on extrait en grand l'oxygène de l'air par cette méthode, perfectionnée par MM. Brin frères, et l'on vend dans le commerce l'oxygène en bidon (fig. 62).

MM. Tessié du Mothay et Maréchal ont imaginé aussi un procédé d'extraction de l'oxygène de l'air. Pour cela ils chauffaient du peroxyde de manganèse dans un four au contact de la soude un peu divisée ; en faisant passer un courant d'air, il se forme du manganate de sodium MnO⁴ Na² d'après la formule :

Fig. 62.
Bidon d'oxygène.

$$MnO^2 + 2Na\,OH + O = MnO^4\,Na^2 + H^2O.$$

A une température plus élevée, en supprimant le passage de l'air et faisant passer un courant de vapeur d'eau qui facilite la décomposition, l'oxygène retenu se dégage et le peroxyde de manganèse, régénéré, peut servir de nouveau. Pour que la décomposition se prolonge, il faut ajouter à la soude, très divisée, un corps très spongieux, de l'oxyde de cuivre.

72. Propriétés physiques. — L'oxygène est un gaz incolore, inodore, insipide. Sa densité par rapport à l'air est 1,1056, par rapport à l'hydrogène 16, et le poids d'un litre d'oxygène dans les conditions normales est 1,430.

Le poids moléculaire de l'oxygène est 32 et son poids atomique, déduit de l'analyse de ses composés, est 16.

M. Cailletet, en laissant détendre dans le tube de son appareil (fig. 45) l'oxygène refroidi à — 105 degrés, a observé une sorte d'ébullition tumultueuse ressemblant à une projection de liquide. M. Pictet a liquéfié l'oxygène dans son appareil (fig. 46) en le refroidissant à — 140° sous la pression de 320 atmosphères. Enfin, plus récemment, MM. Wroblewski et Olzewski ont obtenu ce gaz sous forme d'un liquide incolore à — 136° sous la pression de 23 atmosphères.

Fig. 63. — Bougie avec un point en ignition se rallumant dans l'oxygène.

Il est mauvais conducteur de la chaleur et de l'électricité ; c'est le plus électro-négatif de tous les corps et le plus magnétique des gaz. Sous l'influence de l'électricité, il subit une modification allotropique et se transforme en *ozone*.

Il est peu soluble dans l'eau, encore moins dans l'alcool. Son coefficient de solubilité à 0° est dans l'eau de 0,41, dans l'alcool de 0,28. Il est soluble dans certains corps qui l'absorbent à une température donnée pour le perdre à une température plus basse, tels que l'argent fondu (rochage).

73. Propriétés chimiques. — L'oxygène se combine à un grand nombre de corps simples ou composés, le plus souvent avec dégagement de chaleur et de lumière : on dit alors que ces corps *brûlent* dans l'oxygène. Ce gaz rallume en particulier une allumette ou une bougie qui présentent un point en ignition (fig. 63).

L'oxygène n'est pas le seul corps qui se comporte ainsi, le chlore agit de même par rapport à un grand nombre de corps, et le soufre se comporte de même par rapport au cuivre (2). L'un des corps est appelé *comburant*, c'est celui qui entretient la combustion ; l'autre, *combustible*, c'est celui qui brûle ; mais ces expressions sont tout à fait relatives : le même corps peut être comburant par rapport à certaines substances, combustible par rapport à d'autres. Ainsi, le soufre, comburant par rapport au cuivre, est combustible par rapport à l'oxygène. On remplace généralement et avantageusement aujourd'hui ces dénominations par celles d'*électro-négatif* et d'*électro-positif* (3).

Fig. 64. — Combustion du phosphore dans l'oxygène.

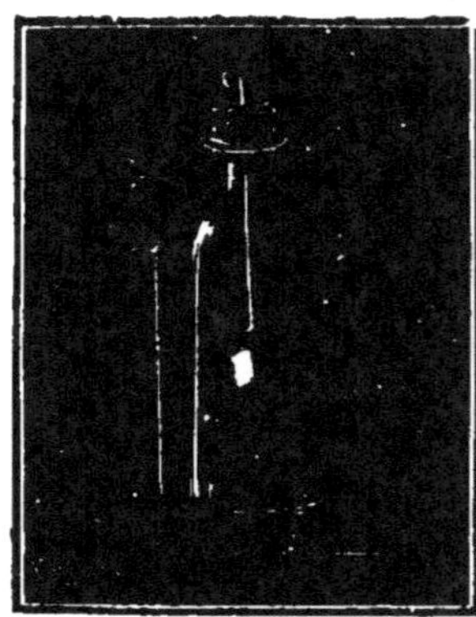

Fig. 65. — Combustion du charbon dans l'oxygène.

Le phosphore et l'arsenic enflammés brûlent dans l'oxygène. Pour faire l'expérience avec le phosphore, on met un fragment de ce corps dans une petite coupelle de terre, on l'enflamme et on l'introduit dans un flacon plein d'oxygène (fig. 64) ; il se forme de l'anhydride phosphorique P^2O^5 solide, qui communique à la flamme une grande intensité.

Le soufre, dans les mêmes conditions, brûle aussi dans l'oxygène, avec une flamme bleue, riche en rayons ultra-violets et en donnant du gaz sulfureux SO^2. Le sélénium et le tellure se comportent de même à une température plus élevée.

Le carbone brûle dans l'oxygène en donnant de l'anhydride carbonique CO^2. Pour montrer cette combustion, on attache un morceau de

charbon à un fil métallique, on l'allume et on l'introduit dans un
flacon plein d'oxygène (fig. 65). Le bore et le silicium brûlent aussi
dans ce gaz en donnant les anhydrides borique et silicique Bo^2O^3 et
SiO^2.

Parmi les métaux, le potassium et le sodium brûlent dans l'oxygène
avec un très vif éclat en donnant des oxydes de potassium et de
sodium K^2O et Na^2O. Le magnésium y brûle aussi en donnant de la
magnésie MgO et en produisant une flamme très éclatante, riche en
rayons photogéniques. Le zinc se comporte de même et donne l'oxyde
de zinc ZnO. Tous ces oxydes sont basiques, c'est-à-dire qu'ils
forment avec l'eau des hydrates qui sont des bases.

Certains métaux donnent en brûlant dans l'oxygène des oxydes qui
ne sont pas basiques : ainsi le fer brûlant dans l'oxygène donne de

Fig. 66. — Combustion du fer dans l'oxygène.

l'oxyde magnétique de fer Fe^3O^4. Pour effectuer cette combustion, on
prend du fil de clavecin roulé en spirale et à l'extrémité duquel se trouve
un morceau d'amadou enflammé. On a soin de mettre de l'eau dans le
fond du flacon (fig. 66); elle refroidit les gouttes d'oxyde qui sans
cela briseraient le flacon à cause de leur température très élevée, et
qui, lorsqu'elles sont fortes, vont tout de même s'incruster dans le
verre.

Les sulfures alcalins, tels que le sulfure de potassium, se combinent
à l'oxygène en donnant un sulfate; le sulfure de potassium, préparé
en décomposant le sulfate de potassium par le charbon, et projeté
encore chaud dans l'air, s'y enflamme (pyrophore de Gay-Lussac) :

$$K^2 S + 4O = SO^4 K^2.$$

Les composés organiques, caoutchouc, huile, etc., brûlent facilement au contact de l'oxygène.

Dans toutes ces combustions, il y a dégagement d'une grande quantité de chaleur :

1 gramme d'hydrogène dégage en brûlant. . 34 calories 5 ;
—   de phosphore   —   . . 5 — 86 ;
—   de soufre   —   . . 2 — 16 ;
—   de fer   —   . . 1 — 6 ;
—   de charbon   — depuis. . 7 —.

Les combustions précédentes, avec dégagement de chaleur et de lumière, s'appellent des *combustions vives*. Il y aussi des *combustions lentes*, ou oxydations dans lesquelles la chaleur dégagée est insensible ; par exemple la transformation du fer en rouille (hydrate ferrique) est une véritable combustion lente; le phosphore, abandonné à l'air, absorbe peu à peu l'oxygène de l'air et se transforme en acide phosphoreux $PO^3 H^3$, c'est encore une combustion lente.

Quelquefois, la chaleur, au lieu de se dégager peu à peu, s'accumule: quand on essuie, dans les usines, les pivots imbibés d'huile et que l'on met dans un coin les morceaux d'étoffe ayant servi, il arrive souvent qu'ils prennent feu.

Pour oxyder une substance, on n'a pas recours à l'oxygène préparé d'avance, on le produit au contact des substances que l'on veut oxyder : on chauffe les matières avec certains azotates, de potassium par exemple, ou encore avec du chlorate de potassium; d'autres fois on met les corps au contact de corps qui ont condensé de l'oxygène (noir de platine). Ainsi l'alcool, tombant goutte à goutte sur du noir de platine, forme de l'aldéhyde et ensuite de l'acide acétique. Le plus souvent, on met les matières à oxyder au contact de corps donnant par leur réaction de l'oxygène, tels que bioxyde de manganèse et acide sulfurique, bichromate de potassium et acide sulfurique, permanganate de potassium et acide sulfurique.

74. Propriétés physiologiques. — L'oxygène est nécessaire à la respiration des animaux, excepté de quelques infusoires. Il pénètre dans les poumons, où il se combine au sang, qui le porte ensuite aux divers tissus dont il brûle les matières à éliminer et donne alors de l'anhydride carbonique que le sang veineux rapporte aux poumons et qui se dégage pendant l'expiration. La respiration, ou plutôt les combustions qui se produisent au contact du sang et des tissus, sont ainsi la cause de la chaleur animale.

OZONE

75. Historique. — Van Marum, en soumettant de l'oxygène à l'action des étincelles électriques, constata la production d'une odeur particulière et remarqua qu'alors l'oxygène était en partie absorbé par le mercure. En 1840, M. Schœnbein reconnut qu'en décomposant l'eau par la pile, l'oxygène dégagé au pôle positif a une odeur particulière ; il fit de nombreuses expériences pour déterminer la nature de ce gaz, qu'il appela *ozone*, ce qui signifie *qui a une odeur*.

On peut produire l'ozone en soumettant l'oxygène à l'action de l'électricité ; il s'en forme aussi dans l'oxydation de certains corps à l'air.

76. Production par l'électricité. — On peut le produire par l'électricité de bien des manières. On peut d'abord employer les étincelles lumineuses, mais elles en produisent peu, parce que l'ozone se décompose à la chaleur.

Becquerel et M. Frémy opéraient avec des tubes fermés de toutes parts dans lesquels ils faisaient passer des étincelles obscures. On peut, d'après les expériences de ces deux chimistes, transformer tout l'oxygène en ozone, à condition de l'absorber à mesure qu'il se forme, car celui qui est formé empêche la formation d'autre.

L'expérience prouve que plus on produit la transformation de l'oxygène à basse température, plus la production d'ozone est considérable ; on produit des décharges électriques entre deux surfaces assez grandes et de manière qu'il n'y ait pas d'action lumineuse.

Dans certains appareils, on emploie deux lames, ou deux fils conducteurs, séparés par une lame de verre.

Dans d'autres, les décharges électriques obscures sont produites entre deux surfaces liquides et électrisent l'oxygène. Pour que le passage de la décharge s'effectue facilement, il faut que la distance des deux tubes contenant le liquide soit très petite.

L'ozoniseur de M. Berthelot (fig. 67) se compose de deux tubes emboîtés l'un dans l'autre ; dans l'espace annulaire on fait passer de l'oxygène. Le tube intérieur contient de l'eau acidulée, le tube extérieur plonge lui-même dans l'eau acidulée, et dans chacune des masses liquides plongent deux lames de platine A et F qui amènent le courant d'une bobine. L'oxygène, qui arrive par le tube C, passe dans l'intervalle des deux tubes, où il reçoit des décharges obscures, et s'échappe en DE, chargé d'ozone.

On peut aussi produire l'ozone par la pile ; dans la décomposition de l'eau acidulée, l'oxygène est ozonisé.

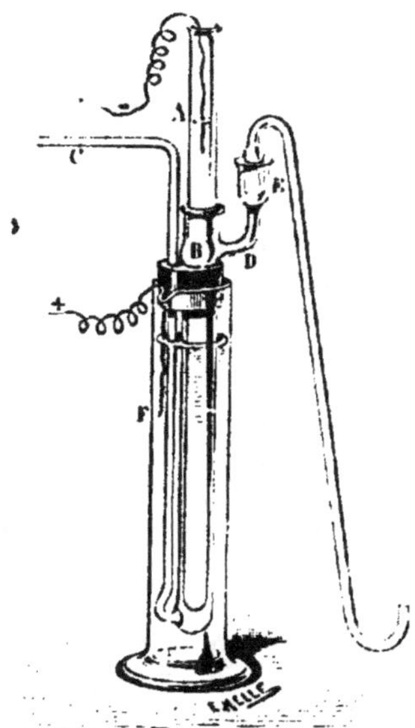

Fig. 67.
Ozoniseur de M. Berthelot.

77. Production dans l'oxydation d'un corps. — Quand on expose à l'air humide des bâtons de phosphore, avant qu'ils se transforment en acide phosphoreux, une partie de l'oxygène se transforme en ozone. On prend une large et haute éprouvette en communication d'une part avec l'air et d'autre part avec un flacon laveur qui absorbe les fumées d'acide phosphoreux ; à la suite, se trouve un tube à boules contenant une dissolution d'iodure de potassium mélangée d'eau amidonnée, qui bleuit sous l'influence de l'ozone.

L'essence de térébenthine et l'essence d'amandes amères agissent de même.

La décomposition du bioxyde de baryum par l'acide sulfurique donne de l'ozone. Dans une éprouvette contenant de l'acide sulfurique SO^4H^2 on projette peu à peu du bioxyde de baryum BaO^2 en poudre ; il se produit de l'oxygène ozonisé :

$$SO^4H^2 + BaO^2 = SO^4Ba + H^2O + O.$$

Si la température est élevée, l'ozone est en petite quantité ; pour éviter le dégagement de chaleur, on plonge l'éprouvette dans un réfrigérant.

78. Propriétés physiques. — L'ozone est un corps odorant, dangereux à respirer ; incolore sous une faible épaisseur, il paraît bleu sous une épaisseur d'environ 2 mètres. Sa densité est 1,6 ; il a été liquéfié à $-105°$ sous la pression de 125 atmosphères.

79. Propriétés chimiques. — L'ozone est décomposé par la chaleur avec augmentation de volume. Il se transforme en oxygène.

L'ozone est décomposé aussi par les corps poreux, le charbon par exemple, et par les alcalis. Les bioxydes poreux de manganèse, de plomb, décomposent l'ozone ; l'eau oxygénée donne au contact de l'ozone de l'eau et de l'oxygène.

L'ozone est surtout un oxydant très énergique : à la température ordinaire, le soufre donne du gaz sulfureux, le mercure, l'argent donnent des oxydes. C'est à la production d'ozone que l'on attribue la formation de peroxyde d'azote quand on fait passer des étincelles électriques dans un mélange d'azote et d'oxygène.

L'ozone décompose l'acide chlorhydrique en chlore et en eau ; l'ammoniaque AzH^3 est transformé en azotate d'ammonium $AzO^3(AzH^4)$:

$$2\,AzH^3 + 4\,O = AzO^3(AzH^4) + H^2O.$$

Le sulfure de plomb se transforme au contact de l'ozone en sulfate de plomb, l'iodure de potassium en potasse et iode et même, si l'ozone est en quantité suffisante, en iodate de potassium. L'alcool s'oxyde en donnant de l'aldéhyde ; le caoutchouc, les essences, le liège, et en général toutes les matières organiques sont rapidement oxydées et brûlées.

79. Réactifs de l'ozone. — L'ozone se reconnaît à son odeur et à son action sur le papier imprégné d'iodure de potassium et d'eau amidonnée ; sous l'influence de l'ozone humide, l'iodure de potassium donne de la potasse, et l'iode, mis en liberté, bleuit l'amidon :

$$2KI + H^2 O + O = 2KO H + I^2.$$

Les vapeurs nitreuses ont la même propriété que l'ozone de bleuir le papier à l'iodure de potassium et à l'amidon ; il est facile de reconnaître ces vapeurs nitreuses qui rougissent le papier de tournesol bleu, tandis que l'ozone est sans action sur lui. Mais d'autres causes peuvent aussi amener le bleuissement du papier sensible. M. Houzeau a proposé d'employer un papier de tournesol rouge vineux dont la moitié seulement serait imprégnée d'iodure de potassium et d'amidon : cette moitié seule devrait bleuir sous l'influence de l'ozone, qui produit de la potasse ; l'autre partie devrait conserver la teinte normale, ce qui n'arriverait pas en présence de vapeurs alcalines ou acides.

80. Nature de l'ozone. — Certains réactifs de l'ozone appartenant à l'eau oxygénée, on s'est demandé d'abord s'il n'y avait pas confusion entre les deux corps : on avait reconnu, en effet, qu'en recueillant l'ozone du voltamètre, le desséchant, puis le faisant passer sur de l'oxyde de cuivre chauffé au rouge, on recueillait de l'eau ; on en concluait qu'il y avait de l'hydrogène dans le prétendu ozone. Mais M. Marignac a démontré que l'hydrogène provenait du voltamètre dans le liquide duquel il s'était répandu par diffusion. Il l'élimina et le gaz restant conservait les propriétés de l'ozone.

On a émis aussi l'hypothèse que l'ozone devait ses propriétés à une petite quantité de vapeurs nitreuses, qui donnent en effet la même réaction au contact de l'iodure de potassium. Mais l'oxygène que l'on transforme en ozone peut être entièrement privé d'azote.

On a cru aussi qu'il se produisait dans la préparation de l'ozone une certaine quantité de chlore, qui peut donner dans certaines conditions les mêmes réactions que l'ozone, et qui est par exemple un puissant agent d'oxydation et de décoloration. Mais cette manière de voir a été mise en défaut par M. Andrews : en chauffant l'ozone à haute température, il est entièrement détruit; or s'il y avait du chlore, en chauffant à n'importe quelle température, ce gaz subsisterait.

On a été conduit à admettre que l'ozone était de l'oxygène condensé : trois volumes d'oxygène donnent environ deux volumes d'ozone (M. Soret). M. Soret a fait quelques expériences pour déterminer la densité de l'ozone : de l'oxygène et de l'ozone étant placés dans un récipient et séparés par une cloison poreuse, il étudiait la façon dont les gaz traversaient la cloison. On sait que la vitesse de passage est en raison inverse de la racine carrée de la densité des gaz. Il a été conduit à admettre que l'ozone était plus lourd que l'oxygène et qu'il avait pour densité 1,6.

EAU OXYGÉNÉE

$H^2 O^2$.

81. Préparation. — L'oxygène forme avec l'hydrogène deux composés : l'eau, $H^2 O$, que nous avons déjà étudiée (21), et l'eau oxygénée $H^2 O^2$, découverte en 1818 par Thénard.

La préparation de l'eau oxygénée se fait avec le bioxyde de baryum $Ba O^2$. Au contact de l'acide chlorhydrique, il donne du chlorure de baryum $Ba Cl^2$ et de l'eau oxygénée :

$$Ba\ O^2 + 2H\ Cl = Ba\ Cl^2 + H^2\ O^2.$$

Les deux substances restent en dissolution dans l'eau. On prend 100 centimètres cubes d'acide chlorhydrique mélangé avec un poids égal d'eau distillée ; pour éviter le dégagement de chaleur, on entoure de glace le récipient contenant ce liquide. D'un autre côté, on pulvérise dans un mortier 15 grammes de bioxyde de baryum, corps solide verdâtre et spongieux, et l'on ajoute de l'eau de façon à faire une pâte claire. On la fait tomber peu à peu dans le mélange d'acide chlorhydrique et d'eau, avec une spatule de porcelaine et en agitant constamment. Si l'on mettait le bioxyde de baryum solide au contact de l'eau oxygénée, cette dernière se détruirait. Le dégagement de chaleur est arrêté par la glace. On verse ensuite goutte à goutte de l'acide sulfurique, de manière à former du sulfate de baryum insoluble $SO^4 Ba$ et à régénérer l'acide chlorhydrique :

$$Ba\ Cl^2 + SO^4\ H^2 = SO^4\ Ba + 2H\ Cl.$$

On utilise cet acide chlorhydrique pour refaire de l'eau oxygénée et ainsi de suite ; on peut répéter l'expérience jusqu'à six fois. À la fin on ajoute du sulfate d'argent $SO^4 Ag^2$ en dissolution et goutte à goutte ; il se fait du chlorure d'argent $Ag\ Cl$ et du sulfate de baryum, tous deux insolubles :

$$Ba\ Cl^2 + SO^4\ Ag^2 = 2Ag\ Cl + SO^4\ Ba.$$

Après avoir versé goutte à goutte le sulfate d'argent, on jette rapidement sur un linge très fin et très propre, on filtre, puis on concentre dans le vide. On a une dissolution d'eau oxygénée.

Au lieu d'employer l'acide chlorhydrique, on peut employer un acide capable de former avec le baryum un composé insoluble, par exemple l'acide fluorhydrique FH.
La réaction est la même :

$$2FH + Ba\,O^2 = Ba\,F^2 + H^2O^2.$$

Mais l'acide fluorhydrique est très peu soluble dans l'eau, dangereux à manier, et a sur les membranes des voies respiratoires une action très pernicieuse ; on ne peut d'ailleurs se servir alors de vases de verre ou de porcelaine.
On peut employer l'acide fluosilicique F²H², Si F⁴, qui n'émet pas sensiblement de vapeurs et n'attaque pas le verre. La réaction est encore analogue ; il se forme un fluosilicate de baryum insoluble :

$$F^2\,H^2,\,Si\,F^4 + Ba\,O^2 = Ba\,F^2,\,Si\,F^4 + H^2\,O^2.$$

On peut aussi employer l'acide phosphorique PO⁴H³, avec lequel il se formerait du phosphate de baryum :

$$3\,Ba\,O^2 + 2\,PO^4\,H^3 = (PO^4)^2\,Ba^3 + 3H^2O^2.$$

On met l'acide phosphorique dans une capsule de porcelaine refroidie et on ajoute peu à peu la pâte ; chaque morceau de bioxyde de baryum s'enroberait de phosphate insoluble, et l'intérieur serait préservé du contact de l'acide, si l'on ne prenait pas la précaution de triturer constamment la pâte au-dessous de l'acide.

82. Propriétés. — L'eau oxygénée au maximum de concentration est un liquide incolore, visqueux, de saveur métallique, de densité 1,452.
On ne l'a pas encore solidifiée.
L'eau oxygénée est très facilement décomposable par la chaleur ; la décomposition commence à 20 ou 25°, et la chaleur dégagée par la décomposition la fait continuer.
Moins concentrée et en présence d'un acide, elle se décompose plus difficilement ; très étendue, elle résiste même à la distillation.
L'eau oxygénée est un oxydant énergique : l'arsenic s'oxyde et devient de l'anhydride arsénieux. Le tungstène, le molybdène se comportent de même.
Le sulfure de plomb noir, au contact de l'eau oxygénée, se transforme en sulfate de plomb blanc :

$$Pb\,S + 4H^2\,O^2 = SO^4\,Pb + 4H^2\,O.$$

De là un procédé pour faire redevenir blanches les parties des vieux tableaux qui ont été peintes à la céruse (carbonate de plomb) et qui ont noirci à l'air en se transformant en sulfure de plomb.
L'hydrogène sulfuré se transforme en eau, avec dépôt de soufre :

$$H^2\,S + H^2\,O^2 = 2H^2\,O + S.$$

Le soufre qui se dépose est en poudre extrêmement fine, que le filtre ne retient pas ; c'est le *magister*.

Tous les corps poreux, tous ceux qui condensent de l'air peuvent décomposer l'eau oxygénée sans s'unir à l'oxygène ; ainsi le platine, le palladium, le ruthénium en poudre, le peroxyde de manganèse, l'oxyde cuivrique. Si dans un tube sur le mercure on fait passer un certain volume d'eau oxygénée et qu'on introduise du bioxyde de manganèse, l'eau oxygénée est décomposée, on peut ainsi en faire l'analyse.

Certains corps décomposent l'eau oxygénée et sont en même temps décomposés par elle : l'oxyde d'argent très pulvérulent décompose l'eau oxygénée en dégageant une quantité de chaleur suffisante pour sa propre décomposition (l'oxyde d'argent chauffé se décompose à 100°) :

$$Ag^2 O + H^2 O^2 = 2Ag + H^2O + 2O.$$

La potasse, et en général les alcalis, décomposent l'eau oxygénée, la fibrine, extraite du sang, en provoque également la décomposition.

83. Réactifs de l'eau oxygénée. — Les réactifs de l'eau oxygénée sont les suivants :

1° L'iodure de potassium mélangé d'amidon ; le potassium est oxydé et l'iode, mis en liberté, bleuit l'amidon :

$$2IK + H^2 O^2 = 2KOH + I^2.$$

2° Le permanganate de potassium. La dissolution de ce sel est d'une couleur rouge violacé très intense ; sous l'action de l'eau oxygénée, le sel se transforme en hydrate manganique $Mn^2 O^3$, $H^2 O$ qui colore à peine la liqueur en jaune. Elle paraît même incolore, si elle est assez étendue :

$$Mn^2 O^3 K^2 + 2H^2 O^2 = 2KOH + Mn^2 O^3, H^2 O + O^4.$$

Ces deux premiers réactifs ne sont pas caractéristiques ; l'ozone et les hyposulfites produisent les mêmes effets.

3° L'acide chromique, ou dissolution aqueuse d'anhydride chromique $Cr O^3$. Elle est d'un jaune brun ; traitée par l'eau oxygénée, elle s'oxyde et donne de l'anhydride perchromique $Cr^2 O^7$, soluble dans l'eau, à laquelle il communique une coloration bleue. Mais il est très instable, et la teinte bleue fait rapidement place à une teinte verte avec dégagement d'oxygène. On peut mettre en évidence l'anhydride perchromique en agitant la liqueur avec de l'éther ; il se rassemble à la partie supérieure du liquide une dissolution éthérée d'anhydride perchromique bleu.

Cette réaction est caractéristique.

84. Circonstances de production. — Il peut se produire de l'eau oxygénée dans la décomposition de l'eau par la pile ; à basse température, l'électrode positive du voltamètre se recouvre d'eau oxygénée.

En oxydant le plomb amalgamé au contact de l'eau acidulée, il se forme de l'eau oxygénée.

L'essence de térébenthine, au contact de l'eau et exposée à l'air, donne de l'eau oxygénée ; l'essence s'oxyde et les phénomènes physiques qui accompagnent la réaction produisent la combinaison de l'eau avec l'oxygène de l'air. Le pétrole se comporte de même.

Le pétrole, l'éther ordinaire, contenu dans un flacon incomplètement rempli et que l'on maintient longtemps bouché, s'oxyde et il se forme de l'eau oxygénée.

85. Composition. — On commence par peser un poids p d'eau oxygénée ; on l'introduit dans un petit ballon contenant de l'eau et fermé par un bouchon, que termine un tube quatre fois coudé et débouchant dans une éprouvette sur la cuve à mercure (fig. 68) : cette éprouvette contient un certain volume connu d'air, qui communique par le tube avec le ballon.

On note, à la température ambiante, le volume V d'air de l'éprouvette ; on chauffe, l'oxygène se dégage et son volume s'ajoute à celui de l'air de l'éprouvette. Quand l'expérience est terminée, on laisse refroidir : la communication ayant encore lieu entre le ballon et l'éprou-

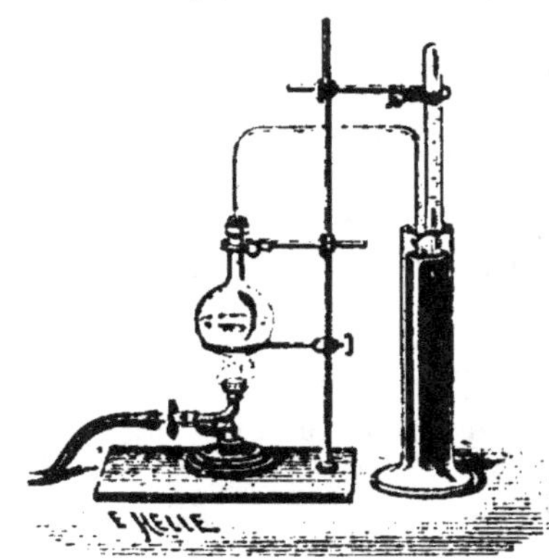

Fig. 68.
Analyse de l'eau oxygénée.

vette, l'augmentation de volume v de l'air du ballon est le volume de l'oxygène dégagé, et son poids, d'après une formule connue, est :

$$p = v \times 1{,}437 \times \frac{1}{1 + a\,t} \times \frac{H - F}{760}.$$

D'ailleurs, P étant le poids d'eau oxygénée employé, $P - p$ est le poids de l'eau restante ; on trouve que :

$$p = \frac{8}{9}\,(P - p),$$

ce qui donne bien pour formule de l'eau oxygénée $H^2 O^2$; son poids moléculaire est donc 34.

86. Usages. — L'eau oxygénée décolore les cheveux ; elle fait passer

les cheveux noirs au blond et les cheveux blonds au blanc. Elle est
employée par les coiffeurs sous le nom d'*eau des blonds*.

Elle transforme aussi le sulfure de plomb noir en sulfate de plomb
blanc ; elle est employée pour cette raison au nettoyage des vieux
tableaux, qui, peints à la *céruse*, ou carbonate de plomb, noircissent
quand ils sont longtemps exposés à l'air.

AZOTE

Az = 14.

87. Historique. — L'azote, appelé aussi *nitrogène*, a été isolé en
1669 par Mayow; en 1772, Rutherford l'a distingué comme un gaz spécial et a indiqué ses principales propriétés: Rutherford obtenait l'azote
en introduisant sous une cloche un petit animal ; quand il avait cessé
de vivre, il le remplaçait par un autre, après avoir absorbé par l'eau
de chaux le gaz carbonique produit par la respiration du premier, et
ainsi de suite. Après plusieurs opérations, le gaz restant était impropre
à la respiration et inabsorbable par la chaux : c'était l'azote.

Lavoisier et Scheele, en 1777, montrèrent que l'air est un mélange
d'azote et d'oxygène.

88. État naturel. — L'azote existe dans l'air en grande quantité, on
le trouve dans le sol sous forme d'azotate de potassium mélangé d'azotate de calcium et de magnésium ; au
Chili, il y a des dépôts abondants d'azotate de sodium.

Les matières organiques, végétales et
animales, contiennent en grande quantité
de l'azote.

On peut donc obtenir l'azote en l'ex-
trayant de l'air, des composés azotés et
des matières organiques.

89. Extraction de l'air. — On peut employer pour cette extraction un métalloïde
ou un métal.

Si on laisse des bâtons de phosphore
en contact avec l'air, jusqu'à ce qu'ils
cessent d'être lumineux dans l'obscurité,

Fig. 69. — Préparation de
l'azote par le phosphore.

ou bien lorsqu'on brûle, sous une cloche C reposant sur la cuve à
eau, du phosphore placé dans une coupelle portée par un bouchon
de liège (fig. 69), le phosphore s'empare de l'oxygène de l'air et il
reste de l'azote On met un excès de phosphore, pour être sûr d'absor-

ber tout l'oxygène ; alors cet excès s'évapore ; on ajoute des bulles de chlore, qui forment avec le phosphore du pentachlorure de phosphore, PCl^5, soluble dans l'eau qui le décompose d'ailleurs. Il reste donc de l'azote impur, mélangé de chlore introduit en excès et de gaz carbonique provenant de l'air ; pour enlever ces deux derniers gaz, il suffit d'introduire dans le mélange gazeux une dissolution étendue de potasse qui agit à la fois sur le chlore et sur le gaz carbonique, d'après les formules :

$$2KOH + Cl = ClOK + Cl K + H^2 O.$$
$$2KOH + CO^2 = CO^3 K^2 + H^2 O.$$

On peut aussi employer le bioxyde d'azote AzO : en le faisant passer bulle à bulle sous une cloche pleine d'air, il s'empare de l'oxygène et se transforme en peroxyde d'azote AzO^2 si les gaz sont secs, ou en acide azotique AzO^3 H si les gaz sont humides, par la formule :

$$3(AzO^2) + H^2O = 2(Az O^3 H) + Az O.$$

On peut aussi prendre, pour absorber l'oxygène, tous les métaux,

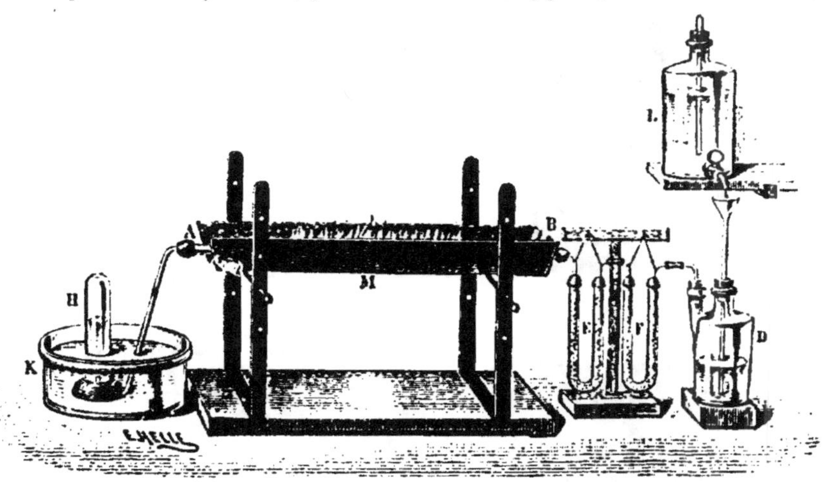

Fig. 70. — Préparation de l'azote par le cuivre.

sauf l'argent, l'or, le platine et les métaux analogues ; seulement, la plupart se couvrent d'une couche d'oxyde, qui empêche l'oxydation du reste du métal, il faut employer des métaux peu fusibles et ne donnant pas d'oxyde fusible : le cuivre est celui qui convient le mieux. On l'emploie sous forme très divisée, à l'état de copeaux de cuivre. Ces copeaux de cuivre ne sont pas purs, car les tourneurs en cuivre mouillent de temps en temps dans l'eau de savon, pour les refroidir sans les rouiller, les outils avec lesquels ils travaillent, et cette eau de savon réagissant sur le cuivre produit de l'oléate et du margarate de cuivre. Pour se débarrasser des impuretés, on chauffe fortement les copeaux de cuivre au contact de l'air ; le cuivre s'oxyde et les matières organiques brûlent. On met cet oxyde de cuivre dans un tube de verre peu fusible, AB, entouré d'une feuille de clinquant, et on place le tube sur une grille à charbon M ou à gaz ; c'est l'appareil à produire l'azote (fig. 70).

On fait d'abord passer un courant d'hydrogène pur et sec, qui réduit l'oxyde de cuivre et donne du cuivre métallique, très divisé, plus

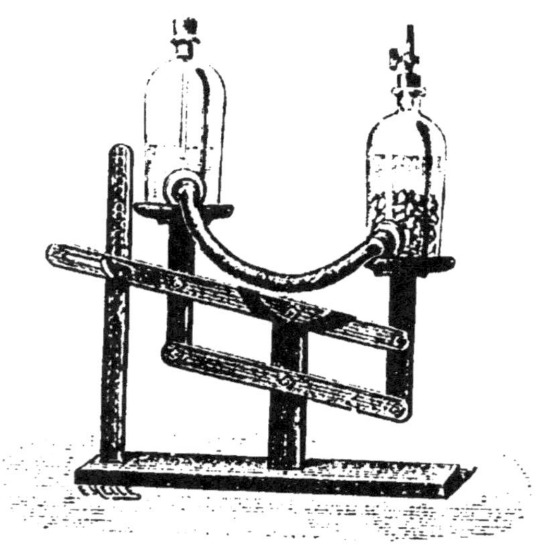

Fig. 71.
Appareil à production
continue d'azote.

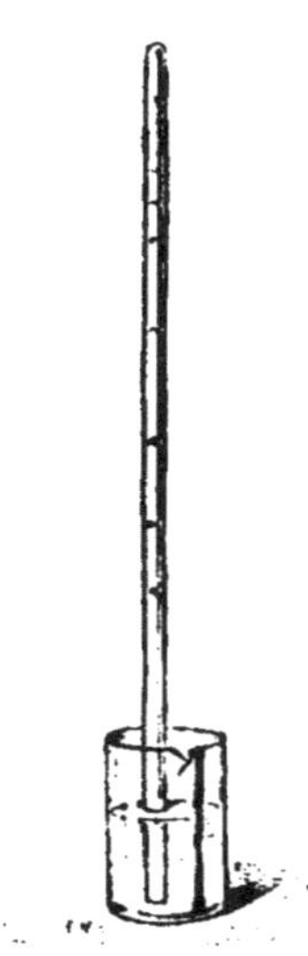

Fig. 72. — Action de la dissolution de chlore sur la dissolution d'ammoniaque.

spongieux que la tournure du cuivre primitive et se prêtant mieux à la combinaison avec l'oxygène. On fait passer ensuite, en déplaçant l'air du flacon D par l'eau qui s'écoule du flacon L, un courant d'air sec et privé de son gaz carbonique; pour cela, on lui fait traverser des tubes en U contenant de la potasse et de la ponce sulfurique E et F; le cuivre retient l'oxygène, et l'on recueille sur l'eau en H l'azote qui se dégage. En faisant de nouveau repasser un courant d'hydrogène qui réduit l'oxyde de cuivre, on peut se servir indéfiniment du même métal.

On peut encore, à la température ordinaire, absorber l'oxygène de l'air par le cuivre en présence de l'eau acidulée ou de l'ammoniaque. Si l'on introduit dans un flacon des copeaux de cuivre et de l'eau acidulée avec un peu d'acide sulfurique, que l'on referme le flacon et que l'on agite, il se forme du sulfate de cuivre et de l'eau, d'après la formule :

$$Cu + O + SO^4 H^2 = SO^4 Cu + H^2 O.$$

En remplaçant l'acide sulfurique par l'ammoniaque, il se forme de l'oxyde de cuivre qui se dissout dans l'ammoniaque en formant une liqueur bleue. Cette méthode de préparation à froid a été utilisée pour la construction d'un appareil à production continue d'azote analogue à celui de l'hydrogène (fig. 40).

On remplit les deux flacons de tournure de cuivre, on y verse à peu près dans chacune la moitié de leur volume de la dissolution d'ammoniaque, on agite et on abandonne pendant quelques heures. Lorsqu'on veut avoir de l'azote, on place les deux flacons sur un support, de façon qu'ils soient à deux niveaux différents (fig. 71) et on les ouvre tous deux, en adaptant au flacon inférieur un tube à dégagement ; le liquide remplit ce flacon et chasse l'azote, tandis que le flacon supérieur se remplit d'air. Quand le flacon inférieur est plein, on ferme les deux flacons, on mélange et on agite de nouveau et l'air introduit fournit une nouvelle quantité d'azote. On peut ainsi recommencer plusieurs fois.

Le protochlorure de cuivre anhydre, en poudre blanche, dissous dans l'ammoniaque, absorbe l'oxygène de l'air et devient immédiatement bleu.

Les sulfures de potassium et de sodium absorbent l'oxygène de l'air à la température ordinaire et se transforment en sulfate (14).

Le sulfure de fer absorbe peu à peu l'oxygène de l'air en donnant du sulfate ferrique ; de noir il devient jaune.

L'acide pyrogallique, qui est incolore, mis en contact avec la potasse et exposé à l'air, devient de plus en plus brun jusqu'à ce qu'il ait pris tout l'oxygène de l'air (15).

90. Extraction des composés azotés. — On peut retirer l'azote des composés azotés, qui sont assez nombreux.

Le gaz ammoniac AzH³ traité par le chlore donne de l'azote et du chlorure d'ammonium : On remplit (fig. 72) un tube de verre jusqu'aux deux tiers avec de l'eau de chlore et l'on achève de remplir avec la dissolution d'ammoniaque. On agite, et l'azote se dégage dans le tube. La réaction est indiquée par l'équation :

$$4AzH^3 + 3Cl = 3AzH^4Cl + Az.$$

Il faut éviter d'employer un excès de chlore, parce qu'il pourrait se former du chlorure d'azote $AzCl^3$, composé détonant très dangereux.

L'azotite d'ammonium $AzO^2(AzH^4)$ chauffé dans une cornue (fig. 73) se décompose en azote et eau, d'après l'équation :

$$AzO^2(AzH^4) = 2Az + 2H^2O.$$

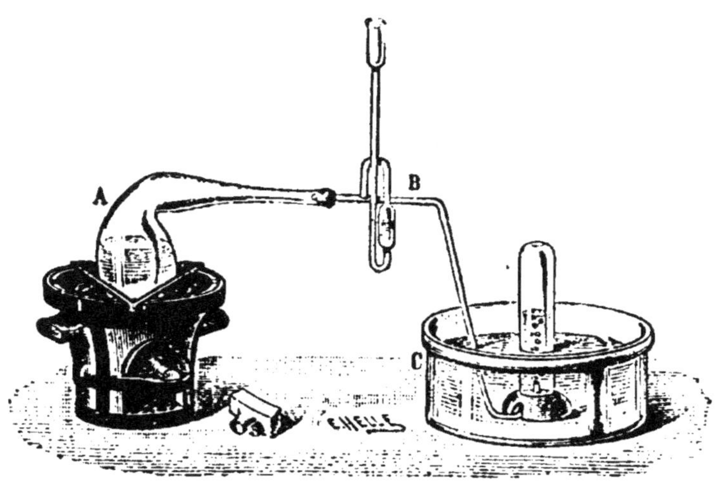

Fig. 73. — Préparation de l'azote par l'azotite d'ammonium.

Ce sel existe à l'état solide, mais on le prépare généralement à l'état de dissolution. Comme il est difficile à préparer et à conserver, en préfère employer un mélange d'azotite de potassium AzO^2K et de chlorure d'ammonium AzH^4Cl. La réaction est alors la suivante :

$$Az O^2K + Az H^4 Cl = 2Az + KCl + 2 H^2O.$$

L'azotite de potassium s'obtient en faisant passer un courant de peroxyde d'azote dans une dissolution de potasse : il se forme de l'azotite et de l'azotate de potassium. On évapore et l'on reprend le mélange par l'alcool, qui dissout l'azotite, mais non l'azotate. On filtre, on évapore la dissolution, on mélange avec du chlorure d'ammonium et on introduit ce mélange dans une cornue. En chauffant la matière entre en fusion et dégage de l'azote à une température modérée. On enlève le feu aussitôt que la réaction devient vive, et elle continue spontanément.

On peut aussi décomposer l'azotate d'ammonium $Az O^3 (Az H^4)$ mélangé au chlorure d'ammonium :

$$2[Az O^3 (Az H^4)] + Az H^4 Cl = 5 Az + Cl + 6H^2O.$$

Il se produit simultanément de l'azote et du chlore. Cette réaction se produit souvent quand on essaie de préparer le protoxyde d'azote par l'azotate d'ammonium parce que ce dernier est souvent mélangé de chlorure d'ammonium.

On peut décomposer le sulfate d'ammonium $SO^4 (AzH^4)^2$ saturé de bioxyde d'azote AzO :

$$SO^4 (Az\ H^4)^2 + 3AzO = 5Az + SO^4\ H^2 + 3H^2O.$$

On peut aussi décomposer le sulfate d'ammonium mélangé à une solution concentrée d'hypochlorite de calcium $(ClO)^2 Ca$:

$$SO^4 (Az\ H^4)^2 + 3 (ClO)^2\ Ca = SO^4\ Ca + 2Ca\ Cl^2 + 2HCl$$
$$+ 3H^2O + 2Az + O^2.$$

Pour faire cette réaction, on ajoute à la solution concentrée d'hypochlorite de calcium des cristaux de sulfate d'ammonium ; aussitôt il y a effervescence. L'azote qui se dégage a une odeur particulière, désagréable, celle du chlorure d'azote qui se forme en très petite quantité.

91. Extraction des matières organiques. — On peut extraire l'azote des matières organiques. Pour cela on introduit dans un tube de verre peu fusible, entouré de clinquant et fermé à un bout, la matière organique mélangée à de l'oxyde de cuivre, puis un peu de cuivre métallique provenant de la réduction de l'oxyde de cuivre. On chauffe au rouge : la matière organique se compose de carbone, d'hydrogène, d'oxygène et d'azote ; l'hydrogène forme de la vapeur d'eau avec l'oxygène de la matière organique, le carbone prend le reste de l'oxygène de la matière et celui de l'oxyde de cuivre pour former du gaz carbonique, enfin reste l'azote, que l'on peut recueillir sur l'eau. Ce dernier gaz se dégage quelquefois à l'état de composés oxygénés de l'azote, mais le cuivre placé à l'extrémité du tube réduit ces composés.

C'est le principe des *analyses élémentaires* en chimie organique.

On peut aussi traiter les matières organiques par l'acide azotique, qui est un oxydant énergique et qui fournit de l'oxygène à l'hydrogène et au carbone ; il se dégage encore de l'azote. S'il se forme du bioxyde d'azote, on fait passer le mélange gazeux dans une dissolution de sulfate ferreux.

92. Propriétés physiques. — L'azote est un gaz incolore, inodore et sans saveur.

Sa densité par rapport à l'air est 0,972 et par rapport à l'hydrogène 14 ; son poids moléculaire est 28, et son poids atomique, déduit de l'analyse de ses composés, 14. Il est très peu soluble dans l'eau, plus soluble dans l'alcool ; à 0° son coefficient de solubilité dans l'eau est 0,021 et dans l'alcool 0,126. Il a été liquéfié à — 146° et sous la pression de 150 atmosphères. C'est alors un liquide incolore bouillant à — 194°, 4. Son évaporation dans le vide à la pression de 60 millimètres en abaissant la température à — 204°, le solidifie en une masse neigeuse.

93. Propriétés chimiques. — L'azote est impropre à la combustion et à la respiration ; mais il ne trouble pas l'eau de chaux, ce qui le distingue de l'anhydride carbonique.

Il se combine à très peu de corps.

Si l'on fait passer une série d'étincelles électriques dans un mélange d'oxygène et d'azote secs, il se forme du peroxyde d'azote AzO^2 ; mais si les gaz sont humides, il se produit de l'acide azotique AzO^3H, parce qu'en présence de l'eau le peroxyde d'azote se décompose d'après la formule :

$$3AzO^2 + H^2O = 2 (AzO^3H) + AzO.$$

Un mélange d'azote et d'hydrogène passant sur de la mousse de platine chauffée au rouge donne de l'ammoniaque AzH^3.

Le bore chauffé brûle dans un courant d'azote en formant l'azoture de bore $BoAz$; dans un courant d'air, il se formerait de l'azoture de bore et de l'anhydride borique :

$$3Bo + Az + 30 = BoAz + Bo^2O^3.$$

Le titane, le tantale, le molybdène, le tungstène s'unissent de même à l'azote.

Le carbone et l'azote, chauffés en présence d'un alcali, s'unissent et forment un cyanure métallique ; si, dans un tube chauffé au rouge et contenant du charbon et de la baryte, on fait passer un courant d'air, il se forme du cyanure de baryum. En faisant passer sur ce cyanure de baryum un courant de vapeur d'eau, il se reforme de la baryte, et du gaz ammoniac AzH^3 se dégage.

L'azote est employé dans les laboratoires pour les réactions qui doivent se produire dans une atmosphère de gaz inerte.

CHAPITRE IV

COMPOSÉS DE L'AZOTE AVEC L'HYDROGÈNE ET L'OXYGÈNE

COMPOSÉS HYDROGÉNÉS DE L'AZOTE

94. Généralités. — Les composés hydrogénés de l'azote connus sont au nombre de trois :

L'acide azothydrique	$Az^3 H$;
L'hydrazine	$Az^2 H^4$;
L'ammoniaque	$Az H^3$.

On connaît aussi un composé oxyhydrogéné : l'hydroxylamine, $Az H^3 O$.

Tous ces composés peuvent être considérés comme dérivant de l'ammoniaque $Az H^3$ par le remplacement de deux volumes d'hydrogène pour deux volumes d'azote, deux volumes d'ammoniaque ou deux volumes d'eau. Leurs formules peuvent, en effet, s'écrire :

Ammoniaque	$Az\ H^3$	$= AzH.\ H^2$;
Acide azothydrique	$Az^3\ H$	$= Az\ H.\ Az^2$;
Hydrazine	$Az^2\ H^4$	$= Az\ H.\ Az\ H^3$;
Hydroxylamine	$Az\ H^3\ O$	$= Az\ H.\ H^2\ O$.

L'acide azothydrique $Az^3 H$ a été découvert en 1890, par M. Curtius. C'est un corps extrêmement dangereux à manier. Sa dissolution à 7 p. 100 dissout très bien le zinc. Il se comporte à peu près comme l'acide cyanhydrique.

L'hydrazine $Az^2 H^4$ a été découvert récemment par M. Curtius.

C'est un gaz extrêmement soluble dans l'eau. À la température de 100°, l'eau distille et la température monte peu à peu à 118 ou 119° ; il passe alors de l'hydrate d'hydrazine.

C'est le type d'une série de bases étudiées en chimie organique et appelées *hydrazines*. On connaît par exemple l'hydrazine $Az^2 H^4 = \begin{cases} Az\ H^2 \\ Az\ H^2 \end{cases}$ et la benzylhydrazine $Az^2 H^3 C^6 H^6 = \begin{cases} Az\ H^2. \\ Az\ H\ C^6 H^6. \end{cases}$

Les hydrazines ont des propriétés physiques et chimiques analogues à celles des *amines*. (Voir la *Chimie organique*.)

HYDROXYLAMINE
Az H^3 O.

95. Préparation. — L'hydroxylamine a été découverte en 1865, par Lossen. On peut la préparer par l'action de l'hydrogène sur l'acide azotique Az O^{3}H :

$$Az\ O^3\ H + 6H = Az\ H^3\ O + 2H^2\ O.$$

Généralement, on fait réagir l'étain sur l'éther citrique ou azotate d'éthyle Az O^3 (C^2 H^5) en présence de l'acide chlorhydrique ; on obtient ainsi le chlorhydrate d'hydroxylamine Az H^3 O, HCl = Az H^{4}O Cl, d'après les formules :

$$Az\ O^3\ C^2\ H^5 + 3H^2 = Az\ H^3\ O + C^2\ H^6\ O + H^2O.$$
$$Az\ H^3O + HCl = Az\ H^4O\ Cl.$$

On transforme le chlorhydrate en sulfate :

$$2Az\ H^4\ O\ Cl + SO^4\ H^2 = SO^4\ 2Az\ H^4O + 2HCl$$

On dissout ce sulfate, on le traite par la baryte, on filtre et l'on a une dissolution d'hydroxylamine.

96. Propriétés. — L'hydroxylamine n'est connue qu'à l'état de dissolution.
Cette dissolution est alcaline et constitue un réducteur énergique. Sous l'action de la chaleur, elle se décompose en ammoniaque, azote et eau :

$$3Az\ H^3O = Az\ H^3 + 2Az + 3H^2O.$$

AMMONIAQUE
Az H^3.

97. Historique. — L'ammoniaque a été découvert par Kunckel ; Priestley l'obtenait en décomposant le sel ammoniac par la chaux : c'est le procédé encore employé dans les laboratoires.

Autrefois, le sel ammoniac venait d'Afrique, où on le retirait de la fiente des chameaux.

98. État naturel. — Les sources d'ammoniaque sont nombreuses : il s'en produit dans la décomposition des matières organiques ; aussi en trouve-t-on dans l'air, dans l'eau de la mer et des rivières, dans les eaux minérales ; les volcans en produisent beaucoup, et l'on a attribué cette présence à la décomposition par l'eau de l'azoture de bore Bo Az :

$$2\ Bo\ Az + 3\ H^2\ O = 2\ Az\ H^3 + Bo^2\ O^3.$$

Il s'en produit dans l'oxydation du fer au contact de l'air. Mais la principale source est fournie par les urines abandonnées à l'air. L'urine contient de l'urée $CH^4 Az^2 O$; la dissolution d'urée dans l'eau, abandonnée à elle-même au contact de l'air, est bientôt recouverte par les spores d'une moisissure particulière qui s'y développe en transformant l'urée en carbonate d'ammonium $CO^3 (Az H^4)^2$:

$$CH^4 Az^2 O + 2H^2O = CO^3 (Az H^4)^2.$$

Le carbonate d'ammonium est un corps volatil qui se dégage et qui donne lieu aux odeurs ammoniacales des fosses d'aisances.

Cette propriété explique la préparation du sel ammoniac par le procédé primitif des anciens Africains, à l'aide de la fiente de chameau : dans les déserts d'Afrique, c'est le seul combustible. Quand on l'emploie, on recueille dans une fiole à fond plat la suie, fournie par les vapeurs condensées et qui contient du sel ammoniac ; en chauffant, le sel ammoniac se sublime et se condense sur la partie supérieure de la fiole.

93. Préparation. — L'ammoniaque se prépare aujourd'hui, dans les laboratoires, par le procédé de **Priestley**, en traitant le sel ammo-

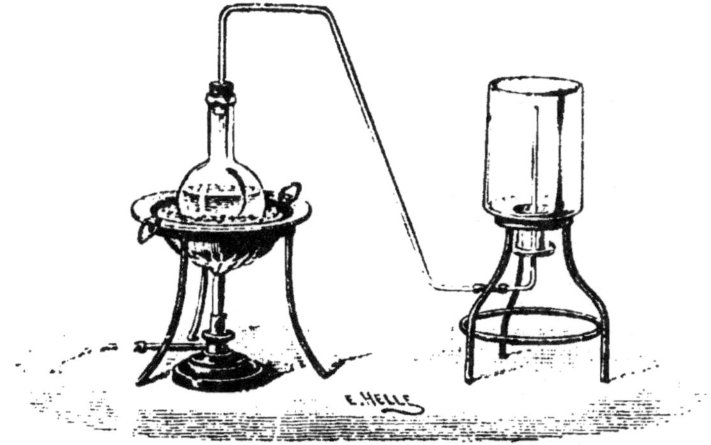

Fig. 74. — Préparation de l'ammoniac recueilli à sec.

niac, ou chlorure d'ammonium, par la chaux vive. On pulvérise les deux corps et on les mélange dans un ballon que l'on chauffe (fig. 74).

$$2Az H^4 Cl + CaO = 2Az H^3 + CaCl^2 + H^2O.$$

Il ne se forme pas d'oxychlorure de calcium, car il se décompose dans les circonstances de l'expérience.

Pour opérer plus rapidement dans les laboratoires, on chauffe dans un ballon la dissolution d'ammoniaque du commerce. Le gaz se dégage très facilement.

Enfin, on peut employer aussi un appareil continu à deux flacons, comme pour l'hydrogène (fig. 40) ; dans l'un, on met de la chaux potassée, obtenue en éteignant de la chaux dans une dissolution concentrée de potasse ; dans l'autre, une dissolution d'ammoniaque du commerce. En ouvrant le robinet qui ferme le goulot du premier flacon, le gaz se dégage, et si l'on referme, le dégagement s'arrête.

Le gaz peut être recueilli sur la cuve à mercure ou à sec, comme le représente la figure 74.

100. Préparation industrielle. — Dans l'industrie, on peut utiliser le sulfate d'ammonium, qui s'obtient en grande quantité dans la fabrication du gaz d'éclairage, ou dans la calcination des os.

Dans la fabrication du gaz d'éclairage (361), l'ammoniaque provient de la décomposition des matières végétales de la houille, contenant de l'azote ; on sature par l'acide chlorhydrique les eaux d'épuration, il se forme du chlorhydrate d'ammonium, que l'on décompose par l'acide sulfurique. On traite de même la suie provenant de la calcination des os en vase clos, pour la préparation de noir animal. Le sulfate d'ammonium ainsi obtenu est traité par la chaux ; il se forme de l'ammoniaque et du sulfate de calcium :

$$SO^4 (AzH^4)^2 + Ca\,O = 2AzH^3 + SO^4\,Ca + H^2O.$$

Mais pour obtenir industriellement l'ammoniaque, on emploie surtout le produit de la putréfaction des urines (eaux vannes). Nous avons vu (98) que ces eaux contiennent du carbonate d'ammonium ; on les fait arriver au contact de la chaux, il se fait du carbonate de calcium et de l'ammoniaque. Une faible élévation de température suffit pour chasser le gaz ; on le fait arriver dans une série de caisses représentant à peu près un appareil de Woulf, on a ainsi une dissolution d'ammoniaque. Elle est très impure et pour la purifier on la traite par l'acide sulfurique ; il se forme du sulfate d'ammonium, que l'on décompose par la chaux.

Ainsi préparée, la dissolution d'ammoniaque est généralement jaune ; elle contient du fer, de l'alumine, du carbonate d'ammonium. Pour la purifier, on la distille sur de la chaux hydratée.

101. Propriétés physiques. — L'ammoniaque est un gaz incolore, d'une odeur âcre, d'une saveur caustique ; il agit sur les muqueuses et provoque les larmes. Sa densité est 0,597 par rapport à l'air, 8,5 par rapport à l'hydrogène ; son poids moléculaire est 17. Il est liquéfiable à — 38° sous la pression de 1 atmosphère à 0° sous la pression de

4 atmosphères et à la température ordinaire sous la pression de 8 atmosphères.

Pour le liquéfier, on utilise généralement la propriété de ce gaz d'être absorbé par certains chlorures, tels que les chlorures de calcium et surtout d'argent. Si l'on met du chlorure d'argent en présence de l'ammoniaque, il se forme le composé Ag Cl 3AzH³ ; en le chauffant, il émet de l'ammoniaque jusqu'à ce que la tension ait une certaine valeur : à 20° la tension est d'une atmosphère. Si l'on enlève alors l'ammoniaque, il s'en dégage encore : c'est un phénomène de dissociation. Si l'on enlève à ce premier chlorure d'argent ammoniacal de l'ammoniaque, de façon à ce qu'il ait pour formule 2AgCl, 3AzH³, la tension change brusquement et devient 18 centimètres, et elle reste ensuite toujours la même à la même température.

Pour liquéfier l'ammoniaque, on introduit le chlorure d'argent

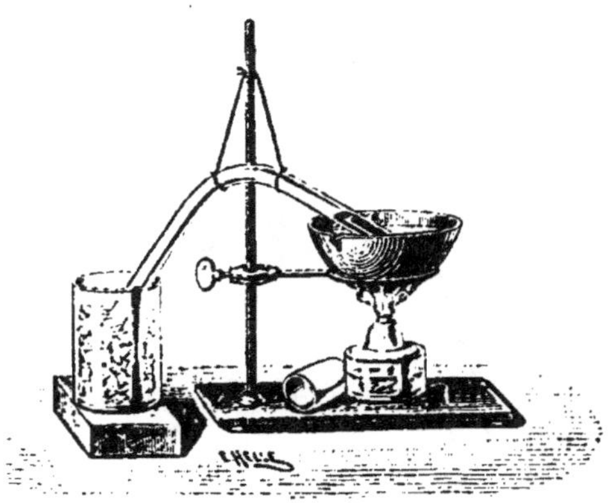

Fig. 75. — Liquéfaction de l'ammoniaque.

ammoniacal Ag Cl, 3Az H³ dans un tube de verre en forme de V renversé, ou tube de Faraday, on le ferme et l'on chauffe à 56° la branche qui contient ce composé tandis que la petite branche est maintenue à 0°; le gaz se liquéfie (fig. 75). Le composé 2Ag Cl, 3AzH³ devrait être chauffé jusqu'à 125°.

Le chlorure d'argent a l'inconvénient d'être décomposé par la lumière. On peut le remplacer par le chlorure de calcium; il condense l'ammoniaque, et le produit a pour formule Ca Cl², 8AzH³. Sa tension de dissociation est de 1 atmosphère à 80°. Par le dégagement de l'ammoniaque, on peut obtenir Ca Cl², 4AzH³, dont la tension de dissociation est 1 atmosphère à 160°, et Ca Cl², 2AzH³ dont la tension de dissociation est 1 amosphère à 200°.

En laissant refroidir, la branche d'abord chauffée, l'ammoniaque liquide se volatilise. Cette volatilisation produit un refroidissement, qui a été utilisé par M. Carré pour la production artificielle de la glace.

L'ammoniaque liquide est un liquide très mobile, de densité 0,623. Il se solidifie à — 64° sous la pression de 24 atmosphères en cristaux blancs.

Le gaz ammoniac se dissout dans l'eau en grande quantité et surtout très rapidement : une éprouvette pleine de ce gaz et que l'on

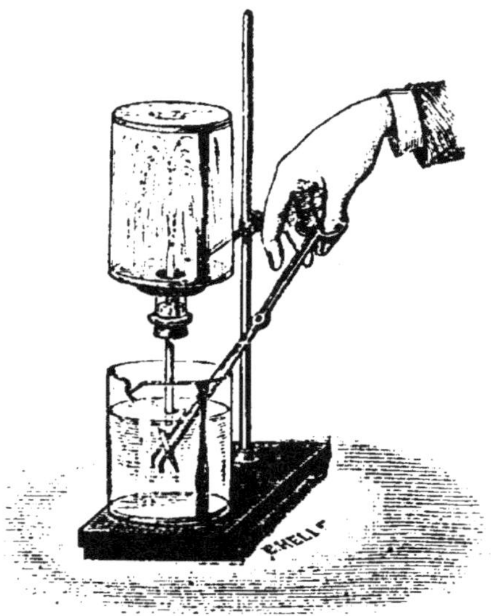

Fig 76. — Solubilité de l'ammoniaque.

ouvre sur la cuve à eau, peut être brisée par l'eau qui s'y précipite avec force ; il se produit un jet, orsque l'on brise sur la cuve à eau la pointe d'un tube de verre effilé qui bouche un flacon plein de gaz ammoniac (fig. 76). L'eau dissout à la température ordinaire 7 à 800 fois son volume d'ammoniaque.

En se dissolvant, l'ammoniaque dégage une grande quantité de chaleur, capable de fondre un morceau de glace. A 70° le coefficient de solubilité dans l'eau est nul.

Le charbon de bois éteint sous le mercure et introduit dans une éprouvette d'ammoniaque absorbe une grande quantité de ce gaz (fig. 77).

102. Propriétés chimiques. — Le gaz ammoniac passant dans un tube de porcelaine chauffé au rouge et contenant des fragments de porcelaine se décompose en azote et hydrogène.

Il est également décomposé par une série d'étincelles électriques, mais la décomposition n'est jamais complète.

L'ammoniaque ne brûle pas à l'air; mais il brûle dans l'oxygène. On

Fig. 77. — Absorption de l'ammoniaque par le charbon de bois.

peut obtenir la combustion complète, avec formation d'eau et d'azote, en enflammant le jet d'ammoniaque qui arrive dans un récipient

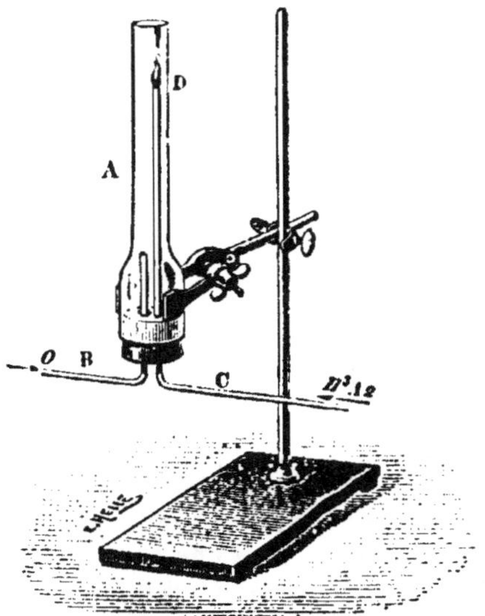

Fig. 78. — Combustion de l'ammoniaque dans l'oxygène.

plein d'oxygène (fig. 78), ou bien en approchant une allumette allumée d'un mélange de 3 volumes d'oxygène et de 4 volumes d'ammoniaque :

$$2Az\,H^3 + O^3 = 2Az + 3H^2O;$$

mais dans ce dernier cas, il y a détonation.

Lorsqu'on fait passer sur de la mousse de platine chauffée au rouge C de l'oxygène G qui a traversé une dissolution d'ammoniaque B, il se

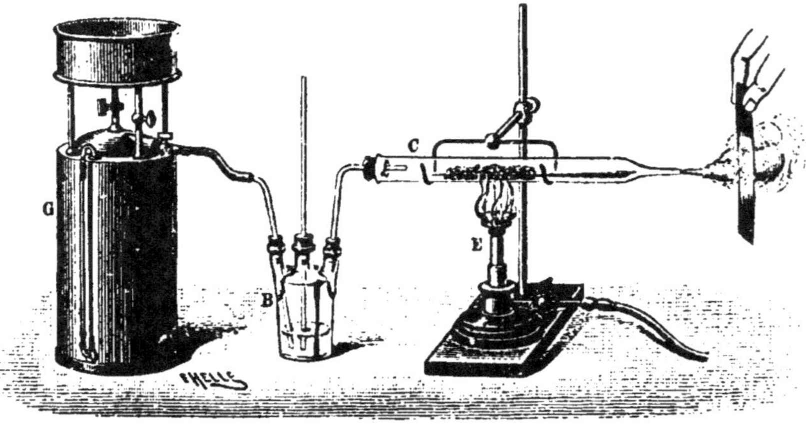

Fig. 79. — Transformation de l'ammoniaque en acide azotique.

produit de l'acide azotique qui rougit un papier de tournesol bleu (fig. 79).

En faisant agir l'étincelle électrique, il y a formation d'azotate d'ammonium :

$$2AzH^3 + 4O = AzO^3\,(AzH^4) + H^2O.$$

Un fil de platine chauffé au rouge reste incandescent dans une atmosphère d'oxygène qui a traversé une dissolution d'ammoniaque (fig. 80) ; il se forme de l'azotite d'ammonium :

$$2AzH^3 + 3O = AzO^2\,(AzH^4) + H^2O.$$

Le chlore, le brome et l'iode agissent sur l'ammoniaque. Il est dangereux de faire arriver le chlore dans une éprouvette d'ammoniaque; mais si le tube à dégagement d'un appareil producteur d'ammoniaque plonge dans un flacon plein de chlore, le jet de gaz s'enflamme et brûle (fig. 81).

Si on pulvérise de l'iode dans un mortier et que l'on mouille avec la dissolution d'ammoniaque, on obtient un liquide brun et un résidu, que l'on peut recueillir en le jetant sur un filtre ; c'est une combinaison d'iode, d'azote et d'ammoniaque.

En faisant passer un courant de gaz ammoniac dans un tube qui

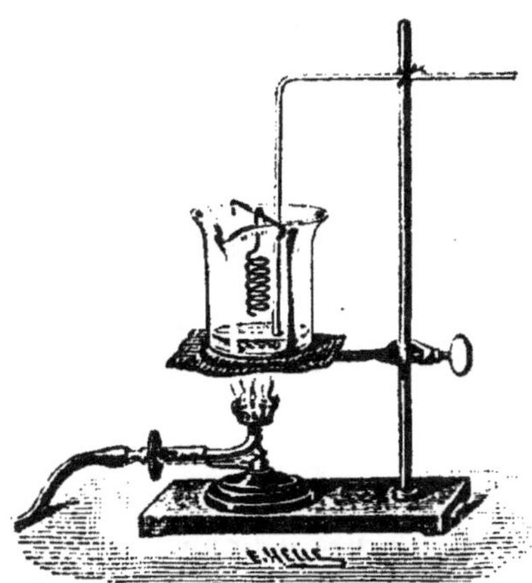

Fig. 80. — Formation d'azotite d'ammonium.

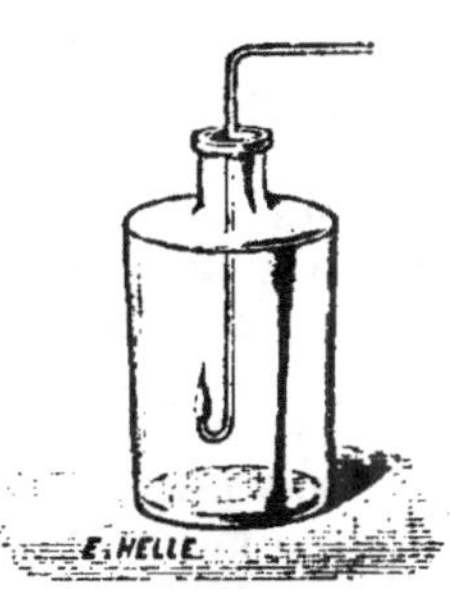

Fig. 81. — Combustion de l'ammoniaque dans le chlore.

contient du charbon chauffé au rouge, il se forme du cyanure d'ammonium ou cyanhydrate d'ammoniaque :

$$2AzH^3 + C = AzH^4 . CAz + H^2 .$$

Le cyanhydrate d'ammoniaque ayant la propriété d'être décomposé par l'eau, il faut employer du gaz sec.

Le bore chauffé fortement dans un tube décompose un courant d'ammoniaque, et se transforme en azoture de bore $Bo\,Az$.

L'hydrogène n'a aucune action sur l'ammoniaque.

Les métaux au contraire donnent lieu à des réactions remarquables. Le potassium, chauffé dans une cloche courbe en présence de l'ammoniaque, donne des produits analogues au gaz ammoniac $Az\,H^3$, dans lesquels un ou deux atomes d'hydrogène sont remplacés par un ou deux atomes de potassium : $Az\,H^2\,K$, $Az\,K^3$. Il en est de même avec le sodium.

Le cuivre et le fer donnent lieu à une remarque intéressante : en faisant passer sur le cuivre ou le fer de l'ammoniaque, il y a décomposition en azote et hydrogène ; mais après cela, les métaux ont des aspects différents de celui qu'ils avaient d'abord, ils sont plus poreux. On suppose qu'à une certaine température il s'est formé des composés analogues à ceux que donne le potassium, et qu'ensuite ces corps se sont décomposés.

Le gaz ammoniac $Az\,H^3$ se combine à volumes égaux et sans condensation avec les hydracides, l'acide chlorhydrique, l'acide bromhydrique, l'acide iodhydrique, etc. Il se forme de véritables sels, solides, cristallisables ; le composé d'ammoniaque et d'acide chlorhydrique Az H^3 HCl (chlorhydrate d'ammoniaque) est analogue aux chlorures de potassium, de sodium et isomorphe avec eux. On a été conduit, pour expliquer ces analogies, à supposer que dans le chlorhydrate d'ammoniaque il y avait du chlore combiné à un corps composé AzH^4 se comportant comme un métal alcalin, potassium ou sodium : ce composé Az H^4 a reçu le nom d'*ammonium* et le chlorhydrate d'ammoniaque s'appelle *chlorure d'ammonium*. On l'appelle aussi dans le commerce *sel ammoniac*.

On n'a jamais encore isolé l'ammonium, mais on a préparé son amalgame. On peut l'obtenir en décomposant le sel ammoniac par la pile, comme on décompose la potasse pour obtenir le potassium ; quand le courant passe, le mercure se boursoufle et l'on a l'amalgame d'ammonium.

On l'obtient plus facilement et plus vite en décomposant l'amalgame de sodium par une dissolution de chlorure d'ammonium. L'amalgame de sodium s'obtient en chauffant à peine du mercure dans un tube de verre et y projetant un morceau de sodium bien propre ; il y a dégagement de chaleur et de lumière. Cet amalgame de sodium pâteux est introduit dans un long tube de verre, on verse dessus la dissolution de chlorure d'ammonium, et l'on voit aussitôt le mercure se boursoufler énormément ; c'est l'amalgame d'ammonium qui se produit. Il est volumineux, léger, très onctueux au toucher ; il se décompose spontanément à la température ordinaire.

Si l'on considère des combinaisons formées par les oxacides on reconnaît que les carbonates, sulfates, azotates formés par l'ammoniaque ont pour formules : CO^3 (Az H^4)^2, SO^4 (Az H^4)^2, Az O^3 (Az H^4) et que ces sels sont isomorphes avec les sels correspondants de potassium ou de sodium. Ce qui confirme cette manière de voir, de considérer l'ammonium comme un radical métallique monovalent.

La dissolution d'ammoniaque dans l'eau s'appelle *ammoniaque* ou *alcali volatil*. Elle jouit de propriétés alcalines analogues à celles de la potasse ou de la soude : elle ramène au bleu la teinture de tournesol rougie par un acide, elle est caustique, elle peut être neutralisée par les acides et elle précipite de leurs solutions les hydrates insolubles dans l'eau. On admet alors que cette dissolution contient de l'hydrate d'ammonium Az H^4 OH, analogue à l'hydrate de potassium KO H.

L'ammoniaque Az H^3 est le type d'un grand nombre de corps que l'on étudie en chimie organique sous le nom d'*amines* ou *ammoniaques composées* ; ces corps dérivent de la substitution d'un ou plusieurs atomes de radicaux alcooliques (méthyle CH^3, éthyle C^2 H^5, etc.), à un ou plusieurs atomes d'hydrogène. L'ammoniaque étant Az H^3, la méthylamine sera Az H^2 CH^3.

L'alcali volatil Az H^4 OH est aussi le type d'une série de bases, qui en dérivent de la même façon. Ainsi, l'hydrate d'ammonium étant $Az H^4 OH$, l'hydrate d'éthylammonium sera $Az H^3 C^2 H^5 OH$.

103. Composition. — On fait passer des étincelles électriques dans une éprouvette contenant le gaz sur la cuve à mercure. Il y a décomposition : 2 volumes d'ammoniaque fournissent ainsi 4 volumes d'un mélange gazeux. On l'introduit dans l'eudiomètre, et l'on ajoute 2 volumes d'oxygène, ce qui fait un mélange de 6 volumes. On fait passer l'étincelle, il se forme de l'eau et le résidu est de 1 volume et demi. Donc, sur les 4 volumes et demi disparus, il y avait 3 volumes d'hydrogène et 1 volume et demi d'oxygène. Dans le résidu, il reste donc un demi-volume d'oxygène, 1 volume d'azote; on peut s'en assurer en absorbant l'oxygène par le phosphore ou par l'acide pyrogallique et la potasse. Donc, dans les 2 volumes de gaz ammoniac analysés, il y avait 1 volume d'azote et 3 d'hydrogène.

La considération de la densité gazeuse permet de fixer la formule de l'ammoniaque : si l'on ajoute la densité de l'azote, ou poids d'un volume, 0,971, et trois fois celle de l'hydrogène, ou poids de trois volumes, $0,0692 \times 3 = 0,2076$, on obtient 1,1786 qui est deux fois la densité de l'ammoniaque, c'est-à-dire le poids de deux volumes. La formule de l'ammoniaque est donc bien $Az H^3$. La molécule d'ammoniaque pesant 17, contient, d'après cette analyse, 14 d'azote.

104. Circonstances de production. — Il se produit de l'ammoniaque :
1° Dans la réduction des composés oxygénés de l'azote (bioxyde, peroxyde d'azote, acide azotique) par l'hydrogène passant sur de la mousse de platine chauffée au rouge sombre ;
2° Dans la décomposition par l'eau des azotures de bore, de silicium, de titane ;
3° Dans la décomposition par l'eau des cyanures métalliques :

$$Ba (CAz)^2 + 4H^2 O = Ba O^2 H^2 + 2CO + 2AzH^3;$$

4° Dans la combustion, ou la putréfaction des matières organiques azotées, ou bien encore dans leur décomposition en présence de la chaux sodée en les chauffant dans un tube de verre peu fusible (cette propriété est utilisée pour doser l'azote des matières organiques à l'état d'ammoniaque, avec une solution titrée d'acide sulfurique);
5° Dans la distillation du bois et de la houille.

105. Usages. — La dissolution d'ammoniaque est employée contre les piqûres d'insectes ou de vipère, contre l'ivresse, contre le météorisme des bêtes à cornes, pour développer à l'air la couleur de l'orseille (d'où l'odeur de l'encre rouge ordinaire).

Elle dissout les écailles d'ablettes et donne ainsi l'*essence d'Orient*, employée à la fabrication des perles fausses.

COMPOSÉS OXYGÉNÉS DE L'AZOTE

106. Généralités. — Les composés oxygénés de l'azote sont au nombre de six :

Le protoxyde d'azote	$Az^4\ O$;
Le bioxyde d'azote	$Az\ O$;
L'anhydride azoteux	$Az^5\ O^3$;
Le peroxyde d'azote	$Az\ O^2$;
L'anhydride azotique	$Az^2\ O^5$;
L'anhydride perazotique	$Az\ O^3$.

Les acides hypoazoteux $Az^2\ O^2\ H^2$, azoteux $Az\ O^3\ H$ et azotique $Az\ O^3\ H$ sont des produits d'hydratation du protoxyde d'azote et des anhydrides azoteux et azotique.

Tous les composés oxygénés de l'azote sont facilement décomposables avec dégagement de chaleur ; le plus stable de tous est le peroxyde d'azote $Az\ O^2$, qui ne se décompose qu'au rouge.

PROTOXYDE D'AZOTE

$Az^2\ O.$

107. Historique. — Le *protoxyde d'azote*, ou *oxyde azoteux*, a été découvert par Priestley en 1774 : ce chimiste l'obtenait en abandonnant dans une éprouvette pendant plusieurs jours du bioxyde d'azote en contact avec une substance désoxygénante, telle que limaille de fer, poudre de zinc, etc. ; l'oxygène était absorbé et le bioxyde se transformait en protoxyde.

Le protoxyde d'azote a été étudié surtout par Berthollet et H. Davy ; ce chimiste ayant constaté que son absorption lui procurait des rêves agréables, l'appela *gaz hilarant*.

108. Préparation. — On prépare généralement le protoxyde d'azote au moyen de l'azotate d'ammonium, $Az\ O^3\ (Az\ H^4)$ résultant de l'action directe de l'acide azotique sur l'ammonium ; par évaporation et refroidissement, on obtient des cristaux blancs, qui sont utilisés dans plusieurs circonstances, et en particulier pour faire des mélanges réfrigérants, parce qu'ils absorbent beaucoup de chaleur en se dissolvant dans l'eau.

On chauffe dans une cornue, munie d'un tube à dégagement (fig. 73), l'azotate d'ammonium cristallisé ; il fond d'abord dans son eau de cristallisation, perd une partie de cette eau et à 160° se décompose entièrement :

$$Az\ O^3\ (Az\ H^4) = Az^2\ O + 2\ H^2\ O.$$

Il ne faut pas chauffer trop brusquement, car il pourrait y avoir détonation et décomposition du protoxyde d'azote en azote et oxygène ; la propriété de l'azotate d'ammonium de déflagrer vivement quand on le projette sur des charbons ardents lui a fait donner le nom de *nitrum flammans*.

Il peut aussi, dans les premiers moments, se dégager de l'ammoniaque ; d'ailleurs, l'azotate d'ammonium du commerce est souvent impur et mélangé de sel ammoniac ; il se produit alors de l'azote et du chlore :

$$2\ [Az\ O^3\ (Az\ H^4)] + Az\ H^4\ Cl = 3\ Az + Cl + 6\ H^2\ O.$$

Aussi, pour obtenir le protoxyde d'azote à peu près pur, a-t-on soin de faire passer le gaz dans des flacons laveurs contenant de la potasse, qui retient le chlore et les acides de l'azote qui peuvent se dégager, et de l'acide sulfurique, qui retient l'ammoniaque.

On peut encore, pour obtenir le protoxyde d'azote, décomposer par le zinc l'acide azotique très étendu d'eau :

$$10\ Az\ O^3\ H + 4\ Zn = 4\ [(Az\ O^3)^2\ Zn] + Az^2\ O + 5\ H^2\ O.$$

Avec l'acide concentré, il se forme aussi du bioxyde.

On peut réduire le bioxyde d'azote par le gaz sulfureux en présence de l'eau :

$$2\ AzO + H^2O + SO^2 = SO^4\ H^2 + Az^2O.$$

Enfin, on peut décomposer le nitrosulfate d'ammonium, $SO^3\ (AzO)^2\ (AzH^4)^2$, qui s'obtient en faisant passer un courant de bioxyde d'azote dans une solution refroidie de sulfite d'ammonium, mélangée d'ammoniaque. Ce corps se décompose très facilement sous l'influence des corps poreux. Il donne :

$$SO^3\ (AzO)^2\ (AzH^4)^2 = Az^2O + SO^4\ (AzH^4)^2.$$

109. Propriétés physiques. — Le protoxyde d'azote est un gaz incolore, inodore, d'une saveur un peu sucrée. Sa densité par rapport à l'air est 1,527 et par rapport à l'hydrogène 22 ; son poids moléculaire est 44.

Il se liquéfie à 0° sous la pression de 30 atmosphères. Pour faire cette liquéfaction, on comprime le gaz, à l'aide d'une pompe aspirante et foulante, dans un récipient entouré de glace (fig. 82). On le recueille dans des bouteilles métalliques.

C'est un liquide incolore très mobile, bouillant à — 88° ; sa vaporisation à l'air produit un grand froid. Si on verse un peu de protoxyde d'azote liquide (fig. 83) dans un tube de verre et qu'on y projette du mercure, ce métal se congèle et peut être ensuite martelé avec un marteau de bois sur une enclume de bois.

Le protoxyde d'azote est soluble dans l'eau : à 0°, son coefficient

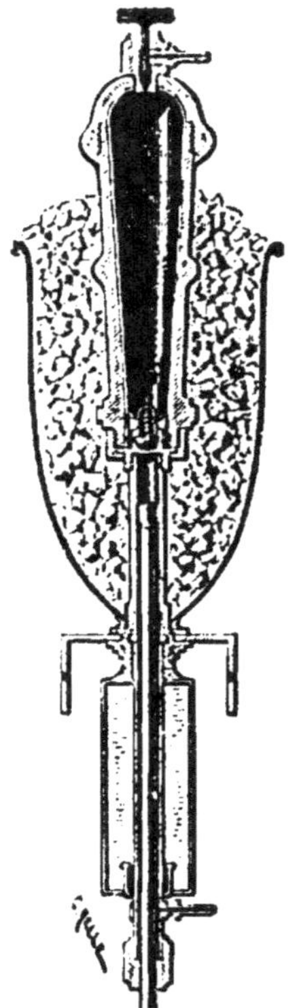

Fig. 82. — Liquéfaction
du protoxyde d'azote.

Fig. 83. — Congélation du mercure
par le protoxyde d'azote liquide.

de solubilité est 1,3052 ; à 15° il est 0,7778. Il est plus soluble dans l'alcool.

110. Propriétés chimiques. — Le protoxyde d'azote se décompose à haute température ; il se décompose principalement au contact d'un corps avide d'oxygène.

Il entretient les combustions : une allumette présentant quelques points en ignition se rallume dans le protoxyde d'azote ; le phosphore enflammé y brûle ; le soufre, mal allumé, s'y éteint, mais bien allumé il y brûle : le charbon de même.

Un mélange de protoxyde d'azote et d'hydrogène, à volumes égaux, détone à l'approche d'une flamme :

$$Az^2\,O + 2H = Az^2 + H^2\,O.$$

L'hydrogène sulfuré forme de l'acide sulfurique, l'hydrogène phosphoré de l'acide phosphorique.

Le protoxyde d'azote est donc un oxydant énergique; on le distingue de l'oxygène au moyen du bioxyde d'azote, qui rougit dans l'oxygène et non dans le protoxyde.

111. Composition. — On peut établir la composition du protoxyde d'azote soit par une analyse eudiométrique, analogue à celle de l'air, (fig. 7), soit par les réactifs absorbants, comme dans l'analyse de l'air par le phosphore (fig. 5).

1° *Analyse eudiométrique.* — On introduit dans l'eudiomètre 2 volumes de protoxyde d'azote et deux volumes d'hydrogène; on fait passer l'étincelle électrique, il se forme de l'eau, et il reste 2 volumes d'un gaz qui est uniquement de l'azote. Les deux volumes de protoxyde employé contenaient donc 2 volumes d'azote, et, comme les deux volumes d'hydrogène ont absorbé pour former de l'eau 1 volume, ils contenaient 1 volume d'oxygène; ce qui correspond bien à la formule $Az^2\,O$.

2° *Analyse par les réactifs absorbants.* — Les corps très avides d'oxygène, tels que les métaux ou les sulfures alcalins, conviennent très bien pour absorber l'oxygène du protoxyde d'azote; mais, comme les métaux absorbent un peu d'azote, on préfère les sulfures. On emploie généralement le sulfure de baryum Ba S.

Dans une cloche courbe, on fait passer un morceau de sulfure de baryum et on emprisonne un volume de protoxyde d'azote exactement mesuré; la cloche plongeant dans le mercure, on chauffe. Tout l'oxygène est absorbé par le sulfure de baryum pour former du sulfate et il reste de l'azote :

$$Ba\,S + 4\,Az^2\,O = SO^4\,Ba + 8\,Az.$$

On constate, après le refroidissement, que le volume d'azote restant est égal au volume de protoxyde introduit. Soit a le poids du volume d'air correspondant au volume de protoxyde d'azote, le protoxyde pèse $a \times 1,527$ et l'azote restant $a \times 0,971$; si l'on fait la différence on trouve : $a\,(1,527 - 0,971) = a \times 0,556 = \dfrac{a}{2} \times 1,105$. Donc le volume d'oxygène absorbé était $\dfrac{a}{2}$, c'est-à-dire la moitié du volume de protoxyde d'azote.

Donc, 2 volumes de protoxyde d'azote renferment 2 volumes d'azote et 1 volume d'oxygène, résultat déjà trouvé.

Il résulte de ces analyses que la molécule de protoxyde d'azote, pesant 44, contient $28 = 14 \times 2$ d'azote.

112. Usages. — Le protoxyde d'azote est tres employé comme *anesthésique* ou *insensibilisateur*. On l'emploie aussi à l'état liquide mélangé à l'anhydride carbonique solide et à l'éther, pour obtenir des températures de — 110°.

ACIDE HYPOAZOTEUX

$Az^2 O^4 H^2$.

113. — Préparation et Propriétés. — Lorsqu'on verse peu à peu de l'amalgame de sodium dans une dissolution d'azotite de potassium, il se dégage du bioxyde d'azote. Quand le dégagement de gaz a cessé, on ajoute un peu d'acide acétique et l'on traite par l'azotite d'argent. On obtient un précipité jaune d'hypoazotite d'argent (M. Divers).

M. Maquenne a obtenu cristallisés les hypoazotites de calcium et de strontium; ces hypoazotites, traités par l'acide sulfurique ou chlorhydrique étendu, donnent l'acide hypoazoteux, que l'on sépare par filtration des sulfates de calcium ou de strontium.

L'acide hypoazoteux ainsi obtenu est un réducteur : il réduit le permanganate de potassium et décolore la dissolution aqueuse d'iode. Il est très instable et se décompose lentement à la lumière.

C'est un acide bibasique, dont les deux atomes d'hydrogène sont remplaçables par un métal. La formule d'un hypoazotite est $Az^2 O^4 M'^2$, M' étant un métal monovalent, ou $Az^2 O^2 M''$, M'' étant un métal bivalent.

BIOXYDE D'AZOTE

Az O.

114. Préparation. — Le bioxyde d'azote, ou *oxyde azotique*, a été découvert par Hals en 1772.

On l'obtient par divers procédés.

On peut d'abord décomposer à froid l'acide azotique $AzO^3 H$ par un métal qui ne donne pas d'hydrogène, par le cuivre, le mercure, l'argent ; le mercure est celui qui donne le gaz le plus pur, mais on préfère le cuivre, qui est moins cher et plus facile à manier. La réaction s'explique par l'équation :

$$8 (AzO^3 H) + 3 Cu = 3 [(AzO^3)^2 Cu] + 2 AzO + 4H^2 O.$$

Avec le cuivre, il faut empêcher la température de s'élever beaucoup, et l'on entoure le flacon d'eau froide (fig. 84) ; il ne faut pas non plus que la température soit trop basse, à — 10° il se formerait du protoxyde d'azote.

On peut employer aussi du plomb, du bismuth. La densité de l'acide doit être comprise entre 1,2 et 1,3.

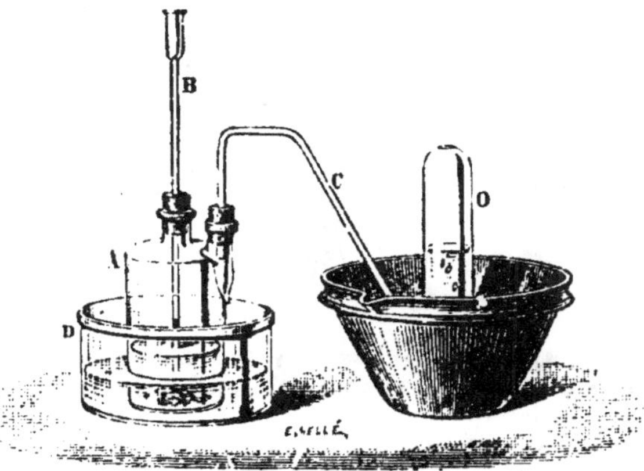

Fig. 84. — Préparation du bioxyde d'azote par l'acide azotique et le cuivre.

On peut encore décomposer l'azotate de potassium AzO^3K par un mélange de protochlorure de fer $FeCl^2$ et d'acide chlorhy'rique :

$$2\,Az\,O^3\,K + 6\,Fe\,Cl^2 + 8\,HCl = 3\,Fe^2\,Cl^6 + 2\,KCl + 4\,H^2O + 2AzO.$$

On prend un poids déterminé d'acide chlorhydrique, que l'on par-

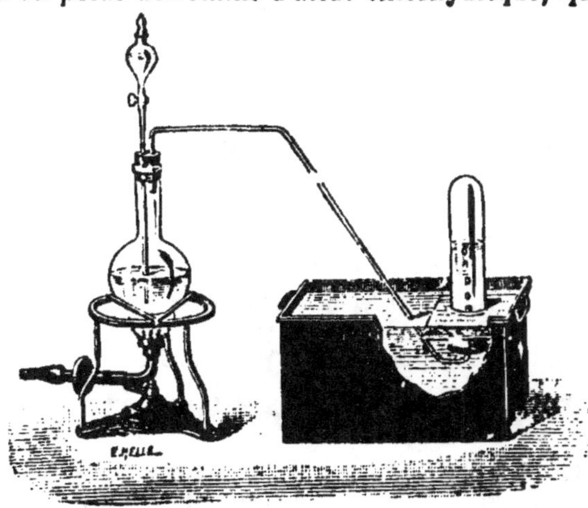

Fig. 85. — Préparation du bioxyde d'azote par le sulfate ferreux et l'acide azotique.

tage en deux parties égales : dans l'une, on met du fer; il se forme du protochlorure de fer ; on mélange avec l'autre partie, et l'on ajoute de l'azotate de potassium. On chauffe et on obtient le bioxyde d'azote assez pur, en ayant soin de le laver pour le débarrasser d'un peu d'acide chlorhydrique entraîné.

On obtient du bioxyde d'azote pur en décomposant l'acide azotique par le sulfate ferreux ; dans un ballon de verre, on introduit une dissolution concentrée de sulfate ferreux, on ajoute de l'acide azotique, on chauffe légèrement (fig. 85), et l'on obtient tout de suite du bioxyde d'azote, qui est pur.

Quand le bioxyde d'azote n'est pas pur, on l'absorbe par une dissolution de sulfate ferreux, qui le laisse dégager sous l'action de la chaleur.

115. Propriétés physiques. — Le bioxyde d'azote est un gaz incolore, dont les actions sur les sens sont mal connues, parce qu'au contact de l'air il forme du peroxyde d'azote.

Sa densité par rapport à l'air est 1,039 et par rapport à l'hydrogène 15 ; son poids moléculaire est 30.

Il est très peu soluble dans l'eau et n'a été liquéfié pour la première fois qu'en 1877 par M. Cailletet, à — 11° sous la pression de 104 atmosphères.

116. Propriétés chimiques. — Le bioxyde d'azote se décompose sous l'action de la chaleur : à une température peu élevée il donne de l'azote et du peroxyde d'azote ; au rouge de l'azote et de l'oxygène.

C'est un gaz comburant. Les corps qui en brûlant dégagent assez de chaleur pour décomposer le bioxyde d'azote, y brûlent : le phosphore brûle facilement, le soufre et le charbon très bien allumés y brûlent encore.

Les corps avides d'oxygène décomposent le bioxyde d'azote ; avec le bore, le sulfure de carbone, le bioxyde de baryum on a :

$$5 \, Bo + 3 \, Az\,O = Bo^2 + 3 \, Bo\,Az.$$
$$C\,S^2 + 6 \, Az\,O = CO^2 + 2 \, S\,O^2 + 6 \, Az.$$
$$Ba\,O^2 + Az\,O = Az\,O^3\,Ba.$$

Le chlore humide décompose le bioxyde d'azote :

$$2 \, Cl + Az\,O + H^2O = 2 \, H\,Cl + Az\,O^2.$$

A une température très basse, le bioxyde d'azote peut se combiner à l'oxygène : un mélange de 4 volumes de bioxyde d'azote et de 1 volume d'oxygène, arrivant dans un tube en U entouré d'un mélange de chlorure de calcium et de neige, donne de l'anhydride azoteux $Az^2\,O^3$.

Le bioxyde d'azote est absorbé à froid par le sulfate de protoxyde de fer.

Le bioxyde d'azote joue en chimie le rôle d'un radical monovalent; on l'appelle alors *nitrosyte*.

117. Composition. — On peut établir la composition du bioxyde d'azote par l'eudiomètre ou par la cloche courbe.

Lorsque l'on opère avec l'eudiomètre, il faut avoir soin d'ajouter beaucoup de gaz de la pile, mélange d'oxygène et d'hydrogène dans la proportion où ils se combinent pour former de l'eau. Si l'on introduit d'ailleurs 2 volumes de bioxyde et 2 volumes d'hydrogène, il ne reste après le passage de l'étincelle que 1 volume d'azote; donc les 2 volumes de bioxyde d'azote contenaient 1 volume d'azote et 1 volume d'oxygène, parce que la différence entre le double de la densité du bioxyde d'azote et la densité de l'azote est égale à la densité de l'oxygène.

Dans la cloche courbe, on introduit un volume de bioxyde d'azote que l'on mesure, et un fragment de sulfure de baryum : on chauffe et l'on constate après refroidissement qu'il reste la moitié du volume d'azote. Si a représente le poids du volume d'air égal au volume de bioxyde d'azote employé, $a \times 1{,}039$ représente le poids du bioxyde et $\frac{a}{2} \times 0{,}971$ le poids de l'azote; le poids de l'oxygène sera donc :

$$a \times 1{,}039 - \frac{a}{2} \times 0{,}971 = a\left(1{,}039 - \frac{0{,}971}{2}\right) = a\,(1{,}039 - 0{,}485) = a\,(0{,}554) = \frac{a}{2} \times 1{,}108.$$

$1{,}108$ étant à peu près la densité de l'oxygène, on voit qu'il avait disparu un volume d'oxygène égal à celui de l'azote restant.

Deux volumes de bioxyde d'azote contiennent donc un volume d'azote et un d'oxygène, ce qui correspond bien à la formule Az O.

La molécule de bioxyde d'azote, pesant 30, contient 14 d'azote.

ANHYDRIDE AZOTEUX $Az^2 O^3$.

ACIDE AZOTEUX $Az O^2 H$.

118. Préparation et propriétés. — Ces deux corps se produisent dans un grand nombre de circonstances.

On peut avoir de l'anhydride azoteux $Az^2 O^3$ en faisant passer dans un tube refroidi à — 40° (neige et chlorure de calcium) un mélange de bioxyde d'azote AzO et d'oxygène; on obtient ainsi un liquide bleu.

On obtient de l'acide azoteux en décomposant le peroxyde d'azote liquide $Az O^2$ par l'eau refroidie au-dessous de 0°. Il se produit encore un liquide bleu qui tombe au fond et qui est de l'acide azoteux impur :

$$2Az\ O^3 + H^2\ O = Az\ O^3\ H + Az\ O^3\ H.$$

L'anhydride azoteux est un liquide bleu, qui bout à — 10° et qui se décompose très facilement par la chaleur :

$$Az^2\ O^3 = Az\ O^3 + AzO.$$

L'acide azoteux en dissolution peu étendue est également très instable. Les substances pulvérulentes le décomposent instantanément :

$$2Az\ O^3\ H = Az\ O^3\ H + Az\ O + H.$$

119. Préparation des azotites. — L'acide azoteux forme avec les métaux des azotites ; il agit comme un acide monobasique, contenant un seul atome d'hydrogène remplaçable par du métal. L'azotite de baryum s'obtient en faisant passer du bioxyde d'azote sur du bioxyde de baryum chauffé au rouge sombre :

$$2Az\ O + Ba\ O^2 = (Az\ O^3)^2\ Ba.$$

On obtient des azotites par la décomposition partielle de certains azotates, par exemple ceux de potassium, de sodium, d'argent, chauffés au rouge sombre.

L'azotite insoluble d'argent se prépare facilement par double décomposition, en traitant une dissolution d'azotite de potassium par une dissolution d'azotate d'argent.

D'après M. Schœnbein, dans l'oxydation des bâtons de phosphore à l'air humide, l'azote décompose l'eau et forme de l'azotite d'ammonium ; ce sel se formerait également quand on fait arriver de l'oxygène au contact de l'ammoniaque.

120. Propriétés des azotites. — Chauffés très fortement, ils se décomposent en oxyde, azote et oxygène. Quand on met une goutte d'azotite de potassium au contact de l'acide sulfurique, il se dégage de l'acide azoteux, qui se décompose et donne des vapeurs rutilantes.

Avec le permanganate de potassium, il y a une réaction analogue à celle qui se produit avec l'eau oxygénée ; ils réduisent aussi les iodures en mettant l'iode en liberté.

121. Composition de l'acide azoteux. — La composition de l'acide azoteux se déduit de celle de l'azotite d'argent. On prépare ce sel par précipitation, et on le calcine ; il reste de l'argent seul. On trouve que 154 grammes d'azotite d'argent laissent comme résidu 108 grammes d'argent métallique. Or, 108 grammes d'argent remplacent 1 gramme d'hydrogène et représentent 1 atome. On peut déterminer la quantité d'azote qui se dégage, on trouve 14 grammes d'azote ou 1 atome ; donc il y avait dans les 154 grammes d'azotite d'argent 154 — 108 — 14 = 32 grammes d'oxygène, c'est-à-dire 2 atomes. La formule de l'acide azoteux est donc $Az\ O^2\ H$.

PEROXYDE D'AZOTE

$Az\ O^2.$

122. Historique. — Le peroxyde d'azote, qu'on a appelé aussi *acide hypoazotique* et *hypoazotide*, a été signalé par Scheele et étudié par Priestley, Dulong, Berzélius et Gay-Lussac.

123. Préparation. — Le peroxyde d'azote se produit dans l'oxydation à l'air du bioxyde d'azote. On l'obtient encore par l'oxydation directe de l'azote, en faisant passer des étincelles électriques dans un mélange d'oxygène et d'azote purs et parfaitement desséchés. Ainsi obtenu il est parfaitement pur.

On l'obtient encore par l'action du bioxyde d'azote sur l'anhydride hypochloreux $Cl^2\ O$:

$$Az\ O + Cl^2\ O = Az\ O^2 + 2Cl.$$

On peut aussi décomposer les composés oxygénés de l'azote : à une certaine température, ils donnent tous du peroxyde d'azote.

Pour l'obtenir pur et sec, on peut avoir recours aux azotates. Les azotates hydratés se décomposent sous l'influence de la chaleur en donnant de l'acide azotique ; les azotates anhydres, ceux de plomb et de baryum par exemple, se décomposent en donnant du peroxyde d'azote et de l'oxygène :

$$(Az\ O^3)^2\ Pb = 2Az\ O^2 + PbO + O.$$

On chauffe l'azotate de plomb dans une cornue de verre peu fusible A et dont le col débouche dans un tube B en U entouré d'un mélange réfrigérant C (fig. 86).

En refroidissant le peroxyde d'azote, on le liquéfie.

Il y a certaines précautions à prendre. L'azotate de plomb cristallise par dissolution et refroidissement, et ses cristaux ont emprisonné entre leurs lamelles de l'eau (eau d'interposition). On pulvérise très finement l'azotate de plomb cristallisé et on le calcine, on pousse la dessiccation jusqu'à ce que la décomposition commence.

On décompose complètement l'azotate de plomb calciné; on ne prend pas une cornue de verre ordinaire, qui fondrait, mais une cornue de verre vert ou de grès ; avec une cornue de grès, il faut chauffer modérément. On n'ajuste le tube en U qui sert à recueillir le gaz qu'après un certain temps. On obtient le peroxyde d'azote liquide.

124. Propriétés physiques. — Le peroxyde d'azote, au-dessous de — 9°, est solide et cristallisé ; il se surfond. Cristallisé, il ressemble à du verre.

Il fond à — 9°, en jaunissant de plus en plus à mesure qu'il

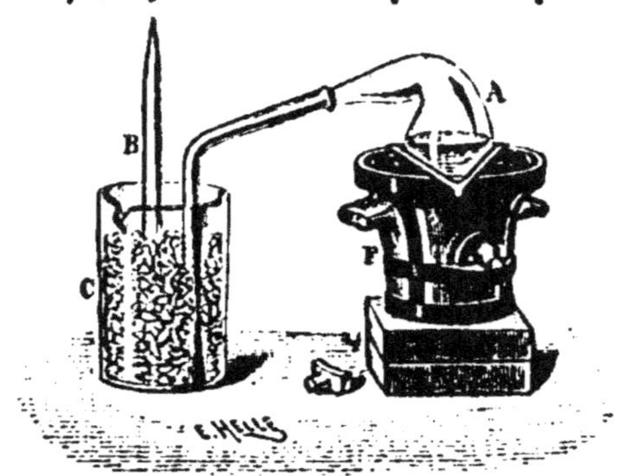

Fig. 86. — Préparation du peroxyde d'azote.

s'échauffe, et cette propriété se continue dans la vapeur qui, de jaune, devient de plus en plus rouge. Sa densité à l'état liquide est 1,45.

Chauffé, il entre en ébullition à 22°. Sa densité de vapeur diminue quand la température s'élève : à 27° elle est 2,67 ; à 60° elle est 2,08 ; à 100° elle est 1,62 ; à 115° elle est 1,60. Alors, elle est sensiblement égale à la densité théorique, qui est 1,5916.

Le poids moléculaire du peroxyde d'azote est 46.

125. Propriétés chimiques. — Chauffé au rouge, le peroxyde d'azote se dédouble en azote et oxygène.

Le soufre peut détruire le peroxyde d'azote à une température suffisamment élevée ; le phosphore et le charbon peuvent y brûler avec éclat. Le potassium décompose le peroxyde d'azote en s'unissant à l'oxygène, l'hydrogène le décompose aussi et donne en présence de la mousse de platine du gaz ammoniac.

L'eau décompose le peroxyde d'azote ; il se forme de l'acide azoteux et de l'acide azotique (118). Au contact des bases, il donne un azotite et un azotate :

$$2KOH + 2AzO^2 = AzO^2K + AzO^3K + H^2O.$$

L'anhydride sulfureux donne lieu à une réaction importante en présence du peroxyde d'azote ; les deux corps étant parfaitement secs, il se forme des cristaux des chambres de plomb et de l'anhydride azoteux.

Pour réaliser cette réaction, on prend un tube en W, où l'on introduit d'une part de l'anhydride sulfureux liquide, d'autre part du peroxyde d'azote liquide. On incline le tube dans un mélange réfrigérant : il se forme des cristaux et un liquide bleu.

L'hydrogène sulfuré donne du bioxyde d'azote, de l'eau et du soufre :

$$H^2S + AzO^2 = AzO + H^2O + S.$$

L'acide iodhydrique se comporte de même.

Le peroxyde d'azote se comporte en chimie comme un radical monovalent ; on lui a donné le nom d'*azotyle*.

126. Composition. — On remplit une ampoule de peroxyde d'azote pur et liquide ; on a pesé l'ampoule avant, on la pèse après. Soit p le poids de peroxyde d'azote. On l'adapte à un tube contenant du cuivre, on chauffe l'ampoule, et on fait passer les vapeurs de peroxyde d'azote sur le cuivre chauffé au rouge ; le peroxyde est décomposé :

$$AzO^2 + 2Cu = 2CuO + Az.$$

On recueille l'azote à l'état de gaz.

L'opération se fait dans un tube de verre peu fusible et dont on étire à la lampe l'une des extrémités que l'on réunit à l'ampoule ; on prend du cuivre réduit par l'hydrogène. Le gaz arrive dans une éprouvette placée sur la cuve à mercure. Au sommet de l'éprouvette, on met une certaine quantité de potasse ; on fait passer ensuite un courant de gaz carbonique pour chasser l'air, et on arrête quand le gaz est complètement absorbé par la potasse. On chauffe alors le cuivre au rouge et on brise la pointe de l'ampoule ; le peroxyde d'azote se vaporise en le chauffant légèrement. L'azote vient se rendre sous l'éprouvette. On chasse ensuite l'azote du tube. On mesure son volume V, on note la pression H et la température T et l'on a :

$$P = V \times 1{,}257 \times \frac{H}{760} \times \frac{1}{1+\alpha t}.$$

On trouve ainsi que pour 14 grammes d'azote, il y en a 32 d'oxygène. De plus, le double de la densité de la vapeur de peroxyde d'azote 3,18 est bien égal à la densité de l'azote 0,971 augmentée de 2,2, double de la densité de l'oxygène. La formule du peroxyde d'azote est donc bien AzO^2.

Une molécule de peroxyde d'azote, pesant 46, contient 14 d'azote.

ANHYDRIDE AZOTIQUE

$Az^2 O^5$.

127. Préparation. — L'anhydride azotique a été découvert par H. Sainte-Claire Deville, qui l'obtenait en décomposant l'azotate d'argent $AzO^3 Ag$, fondu et sec, par le chlore sec :

$$2AzO^3 Ag + 2Cl = 2AgCl + Az^2O^5 + O.$$

L'appareil employé ne devait contenir ni vapeur d'eau, ni bouchon de liège, ni tube de caoutchouc, qui sont attaqués par le chlore. Il était tout en verre ; un grand ballon, fermé par un bouchon à l'émeri et dans lequel plongeait un tube, était rempli de chlore sec ; on chassait le chlore par de l'acide sulfurique versé dans le tube, le chlore passait dans des tubes desséchants et dans un ballon contenant du nitrate d'argent desséché et fondu, maintenu par un bain-marie à la température d'environ 70°. L'appareil se terminait par un tube plongeant dans un mélange réfrigérant, où se condensait l'anhydride azotique. Cette expérience est difficile à réussir, parce que la réaction ne se produit que vers 60° et que l'anhydride se décompose à une température voisine.

On peut aussi, pour obtenir l'anhydride azotique, prendre du chlorure d'azotyle (acide chlorazotique) AzO^2Cl, qui s'obtient en faisant agir l'acide azotique sur le pentachlorure de phosphore :

$$AzO^3H + PCl^5 = POCl^3 + HCl + AzO^2Cl.$$

On fait ensuite réagir ce chlorure sur le nitrate d'argent maintenu à 70°.

$$Az O^2 Cl + Az O^3 Ag = Ag Cl + Az^2 O^5.$$

On peut enfin déshydrater l'acide azotique au moyen de l'anhydride phosphorique, qui est très avide d'eau. Dans un vase à fond plat, on met une certaine quantité d'acide azotique au maximum de concentration, et on y fait tomber de l'anhydride phosphorique peu à peu, pour éviter un trop grand dégagement de chaleur ; on s'arrête quand on a fait une pâte presque solide. On introduit le mélange dans une cornue de verre bouchée à l'émeri et parfaitement sèche, débouchant dans un récipient entouré d'un mélange réfrigérant. On chauffe vers 30°, l'anhydride azotique distille et vient se condenser en longues aiguilles sur les parois du récipient.

128. Propriétés. — L'anhydride azotique est un corps solide cristallisé en longues aiguilles. Il fond à 30° et bout à 50°. Sa tension de vapeur est considérable : quand on ouvre un flacon qui en contient, il se forme un nuage qui retombe en acide azotique. La lumière le décompose en peroxyde d'azote et oxygène ; à 60°, il se décompose, et, quand il est chauffé rapidement, il y a explosion.

ACIDE AZOTIQUE

$Az\ O^3\ H$.

129. État naturel. — L'acide azotique est connu depuis fort longtemps sous le nom d'*eau-forte*, on l'appelle aussi *acide nitrique*. Il existe dans la nature à l'état d'azotate de potassium, ou *nitre*, ou *salpêtre*, qui se dégage en efflorescence sur les vieux murs ; d'azotate de sodium, très abondant au Chili ; d'azotate d'ammonium dans les eaux de pluie.

130. Préparation. — L'acide azotique se prépare généralement au moyen de l'azotate de potassium, ou nitre $Az\ O^3\ K$: chauffé avec l'acide sulfurique, cet azotate se décompose. Il ne faut pas trop chauffer. Il se forme, non pas du sulfate neutre, $SO^4\ K^2$, mais du sulfate acide, $S\ O^4\ HK$. On a :

$$Az\ O^3\ K + SO^4\ H^2 = Az\ O^3\ H + SO^4\ H\ K$$

Si l'on mettait moins d'acide sulfurique, une partie seulement de l'azotate serait décomposé, et, si l'on chauffait davantage, l'autre partie de l'azotate se décomposerait bien, mais il se produirait du peroxyde d'azote.

On introduit dans une cornue bitubulée (fig. 87) de l'azotate de potassium cristallisé et de l'acide sulfurique ; on ferme avec un bouchon la tubulure supérieure, et on fait déboucher le col de la cornue dans un ballon constamment refroidi par un jet d'eau. On chauffe alors et l'acide azotique va se condenser dans le ballon.

Au commencement de la réaction, il se forme des vapeurs rutilantes, parce que l'acide azotique qui commence à se dégager est déshydraté par l'acide sulfurique encore en excès et qu'alors la chaleur le décompose facilement ; à la fin de l'opération les vapeurs rutilantes reparaissent, parce qu'il ne reste plus d'azotate à décomposer et que la chaleur, n'étant plus absorbée par la réaction chimique, décompose l'acide azotique restant.

Le liquide est généralement jauni par des vapeurs nitreuses.

131. Préparation industrielle. — Dans l'industrie, on emploie l'azo-

tate de sodium Az O³ Na, qui coûte moins cher et donne à poids égal
plus d'acide azotique ; on l'introduit par une ouverture supérieure

Fig. 87. — Préparation de l'acide azotique dans les laboratoires.

(fig. 88) dans des marmites en fonte C, que n'attaquent ni l'acide sulfu-

Fig. 88. — Préparation industrielle de l'acide azotique.

rique chaud et concentré, ni l'acide azotique en vapeurs, et on y
ajoute de l'acide sulfurique, tel qu'il sort des chambres de plomb. On
chauffe, l'acide azotique se produit et les vapeurs vont se condenser
dans des bonbonnes B qui communiquent les unes avec les autres.

L'acide des premières bonbonnes est le plus condensé, il marque environ 40° Baumé ; les autres bonbonnes donnent généralement de l'acide à 36°. La réaction est la même qu'avec l'azotate de potassium.

132. Purification. — L'azotate de sodium du commerce est généralement mélangé de chlorure de sodium qui, avec l'acide sulfurique, donne de l'acide chlorhydrique :

$$Na\ Cl + SO^4\ H^2 = H\ Cl + SO^4\ H\ Na.$$

Pour le chasser, on étend d'eau l'acide, et l'on traite par une dissolution d'azotate d'argent Az O³ Ag, qui donne du chlorure d'argent Ag Cl :

$$Az\ O^3\ Ag + H\ Cl = Az\ O^3\ H + Ag\ Cl.$$

Le chlorure d'argent est insoluble, on filtre et on distille.

L'acide sulfurique peut contenir de l'anhydride arsénieux provenant des pyrites, et l'acide azotique contiendrait alors de l'acide arsénique. Cet acide n'étant pas volatil, il reste dans la cornue quand on distille.

Il y a toujours un peu d'acide sulfurique entraîné. Pour le chasser, on étend l'acide d'eau et on traite par l'azotate de baryum :

$$(Az\ O^3)^2\ Ba + SO^4\ H^2 = 2\ Az\ O^3\ H + SO^4\ Ba.$$

Le sulfate de baryum est insoluble ; on filtre et on distille.

Enfin, l'iode, provenant des iodures ou des iodates de l'azotate de sodium, se produit à la fin en petites quantités.

Souvent, on se débarrasse du même coup de l'acide sulfurique et de l'acide chlorhydrique par l'azotate de plomb :

$$2\ H\ Cl + 2\ SO^4\ H^2 + 3\ [(Az\ O^3)^2\ Pb] = 6\ Az\ O^3\ H + Pb\ Cl^2 + 2\ SO^4\ Pb.$$

On chasse les vapeurs nitreuses en faisant passer dans l'acide un courant d'anhydride carbonique ; puis l'on distille.

La distillation ne donne pas de produit très concentré, à moins de distiller un mélange d'acide azotique et d'acide sulfurique.

133. Propriétés physiques. — L'acide azotique au maximum de concentration Az O³ H est un liquide généralement jaunâtre, fumant à l'air ; il a pour densité 1,52. Il bout à 86°. Sa composition répond à la formule $2\ AzO^3\ H = Az^2\ O^5 + H^2\ O$. On l'appelle *acide azotique monohydraté*.

En le soumettant à une longue distillation, on obtient un liquide incolore, ne fumant plus à l'air, qui ne bout plus qu'à 125° et qui a pour densité 1,42. Sa composition répond à peu près à la formule $2\ Az\ O^3\ H + 3\ H^2\ O = Az^2\ O^5 + 4\ H^2O$, On l'appelle généralement *acide azotique quadrihydraté.* Réciproquement, en chauffant du l'acide quadrihydraté, ce qui distille est de l'eau, et le liquide se concentre: la température d'ébullition descend de 100 à 86°.

L'acide concentré attire la vapeur d'eau de l'air moins que l'acide sulfurique; seulement il a une tension de vapeur propre.

L'acide concentré mélangé avec la neige dégage de la chaleur: l'acide quadrihydraté absorbe au contraire de la chaleur dans les mêmes conditions.

Un autre hydrate, à 16 molécules d'eau, $Az^2 O^5 + 16 H^2 O$, se solidifie à 16° au-dessous de zéro.

134. Propriétés chimiques. — Sous l'action de la chaleur, l'acide azotique se décompose : au rouge, en oxygène et protoxyde d'azote;

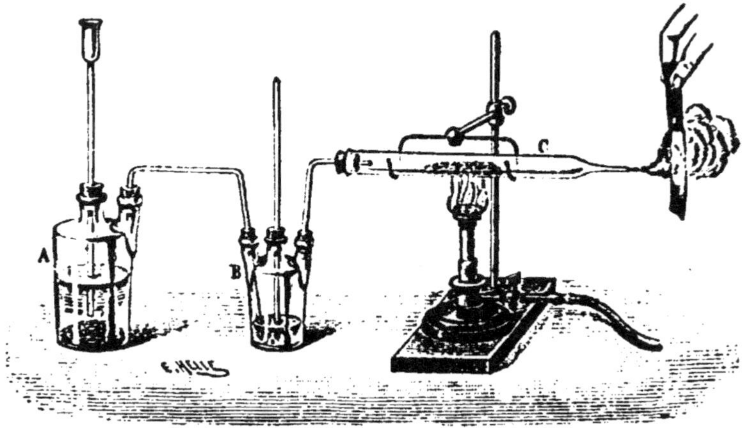

Fig. 89. — Décomposition de l'acide azotique par l'hydrogène en présence de la mousse de platine.

au blanc, en oxygène et azote. Si l'acide est très concentré, il y a dédoublement partiel à une température basse.

L'hydrogène, au contact de l'acide azotique, donne de l'azote et d l'eau :

$$Az O^3 H + 5 H = Az + 3 H^2 O.$$

Si l'hydrogène produit par un appareil A (fig. 89) passe dans un flacon laveur B contenant de l'acide azotique qu'il entraîne, puis que ces vapeurs passent sur de la mousse de platine B chauffée au rouge sombre, il se forme de l'ammoniaque, qui bleuit un papier de tournesol rouge :

$$Az O^3 H + 8 H = Az H^3 + 3 H^2 O.$$

Le phosphore s'oxyde en donnant de l'acide orthophosphorique $PO^4 H^3$ et du bioxyde d'azote (180) :

$$3\,P + 5\,Az\,O^3\,H + 2\,H^2\,O = 3\,PO^4\,H^3 + 5\,AzO.$$

Si l'acide est concentré, la réaction avec le phosphore est très vive et il y a explosion; quand au contraire l'acide est étendu, on peut impunément le mettre au contact du phosphore.

L'arsenic peut s'oxyder, en mettant surtout un peu d'acide chlorhydrique pour commencer la réaction.

L'antimoine et l'acide azotique étendu donnent de l'acide antimonique.

L'iode décompose l'acide azotique fumant en donnant du peroxyde d'azote et de l'acide iodique.

Le bore donne l'acide borique.

Le diamant n'est pas attaqué, mais le charbon de bois enflammé brûle avec éclat dans les vapeurs d'acide azotique, parce qu'il les décompose en donnant des produits qui entretiennent la combustion de l'oxygène et du peroxyde d'azote.

Le soufre est oxydé par l'acide azotique; il se forme en partie de l'anhydride sulfureux et en partie de l'acide sulfurique.

Tous les métaux sont attaqués par l'acide azotique, sauf l'or et le platine. Il se forme en général des azotates, solubles dans l'acide étendu; dans ces azotates, l'acide azotique est monobasique, c'est-à-dire qu'il ne contient qu'un atome d'hydrogène remplaçable par du métal.

Un azotate a pour formule $AzO^3 M'$, si M' représente un métal monovalent, et $(AzO^3)^2 M''$, si M'' est un métal bivalent.

L'étain ne donne pas d'azotate; il donne de l'acide stannique et le tungstène de l'acide tungstique.

Le potassium, le bismuth, le zinc sont vivement attaqués par l'acide concentré et donnent des azotates solubles dans l'acide azotique.

L'étain, le plomb, l'argent ne sont pas attaqués par l'acide concentré, parce qu'avec l'étain il se forme de l'acide stannique, et avec les autres des azotates, tous insolubles dans l'acide azotique concentré; mais en ajoutant de l'eau l'action a lieu, parce que les azotates se dissolvent dans l'acide étendu.

Avec le fer, il se produit quelque chose de particulier : l'acide concentré ne l'attaque pas et l'action ne se produit pas si l'on ajoute de l'eau. On dit que le fer est alors *passif* : il n'est pas attaqué par l'acide azotique étendu.

On fait cesser cette passivité, en le touchant avec un morceau de cuivre.

L'acide préalablement étendu attaque tous les métaux, excepté l'or et le platine, et le fer comme les autres.

Cependant, si l'acide est très étendu, le cuivre et l'argent ne sont plus attaqués, et l'étain donne de l'azotate d'étain avec dégagement de protoxyde d'azote. Il se produit aussi de l'azotate d'ammoniaque, semblant provenir de l'hydrogène produit, qui réagit sur le protoxyde d'azote et donne de l'ammoniaque.

Parmi les corps composés, le bioxyde d'azote se dissout dans l'acide azotique, en lui communiquant diverses colorations suivant son degré de concentration. On peut se rendre compte de cette action en faisant passer un courant de bioxyde d'azote dans une série de flacons laveurs, ou flacons de Woulf, contenant de l'acide azotique : le premier flacon, où la densité de l'acide est 1,52, se colore en brun rougeâtre; le second flacon, où la densité est 1,42, prend une coloration orangée; le troisième, où la densité est 1,32, se colore en vert; le suivant, où la densité est 1.22, en bleu; enfin l'acide très étendu reste sensiblement incolore.

L'anhydride sulfureux décompose l'acide azotique en se transformant en acide sulfurique :

$$S\,O^3 + 2\,Az\,O^3\,H = S\,O^4\,H^2 + 2Az\,O^2.$$

Cette réaction permet d'expliquer la production de l'acide sulfurique ordinaire dans les chambres de plomb.

Les carbonates de sodium, de calcium ne produisent rien au contact de l'acide azotique bien concentré, parce que les azotates sont insolubles dans l'acide azotique concentré : si l'on ajoute de l'eau, il y a dégagement de gaz carbonique.

L'acide azotique a sur les substances organiques une action énergique.

Dans certains cas, il y a substitution : c'est ainsi que le coton, ou cellulose, donne le fulmi-coton, ou cellulose nitrée; la *benzine* donne la *nitro-benzine*, le *phénol* l'*acide picrique*, la *glycérine* la *nitro-glycérine*.

Le crin, soumis à l'action de l'acide azotique, brûle avec dégagement de chaleur et quelquefois de lumière.

L'essence de térébenthine brûle entièrement. Pour que la réaction soit plus vive, on emploie de l'acide azotique fumant, ou bien un mélange d'acide azotique et d'acide sulfurique, ce dernier produisant une concentration plus grande du premier acide.

L'acide azotique teint en jaune les matières organiques azotées et les détruit presque toutes. Les étoffes sont brûlées par lui, la peau, la laine, la soie sont jaunies et brûlées, la matière colorante de l'indigo est détruite. C'est un poison très violent. On évite les vapeurs d'acide azotique, quand on monte les piles Bunsen, en mettant devant le nez un linge mouillé.

135. Composition. — Cavendish a montré le premier qu'en introduisant une base au contact des éléments de l'air et faisant passer l'étincelle électrique, il se forme un azotate.

Gay-Lussac a utilisé l'action du bioxyde d'azote sur l'oxygène humide. Il introduisit, dans un tube fermé reposant sur l'eau, 4 volumes de bioxyde d'azote et 4 volumes d'oxygène ; au bout d'un certain temps, il trouvait qu'il restait seulement 1 volume d'oxygène. Les 4 volumes de bioxyde avaient absorbé trois volumes d'oxygène pour former l'anhydride azotique qui s'était dissous dans l'eau en donnant l'acide azotique. Donc, dans l'anhydride azotique, il y a 2 volumes d'azote et 5 volumes d'oxygène, avec un mode de condensation inconnu, la densité de vapeur de l'anhydride azotique n'ayant pas été déterminée.

Pour trouver la proportion d'eau de l'acide, on combine l'acide avec un oxyde anhydre donnant un sel anhydre et fixe ; on emploie généralement l'oxyde de plomb ou litharge. On prend un poids d'oxyde de plomb supérieur à celui qui neutralisera l'acide, soit p ; on verse dessus l'acide azotique, il se forme de l'azotate de plomb, avec élimination d'eau.

On maintient l'azotate de plomb à 150 ou 200° ; à l'aide d'un tube de verre, on insuffle de l'air dans le ballon afin de chasser les vapeurs d'eau qu'il peut contenir, on laisse refroidir et on pèse. Soit P le poids d'acide azotique employé, p' le poids d'azotate de plomb obtenu ; $P + p - p'$ représentera le poids de vapeur d'eau dégagé.

136. Circonstances de production. — L'acide azotique peut prendre naissance quand l'azote et l'oxygène humides sont en présence, sous l'influence d'étincelles électriques, ou au contact d'un fil de platine chauffé par le courant ; ou bien quand les éléments de l'air se trouvent au contact d'une base en présence d'un corps poreux ou d'une substance oxydante.

Les composés oxygénés de l'azote, bioxyde d'azote, anhydride azoteux, peroxyde d'azote, produisent le même effet sous l'influence de l'électricité ou d'une matière oxydante.

L'oxydation de l'ammoniaque ou des composés ammoniacaux donne également de l'acide azotique. Ainsi, on en obtient au moyen d'un mélange d'ammoniaque et d'oxygène passant sur de la mousse de platine chauffée au rouge sombre. Les matières organiques azotées se détruisent à l'air en produisant du gaz ammoniac, qui, au contact de l'oxygène de l'air et en présence des corps poreux, donne de l'acide azotique.

Enfin, l'oxydation du cyanogène et de certains de ses composés, en présence de la mousse de platine, chauffée au rouge sombre, donne encore de l'acide azotique.

137. Réactifs de l'acide azotique. — On peut, pour reconnaître l'acide azotique, utiliser son action sur le cuivre : il se forme du bioxyde d'azote, qui se dégage en vapeurs rutilantes.

On peut aussi utiliser son action sur l'indigo, la dissolution bleue d'indigo est jaunie par une liqueur qui contient $\frac{1}{210}$ d'acide azotique : c'est un des réactifs les plus sensibles.

Si l'on additionne d'acide chlorhydrique une dissolution contenant de l'acide azotique, il se forme de l'eau régale, qui dissout une feuille d'or.

La dissolution de sulfate ferreux est colorée en brun par l'acide azotique.

Mais l'un des réactifs les plus sensibles est la brucine, alcaloïde végétal extrait de la noix vomique; une trace de brucine colore l'acide azotique en rouge très foncé.

138. Usages. — L'acide azotique est employé dans les arts à la gravure dite *à l'eau-forte.*

Dans les laboratoires, on l'emploie à la préparation des azotates, des acides stannique et antimonique et à la préparation de l'eau régale.

Dans l'industrie, on l'emploie à la fabrication de l'acide oxalique, par son action sur le sucre, et à la fabrication de la nitro-benzine, du coton poudre, de la dynamite, de l'acide picrique, du fulminate de mercure, etc.

ANHYDRIDE PERAZOTIQUE

Az O⁵.

139. Préparation et propriétés. — L'anhydride perazotique s'obtient en faisant passer dans l'appareil à effluve, tel que l'ozoniseur Berthelot, un mélange d'oxygène et d'azote secs.

C'est un gaz incolore, qui est caractérisé au spectroscope par des raies d'absorption spéciales.

Abandonné à lui-même il se décompose d'abord en oxygène et anhydride azotique, puis en oxygène et peroyde d'azote. Au contact de l'eau, il se décompose en acide azotique et oxygène.

D'après des expériences récentes, sa composition correspondrait à la formule AzO^3.

CHAPITRE V

PHOSPHORE

$$P = 31.$$

140. Historique. — Le phosphore a été découvert en 1677 par Brandt, chimiste de Hambourg, qui le trouva en cherchant dans l'urine la pierre philosophale. Son procédé, tenu secret, fut retrouvé par Kunckel et publié par Homberg en 1692. Plus tard, Gahn reconnut que le phosphore existe dans les os des animaux, et Scheele indiqua le procédé d'extraction que l'on suit encore aujourd'hui.

141. État naturel. — Le phosphore est nécessaire au développement des animaux : on en trouve dans les os, le cerveau, l'urine. Il est nécessaire aussi au développement des végétaux, et les graines en contiennent. Cela explique l'emploi des phosphates en agriculture et en médecine.

Le phosphore existe encore à l'état de dépôts excrémentiels (guano).

142. Préparation. — On extrait aujourd'hui le phosphore des os.

Les os sont formés de matières organiques et de matières minérales. Les matières organiques sont principalement formées de gélatine et de chondrine, que l'on peut extraire au moyen de la marmite de Papin, en chauffant les os vers 120 ou 130° en présence de l'eau ; la chondrine se transforme en gélatine soluble, on a de la colle forte et la matière minérale de l'os, qui en conserve la forme. Le plus souvent, on traite l'os par l'eau bouillante ordinaire, soumettant ainsi la matière à la saponification, puis par l'eau bouillante sous pression.

La matière minérale des os contient 80 à 82 p. 100 de phosphate de calcium, 15 p. 100 de carbonate de calcium, 2 à 3 pour 100 de sable et un peu de fluorure de calcium et de phosphate de magnésium.

Pour la recueillir on calcine généralement les os en vase ouvert, la matière organique est entièrement brûlée. On obtient ainsi les os blancs, formés de la matière minérale, on les pulvérise et l'on a la

Fig. 90. — Préparation du phosphore.

cendre d'os, formée surtout de phosphate tricalcique $(PO^4)^2Ca^3$ et de carbonate de calcium CO^3Ca. On transforme ensuite le phosphate tricalcique insoluble en phosphate acide soluble $(PO^4)^2CaH^4$, en traitant la cendre d'os par l'acide sulfurique. L'opération se fait dans un cuvier en bois doublé de plomb : on y met environ 20 litres d'eau mélangée d'acide sulfurique, on y délaie la cendre des os, on brasse et on décante. La réaction est la suivante :

$$(PO^4)^2Ca^3 + 2(SO^4H^2) = (PO^4)^2 Ca H^4 + 2(SO^4Ca).$$

En même temps, l'acide sulfurique agit sur le carbonate de calcium et la transforme en sulfate avec dégagement de gaz carbonique, comme l'indique la formule :

$$CO^3 Ca + SO^4 H^2 = SO^4 Ca + CO^2 + H^2O.$$

Le phosphate acide est soluble, le sulfate de calcium est insoluble. On tamise sur une toile grossière, on évapore ensuite la liqueur jusqu'à consistance sirupeuse, et on la mélange avec du charbon en poudre ; on en fait des boulettes, que l'on chauffe. Lorsque la décomposition commence, on cesse de chauffer et l'on met le tout dans des cornues en grès placées dans un four à trois étages et communiquant de chaque côté par leurs allonges avec un même tube vertical C qui amène les vapeurs au condensateur R (fig. 90). La réaction qui se produit alors est à peu près la suivante :

$$3 (PO^4)^2 CaH^4 + 10 C = 2P + 10 CO + (PO^4)^2 Ca^3 + 6H^2O.$$

Souvent aussi il se produit des réactions secondaires. Le phosphore peut décomposer l'eau et donner de l'hydrogène phosphoré.

143. Purification et moulage. — Le phosphore ainsi préparé n'est jamais pur.

Pour le purifier, on place le phosphore dans une caisse à double

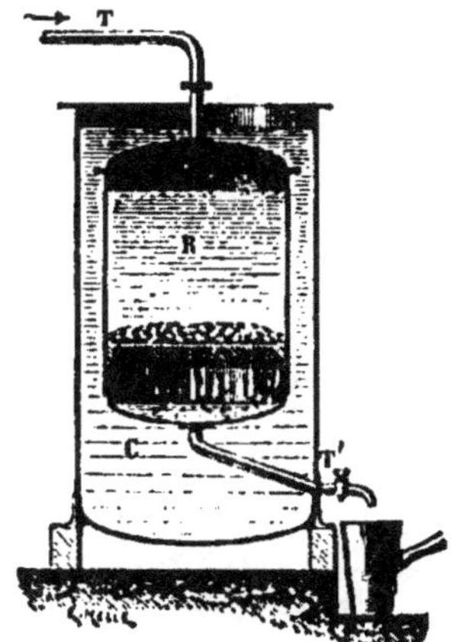

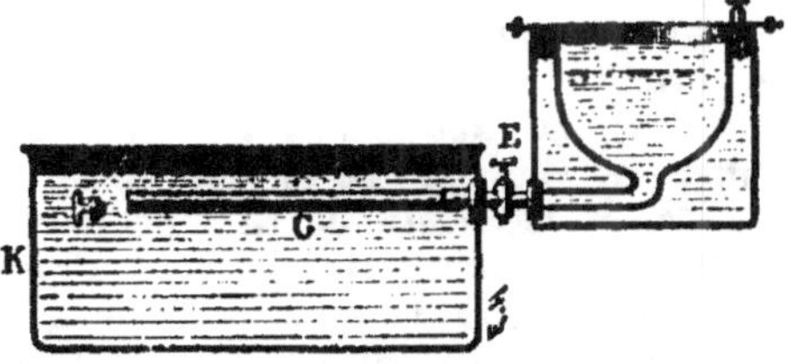

Fig. 91. —Filtration du phosphore.   Fig. 92. -- Moulage du phosphore.

fond R (fig. 91) contenant du noir animal et entourée d'un récipient C contenant de l'eau chaude ; le phosphore maintenu ainsi à l'état fondu est comprimé par de la vapeur sous pression qu'amène le tube T et filtre à travers le noir animal ; il arrive alors dans le fond de la caisse, d'où on peut le retirer par le tube T.

Le phosphore se moule facilement en bâtons. Pour cela, on maintient le phosphore fondu dans un récipient que l'on entoure d'eau chaude (fig. 92) ; il communique au moyen d'un robinet E avec un tube G plongeant dans l'eau froide du récipient K. Quand on ouvre le robinet, le phosphore fondu passe dans le tube et s'y refroidit ; on peut facilement le retirer au moyen d'une pointe.

Pour faire des bâtons de phosphore dans les laboratoires on fait fondre le phosphore sous l'eau et on l'aspire dans un tube de verre muni à la partie supérieure d'une poire en caoutchouc.

Le phosphore peut contenir de l'arsenic. On l'enlève en le faisant digérer dans l'acide azotique très étendu, qui dissout mieux l'arsenic que le phosphore.

Pour distiller le phosphore, il faut prendre certaines précautions. La distillation se fait au bain de sable, en chauffant seulement vers 300°, et l'on fait passer un courant de gaz inerte qui enlève les vapeurs de phosphore à mesure qu'elles se présentent.

144. Propriétés physiques. — Le phosphore est un corps solide, de couleur ambrée, translucide et d'odeur alliacée. Il est flexible et peut être rayé par l'ongle.

Sa densité est 1,84. Il émet des vapeurs à la température ordinaire. Il cristallise par sublimation spontanée.

Récemment fondu, sa cassure est vitreuse. Sa température de fusion est de 44°,7. Il présente le phénomène de la surfusion d'une manière très nette. Si l'on met du phosphore dans un tube (fig. 93) avec un peu d'eau par-dessus et que l'on chauffe au bain-marie jusque vers 50°, le phosphore fond ; en le laissant refroidir lentement, on l'a encore liquide à 40°. Mais alors le contact d'un agitateur suffit pour le solidifier (M. Gernez). Le phosphore bout à 290°, et la densité de sa vapeur est 4,32 ; son poids moléculaire est donc 124, c'est-à-dire le quadruple de son poids atomique, déduit de l'analyse de ses composés, et la molécule de phosphore contient quatre atomes.

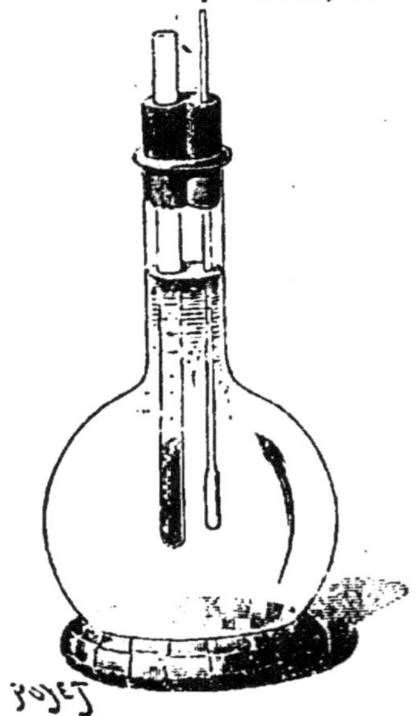

Fig. 93.
Surfusion du phosphore.

145. Phosphore rouge. — Supposons que l'on expose à la lumière solaire un tube contenant du phosphore, il y a transformation, même dans le vide, et il se produit un corps qui conserve la plupart des propriétés chimiques du phosphore, mais qui a.une couleur rouge brun, c'est le *phosphore rouge.*

On obtient également du phosphore rouge en chauffant du phosphore à partir de 260°, et jusqu'à de très hautes températures.

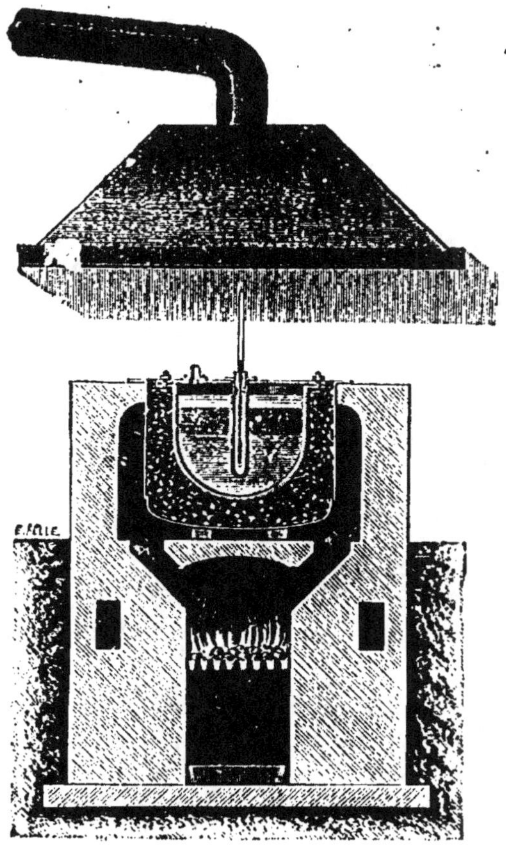

Fig. 94. — Préparation du phosphore rouge.

L'opération se fait dans un récipient complètement fermé (fig. 94), présentant seulement une faible issue qui donne passage d'abord à l'air, puis, pendant l'opération, à une faible quantité de vapeur; la température est donnée par un thermomètre plongeant dans l'appareil.

Supposons un récipient vide d'air et contenant seulement du phosphore. A $T°$, la force élastique de la vapeur de phosphore au premier moment est la tension maxima F de la vapeur de phosphore; elle diminue graduellement et en même temps sur les parois apparaît du phosphore rouge en quantité graduellement croissante. La tension devient f et reste constante à la température donnée T et en même temps la transformation s'arrête. f est la tension de transformation correspondant à la température T : elle varie avec cette température.

Si l'on prend du phosphore rouge pur, dans un tube vide, et si on le porte à la température T, il n'y a tout d'abord aucune tension de vapeur ; mais le phosphore rouge se transforme peu à peu en phosphore ordinaire, dont la tension de vapeur va en croissant jusqu'à f. A ce moment, la tension de vapeur reste constante et la transformation s'arrête.

La loi de ce phénomène a été mise en évidence par MM. Troost et Hautefeuille. On remarquera son analogie avec le phénomène de la dissociation.

Les propriétés physiques du phosphore rouge diffèrent un peu suivant la température à laquelle il a été produit. Bien qu'on l'appelle phosphore amorphe, il peut cristalliser mais en très petits cristaux : pour cela, on chauffe à l'abri de l'air du phosphore rouge avec du plomb, on laisse refroidir lentement et l'on traite par l'acide sulfurique. Il reste du phosphore rouge cristallisé avec un aspect un peu métallique.

Voici en parallèle les propriétés du phosphore ordinaire et du phosphore rouge.

PHOSPHORE ORDINAIRE	PHOSPHORE ROUGE
Couleur jaune ambrée.	Couleur rouge carmin.
Densité 1,83.	Densité 1,96.
Fond à 44°,2.	Ne fond pas, se transforme à 260°.
Phosphorescent.	Non phophorescent.
S'oxyde rapidement à l'air.	S'oxyde très lentement.
Produit par ses vapeurs la carie des os du nez.	Ne produit pas de vapeurs.
S'enflamme à 60°.	Ne s'enflamme qu'à 260°.
Se combine avec le soufre à 111°.	Se combine avec le soufre à 230°.
Se combine avec l'iode à la température ordinaire.	Se combine difficilement à l'iode.
Soluble dans le sulfure de carbone.	Insoluble dans le sulfure de carbone.
Attaque les lessives alcalines.	N'attaque pas les lessives alcalines.
Poison des plus violents.	Non vénéneux.

146. Autres variétés du phosphore. — Le *phosphore blanc* se produit quand on abandonne dans l'eau des bâtons de phosphore ; sous l'action de la lumière, ils deviennent d'un blanc opaque. Le phosphore semble s'être dévitrifié à la surface, comme le sucre d'orge. Chauffé à la température de fusion, il redevient phosphore ordinaire.

Le *phosphore noir*, qui a été obtenu par Thénard, en refroidissant brusquement du phosphore fondu, paraît être du phosphore impur, et n'a pas pu être reproduit par tous les chimistes. Il est d'autant plus noir que la température du refroidissement est plus basse.

147. Propriétés chimiques. — Le phosphore se combine avec énergie aux métalloïdes tels que le chlore.

Le fluor l'attaque et donne deux composés PF^3 et PF^5, tous deux gazeux.

Introduit dans un flacon de chlore (fig. 64), il s'y enflamme spontanément en donnant du pentachlorure PCl^5 solide qui se répand en abondantes fumées, et, à la fin de l'opération, le trichlorure PCl^3 liquide, qui s'écoule le long des parois.

Quand on verse du brome sur du phosphore, il se produit une vive réaction, généralement accompagnée d'une projection et il se forme d'abord du tribomure liquide PBr^3, puis, par un excès de brome, du pentabromure solide PBr^5.

Enfin, quand on met en contact du phosphore et de l'iode, tous deux à l'état solide, la masse ne tarde pas s'enflammer et il se forme, suivant les proportions des deux corps, l'un ou l'autre des deux composés $P^2 I^4$ (biodure) ou PI^3 (triodure).

Le phosphore se combine facilement avec l'oxygène pour donner les anhydrides phosphoreux (à la température ordinaire) et phosphorique (par combustion). Il s'enflamme très facilement à l'air à 60° et un léger frottement suffit quand il est sec ; aussi doit-on le conserver sous l'eau et doit-on ne le manipuler qu'avec de grandes précautions et en le replongeant fréquemment dans l'eau.

Le phosphore brûle si facilement en présence de l'oxygène qu'on peut le faire brûler même sous l'eau. Pour cela, il suffit de mettre dans un verre quelques morceaux de phosphore, sur lesquels on verse de l'eau bouillante; le phosphore fond et si l'on fait passer dessus, au moyen d'un tube de verre, de l'oxygène renfermé dans une vessie, on voit le phosphore brûler, même dans l'eau (fig. 95). On place le verre dans un cristallisoir contenant de l'eau tiède pour que, s'il venait à se briser, le phosphore chaud ne se répande pas.

L'oxydation du phosphore à l'air est accompagnée d'un phénomène lumineux, visible dans l'obscurité et auquel on a donné le nom de *phosphorescence*. Si l'on plonge le phosphore dans l'oxygène comprimé ou même à la pression ordinaire, il n'y a pas de phosphorescence, ni d'oxydation ; si l'on diminue la pression, le phosphore commence à devenir lumineux, il se forme de l'anhydride phosphoreux, puis de l'anhydride phosphorique. Mais si, en diminuant constamment la pression, on arrive à faire le vide, le phosphore ne luit plus.

Le phosphore se combine au soufre avec une grande élévation de température, qui peut devenir dangereuse, et en donnant les composés P^4S, P^2S, P^4S^3, P^2S^3, P^2S^5 et P^2S^{12}. Le phosphore peut aussi se combiner au sélénium.

La plupart des métaux, à chaud, se combinent au phosphore pour donner des phosphures métalliques.

L'eau est décomposée par le phosphore à 260°. Il se forme de l'hydrogène phosphoré gazeux.

Le phosphore réduit un grand nombre d'oxydes métalliques, tels que l'oxyde de cuivre, en mettant ainsi le métal en liberté.

Il attaque les dissolutions alcalines faibles en donnant de l'hydrogène phosphoré gazeux et un hypophosphite.

Le phosphore attaque l'acide azotique. Avec l'acide fumant, l'action est très vive, elle a lieu à la température ordinaire, et donne lieu à des

Fig. 95. — Combustion du phosphore sous l'eau.

projections de matières ; avec l'acide ordinaire, il faut chauffer, il se forme de l'acide orthophosphorique et il se dégage des vapeurs de bioxyde d'azote.

Il décompose l'acide iodhydrique en donnant de l'acide phosphoreux et de l'iodhydrate d'hydrogène phosphoré. Il réduit l'acide sulfurique, les acides iodique, chromique, arsénieux et arsénique, il réduit aussi les dissolutions salines d'or, de platine, de palladium, d'argent, de mercure et de cuivre.

C'est un poison violent, dont le contrepoison est l'essence de térébenthine. D'après Eulenberger, le charbon serait aussi un contrepoison du phosphore.

148. Applications. — Le phosphore ordinaire qui entre dans la confection des pâtes phosphorées pour empoisonner les rats, est employé surtout à la fabrication des allumettes chimiques. Ces allumettes s'obtiennent en plongeant de petits morceaux de bois, d'abord dans le soufre fondu, puis dans la pâte suivante :

Phosphore	3.
Gomme	3.
Bioxyde de plomb	2.
Sable et matière colorante	.

Quant au phosphore rouge, on l'emploie dans les laboratoires pour produire un grand nombre de réactions, et en particulier pour préparer les iodures alcooliques. Dans l'industrie, on l'emploie aussi à la préparation des allumettes à phosphore amorphe, ou *allumettes de sûreté*. Ces allumettes ne s'enflamment que par frottement sur un frottoir spécial, tandis que les allumettes chimiques s'enflamment quand on les frotte sur un objet quelconque. Pour arriver à ce résultat, on enduit respectivement l'allumette et le frottoir des pâtes suivantes :

PATE DE L'ALLUMETTE		PATE DU FROTTOIR	
Chlorate de potassium . .	100	Phosphore rouge	100
Sulfure d'antimoine. . . .	40	Sulfure d'antimoine. . . .	80
Colle forte	20	Colle forte	50

COMPOSÉS HYDROGÉNÉS DU PHOSPHORE

149. Généralités. — L'hydrogène forme avec le phosphore trois composés qu'on appelle *hydrogènes phosphorés*, on les distingue par leur état physique ; ce sont :

L'hydrogène phosphoré solide		P^2H ;
—	liquide	PH^2 ;
—	gazeux	PH^3.

HYDROGÈNE PHOSPHORÉ SOLIDE

P^2H.

150. Préparation. — L'hydrogène phosphoré solide, découvert par Leverrier, se produit généralement par la décomposition des vapeurs d'hydrogène phosphoré liquide PH^2. Si l'on expose à la lumière du jour une éprouvette contenant un gaz qui renferme de ces vapeurs, elles se décomposent et il se forme un dépôt d'un enduit jaune rougeâtre :

$$5\ PH^2 = 3PH^3 + P^2H.$$

Quelquefois on opère autrement. On produit l'hydrogène phosph liquide en faisant arriver de l'acide chlorhydrique sur du phosphure de calcium, $P^2 Ca^2$ et il se décompose aussitôt :

$$5P^1 Ca^1 + 20\ HCl = 10\ Ca\ Cl^1 + 6PH^3 + 2P^1H.$$

En réalité, la réaction se fait en deux temps ; il **y** a d'abord formation d'hydrogène phosphoré liquide :

$$P^1Ca^1 + 4HCl = 2CaCl^1 + 2PH^1;$$

puis le phosphure se décompose aussitôt.

151. Propriétés. — L'hydrogène phosphoré solide est inodore et jaune, il rougit à la lumière : il se dissout seulement dans le phosphure liquide. Chauffé vers 160°, il s'enflamme et se décompose entièrement en phosphore et hydrogène ; il se décompose également par le choc avec explosion. Chauffé dans l'hydrogène, il donne de l'hydrogène phosphoré gazeux. Le chlore le décompose instantanément pour former du chlorure de phosphore.

152. Composition. — Pour étudier sa composition, on le mélange avec du cuivre et l'on chauffe au rouge. Il se forme du phosphure de cuivre, on recueille l'hydrogène qui se dégage et on le pèse ; le poids du phosphore s'obtient par différence.

HYDROGÈNE PHOSPHORÉ LIQUIDE

PH^2.

153. Préparation. — L'hydrogène phosphoré liquide a été isolé par Paul Thénard. On l'obtient en décomposant le phosphure de calcium par

Fig. 96. — Préparation du phosphure de calcium dans les laboratoires.

l'eau. Le phosphure de calcium peut se préparer en prenant une cloche courbe, en verre vert, et faisant glisser dans l'ampoule un morceau de phosphore ; on installe la cloche courbe horizontalement sur une grille, (fig. 96). On introduit de la craie, et on chauffe fortement la partie horizontale avec des charbons rouges placés sur la grille. La craie se transforme en chaux. On distille alors le phosphore, ses vapeurs passent sur la chaux fortement chauffée, il se produit du phosphure P^2Ca^3 et du pyrophosphate de calcium $P^2O^7Ca^2$:

$$14\,CaO + 14\,P = 5P^2Ca^3 + 2\,(P^2O^7Ca^2)$$

Le pyrophosphate blanc est inerte dans les réactions où l'on emploie le phosphure de calcium et on ne se donne pas la peine de le séparer.

Pour préparer de grandes quantités de phosphure de calcium, on met dans le fond d'un creuset du phosphore, au-dessus une grille en terre percée de trous et par-dessus la grille des morceaux de chaux et de craie calcinée

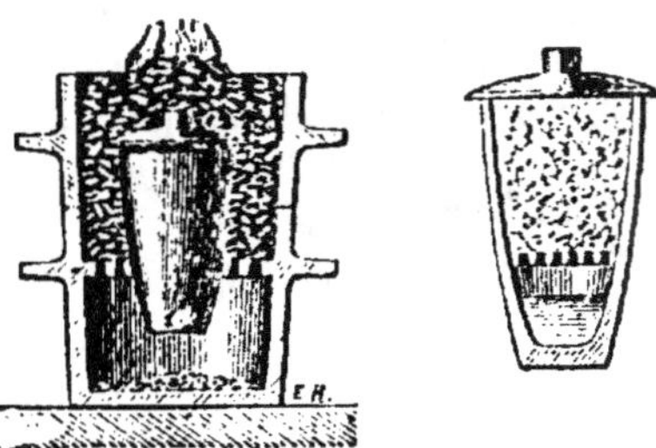

Fig. 97. — Préparation en grand de phosphure de calcium.

(fig. 97) ; le creuset ainsi préparé est introduit dans un fourneau, de telle sorte que la partie contenant le phosphore soit dans le cendrier, et l'on introduit dans le fourneau d'abord du charbon noir, puis du charbon rouge. De cette façon, lorsque la masse de chaux est bien portée au rouge, mais à ce moment seulement, le phosphore distille et passe sur la chaux qu'il transforme en phosphure.

Au contact de l'eau tiède, le phosphure de calcium donne de l'hydrogène phosphoré liquide :

$$P^2Ca^3 + 2\,H^2O = 2\,PH^2 + 2\,CaO.$$

On emploie un flacon à trois tubulures ; la tubulure centrale est fermée par un bouchon traversé par un tube très large qui permet de laisser tomber des morceaux de phosphure de calcium. L'une des tubulures latérales porte un tube plongeant dans l'eau et servant de tube de sûreté ; l'autre porte un tube coudé présentant une olive qui plonge dans un mélange réfrigérant. Pour empêcher l'explosion, on fait passer d'abord dans l'appareil un courant de gaz carbonique qui chasse l'air. On remplit et on entoure l'appareil d'eau tiède, on laisse tomber du phosphure de calcium ; l'hydrogène phosphoré liquide ainsi formé se condense dans l'olive. On peut le conserver en fermant à la lampe l'extrémité du tube.

154. Propriétés. — L'hydrogène phosphoré liquide est un liquide légèrement jaunâtre, complètement incolore quand il est pur. Il est très réfringent, insoluble dans l'eau, soluble dans l'alcool. Il se volatilise et se décompose entre 30 et 40°. Exposé à l'air, il donne de l'eau et du phosphore. Il s'enflamme à l'air et ses vapeurs communiquent cette propriété à tous les gaz qui ne le décomposent pas. Il est décomposable par les corps poreux. C'est un corps explosif.

155. Composition. — Sa composition se déduit de la quantité d'hydrogènes phosphorés gazeux et solide qu'il donne, ou bien par un procédé analogue à celui que l'on emploie pour l'hydrogène phosphoré solide.

HYDROGÈNE PHOSPHORÉ GAZEUX

PH^3.

156. Préparation. — Il a été découvert par Gingembre en 1803. On en prépare deux variétés : l'une, spontanément inflammable, qui est impure, l'autre, non spontanément inflammable, qui est pure.

Pour préparer l'hydrogène phosphoré gazeux, on décompose les alcalis, la potasse par exemple, par le phosphore. Il se forme de l'hydrogène phosphoré et un hypophosphite :

$$3KOH + 4P + 3H^2O = 3PO^2 H^2K + PH^3.$$

On prend une dissolution concentrée de potasse, dont on remplit

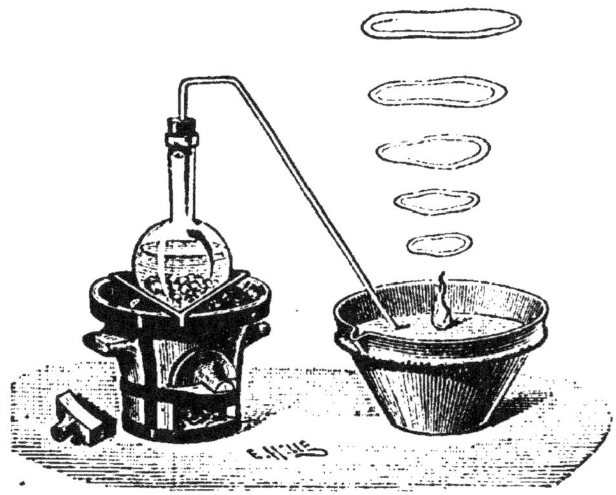

Fig. 98. — Préparation de l'hydrogène phosphoré gazeux spontanément inflammable.

un petit ballon jusque dans le col ; on ajoute quelques morceaux de phosphore. On chauffe, la réaction commence bientôt et du gaz se dégage en venant s'enflammer à la surface de l'eau (fig. 98). Alors seulement on met le bouchon et le tube à dégagement.

Le gaz ainsi préparé est impur et spontanément inflammable.

On peut substituer la chaux à la potasse. On prend alors des morceaux de phosphore que l'on entoure chacun de chaux éteinte ; on fait ainsi des boulettes, dont on remplit presque totalement un petit ballon. On remplit encore ce ballon de chaux pour que les boulettes soient divisées et ne forment pas un tout compact. La réaction est analogue :

$$3CaO + 8P + 9H^2O = 3[(PO^2H^2)^2Ca] + 2PH^3.$$

Mais il se produit encore d'autres réactions secondaires.

Il se forme en même temps un peu d'hydrogène phosphoré liquide et de l'hydrogène, d'après les formules :

$$3P + CaO^2H^2 + 2H^2O = PH^3 + (PO^2H^2)^2Ca.$$
$$2P + CaO^2H^2 + 2H^2O = H^2 + (PO^3H^2)^2Ca.$$

En chauffant un peu fortement il y a décomposition d'une partie de l'hypophosphite de calcium et cela donne encore de l'hydrogène :

$$(PO^2H^2)^2Ca + 2CaO + 2H^2O = (PO^4)^2Ca^3 + 8H.$$

On obtient encore souvent de l'hydrogène phosphoré gazeux spon-

Fig. 99. — Décomposition du phosphure de calcium par l'eau.

tanément inflammable, en décomposant les phosphures alcalins par l'eau, ou le phosphure de zinc P^2Zn^3 par l'acide chlorhydrique :

$$P^2Zn^3 + 6HCl = 2 PH^3 + 3ZnCl^2.$$

Il se produit aussi de l'hydrogène phosphoré gazeux spontanément inflammable, lorsque l'on projette des morceaux de phosphure de calcium P^2Ca^2(154) dans de l'eau à la température ordinaire contenue dans un verre (fig. 99). Il se forme d'abord de l'hydrogène phosphoré liquide PH^2 :

$$Ca^2P^2 + 4H^2O = 2CaO^2H^2 + 2PH^2.$$

Mais l'hydrogène phosphoré liquide se décompose en hydrogène phosphoré solide P^2H et hydrogène phosphoré gazeux PH^3 :

$$5PH^2 = P^2H + 3PH^3.$$

On voit à la surface de l'eau un dépôt jaune d'hydrogène phosphoré solide.

Le même gaz à l'état de pureté et non spontanément inflammable s'obtient en décomposant les alcalis par le phosphore, en dissolution alcoolique, en décomposant par la chaleur les hypophosphites ou bien l'acide hypophosphoreux. On peut encore décomposer le phosphure de calcium par l'acide chlorhydrique ; le gaz contient 93 p. 100 d'hydrogène phosphoré, le reste est de l'hydrogène.

Mais le procédé qui donne le gaz pur consiste à décomposer l'iodhydrate d'hydrogène phosphoré PH^3HI, résultant de l'action de l'acide iodhydrique sur l'hydrogène phosphoré gazeux ; traité par la potasse, il donne de l'iodure de potassium, de l'hydrogène phosphoré gazeux et de l'eau :

$$PH^3HI + KOH = IK + PH^3 + H^2O.$$

On prend 100 grammes de phosphore dissous dans le sulfure de carbone, on ajoute 154 grammes d'iode ; l'iode produit la réaction suivante :

$$P + 3I = PI^3.$$

On ajoute de l'eau qui décompose l'iodure de phosphore en acide iodhydrique HI et acide phosphoreux PO^3H^3 :

$$PI^3 + 3H^2O = PO^3H^3 + 3HI.$$

Puis l'acide phosphoreux se décompose :

$$4PO^3H^3 = 3 PO^4H^3 + PH^3.$$

L'acide iodhydrique s'unit à l'hydrogène phosphoré et donne des cristaux blancs limpides d'iodhydrate d'hydrogène phosphoré. On laisse tomber goutte à goutte de la potasse, la réaction se produit.

Le gaz ainsi obtenu est pur : il est absorbé complètement par le sulfate de cuivre, qui absorbe l'hydrogène phosphoré gazeux, mais non l'hydrogène. Par le premier procédé, on n'obtient que 30 p. 100 d'hydrogène phosphoré gazeux.

157. Propriétés physiques. — C'est un gaz incolore, d'une odeur alliacée très prononcée. La densité par rapport à l'air est 1,214, par rapport à l'hydrogène 17. Son poids moléculaire est 34.

158. Propriétés chimiques. — L'hydrogène phosphoré gazeux n'entretient pas la combustion, mais il s'enflamme à l'air, à 120° s'il est pur, spontanément s'il est impur. Soumis à l'étincelle électrique, il donne du phosphore rouge et il se décompose en donnant de l'hydrogène et de l'hydrogène phosphoré liquide. Sous l'influence de la chaleur, à haute température, il se détruit.

Avec l'oxygène, il détone violemment quand on l'enflamme :

$$PH^3 + 4O = PO^4 H^3.$$

Pour obtenir une combustion complète, sans production de phosphore rouge, il faut ajouter un gaz qui prenne de la chaleur.

Le chlore produit la combustion de l'hydrogène phosphoré gazeux :

$$PH^3 + 8Cl = 3HCl + PCl^5.$$

Pour faire l'expérience sans danger, on fait arriver les deux gaz par des tubes B et C (fig. 100) dans un flacon A contenant de l'eau ; toutes

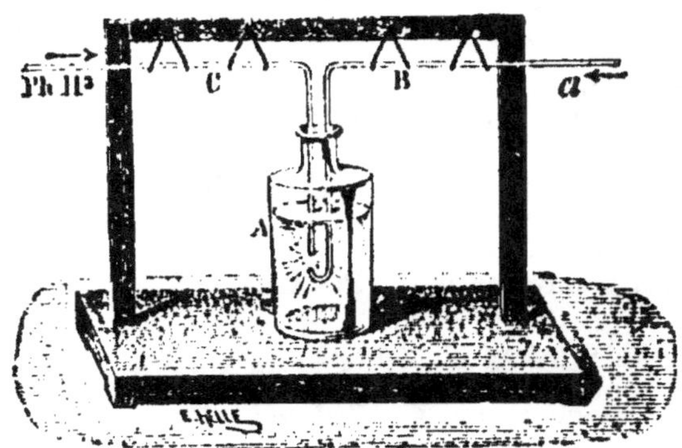

Fig. 100. — Combustion de l'hydrogène phosphoré gazeux au contact du chlore.

les fois que deux bulles se rencontrent, il se produit une vive lumière.

Le brome agit de même.

A haute température, les métaux le décomposent en formant des phosphures.

Avec les sels de cuivre, le sulfate par exemple, il y a formation de phosphure de cuivre et d'eau, tout l'hydrogène phosphoré gazeux est absorbé ; avec les sels d'argent, il y a de même absorption complète, mais il se forme de l'argent métallique.

L'hydrogène phosphoré gazeux est un gaz irrespirable, qui a sur les voies respiratoires une action délétère.

159. Composition. — La composition s'établit en décomposant à chaud l'hydrogène phosphoré gazeux par le cuivre. Si l'on fait passer le gaz dans une cloche courbe sur le mercure et qu'on le chauffe au contact d'un fragment de cuivre placé dans l'ampoule, on trouve que 2 volumes d'hydrogène phosphoré laissent comme résidu 3 volumes d'hydrogène, le phosphore ayant été absorbé par le cuivre. En retranchant du poids de 2 volumes d'hydrogène phosphoré celui de 3 volumes d'hydrogène, on trouve le poids d'un demi-volume de vapeurs de phosphore.

Une molécule d'hydrogène phosphoré gazeux, pesant 34, contient 31 de phosphore.

La composition de l'hydrogène phosphoré gazeux PH^3 est donc analogue à celle du gaz ammoniac $Az\,H^3$.

COMPOSÉS OXYGÉNÉS DU PHOSPHORE

160. Généralités. — Les composés oxygénés du phosphore sont :

L'anhydride phosphoreux $P^2 O^3$;
L'anhydride phosphorique $P^2 O^5$.

Ces composés donnent avec l'eau des acides :

L'acide phosphoreux $PO^3 H^3$;
L'acide orthophosphorique $PO^4 H^3$.

On connaît encore :

L'acide hypophosphoreux $PO^2 H^3$;
L'acide pyrophosphoreux $P^2O^5H^4$;
L'acide hypophosphorique $P^2O^6 H^4$;
L'acide métaphosphorique $PO^3 H$;
L'acide pyrophosphorique $P^2 O^7 H^4$.

Quand on fait brûler du phosphore sous l'eau tiède, il se produit de l'acide phosphorique, de l'acide phosphoreux et une substance rouge, difficile à analyser parce qu'elle contient de l'acide phosphorique ; certains chimistes la regardent comme un sous-oxyde de phosphore P^4O.

ACIDE HYPOPHOSPHOREUX
PO^2H^3.

161. Préparation. — L'acide hyposphoreux a été découvert par Dulong ; on n'a jamais préparé l'anhydride correspondant.

On le prépare par la décomposition d'un de ses sels, en général l'hypophosphite de baryum.

On prend une dissolution d'hypophosphite de baryum, qui se prépare en décomposant par le phosphore l'eau en présence de la baryte :

$$3\,BaO + 8\,P + 9\,H^2O = 3[(PO^2\,H^2)^2\,Ba] + 2\,PH^3.$$

C'est la réaction déjà utilisée pour préparer l'hydrogène phosphoré gazeux (fig. 98).

On peut remplacer la baryte par le sulfure de baryum BaS :

$$3\,BaS + 8\,P + 12\,H^2O = 3\,[(PO^2\,H^2)^2\,Ba] + 2\,PH^3 + 3\,H^2S.$$

Les gaz se dégagent, et dans la dissolution d'hypophosphite de baryum obtenue, on verse goutte à goutte de l'acide sulfurique, l'acide hypophosphoreux est mis en liberté :

$$(PO^2\,H^2)^2\,Ba + SO^4\,H^2 = SO^4\,Ba + 2\,PO^2\,H^3.$$

162. Propriétés. — L'acide hypophosphoreux ainsi obtenu est un liquide sirupeux, cristallisant difficilement.

Il est décomposable par la chaleur avec formation d'hydrogène phosphoré gazeux très pur et d'acide orthophosphorique :

$$2\,PO^2\,H^3 = PH^3 + PO^4\,H^3.$$

L'hydrogène naissant le réduit en donnant de l'hydrogène phosphoré :

$$PO^2\,H^3 + 4H = PH^3 + 2\,H^2O.$$

L'expérience se fait en introduisant de l'acide hypophosphoreux dans un appareil produisant de l'hydrogène et enflammant le jet du gaz, la flamme est verdâtre (fig. 101).

L'acide hypophosphoreux s'oxyde peu à peu à l'air en donnant de l'acide phosphoreux.

Ses propriétés les plus importantes sont ses propriétés réductrices : il réduit les sels d'or et d'argent en donnant de l'or et de l'argent métallique. Chauffé avec le sulfate de cuivre, il donne un dépôt de cuivre métallique et un hydrure de cuivre Cu^2H, découvert par Wurtz. Si l'on chauffe au-dessous de 50 à 60° (température à laquelle Cu^2H se décompose), on voit se produire une coloration brune de Cu^2H.

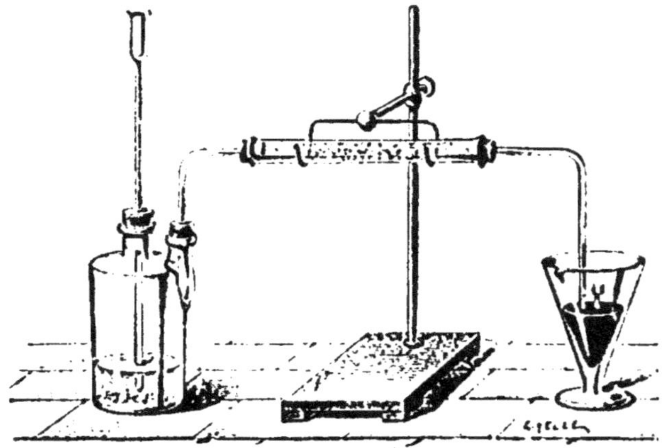

Fig. 101. — Flamme de l'hydrogène phosphoré gazeux.

L'acide hypophosphoreux est monobasique, et les hypophosphites ont pour formule

$$PO^2H^2 . M',$$

si M' représente un métal monovalent, ou bien

$$(PO^2H^2)^2 . M'',$$

si M'' représente un métal bivalent.

ANHYDRIDE PHOSPHOREUX

$$P^2O^3$$

163. Préparation et propriétés. — L'anhydride phosphoreux s'obtient en faisant passer un courant d'air sec dans un long tube très étroit et presque entièrement occupé par un bâton de phosphore; on chauffe légèrement.

L'anhydride phosphoreux est une poudre blanche, volatile, d'odeur alliacée, qui se dissout lentement dans l'eau en donnant de l'acide phosphoreux, PO^3H^3 :

$$P^2O^3 + 3H^2O = 2PO^3H^3.$$

Il se combine à l'oxygène à la température ordinaire avec dégagement de chaleur et même de lumière.

ACIDE PHOSPHOREUX

PO^3H^3.

164. Préparation. — L'acide phosphoreux s'obtient par l'oxydation du phosphore à l'air humide, à la température ordinaire. Dans des tubes de verre ouverts aux deux bouts et effilés à une des extrémités, on met des bâtons de phosphore qui les remplissent presque entière-

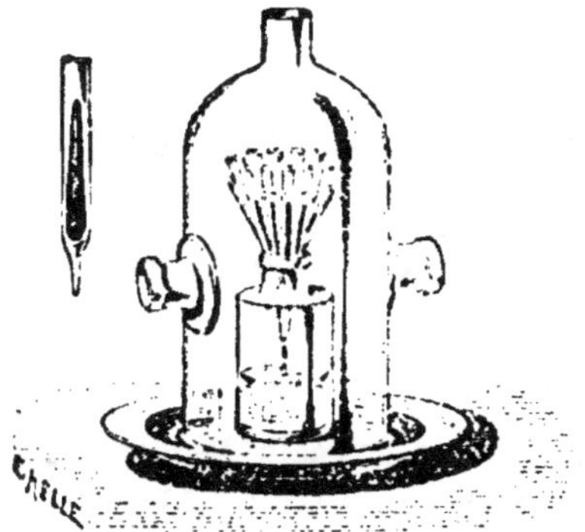

Fig. 102. — Production d'acide phosphoreux.

ment, et l'on dispose ces tubes dans un entonnoir (fig. 102) placé sur un flacon; on recouvre le tout d'une cloche munie de deux ouvertures tubulaires : l'acide phosphoreux se rassemble dans le flacon. Il contient de l'acide phosphorique, de l'azotite d'ammonium et quelques autres impuretés.

Le meilleur procédé de préparation consiste à décomposer le trichlorure de phosphore PCl^3 par l'eau :

$$PCl^3 + 3H^2O = PO^3H^3 + 3HCl.$$

On ne se donne pas la peine de préparer d'avance le chlorure de phosphore ; mais sous l'eau, au contact du phosphore, on fait passer un courant de chlore ; si le chlore arrive en petite quantité, et que le phosphore soit en excès, il se forme du trichlorure de phosphore PCl^3, qui se décompose immédiatement au contact de l'eau. L'acide chlorhydrique étant beaucoup plus volatil que l'acide phosphoreux, il suffit de chauffer à la température d'ébullition pour que l'acide chlorhydrique se dégage.

165. Propriétés. — Quand on évapore la dissolution d'acide phosphoreux et qu'on la laisse refroidir, l'acide se dépose en cristaux qui ont pour formule PO^3H^3.

Chauffé, l'acide phosphoreux se détruit avec formation d'acide phosphorique et d'hydrogène phosphoré gazeux :

$$4PO^3H^3 = 3PO^4H^3 + PH^3.$$

Cette réaction indique que l'acide phosphoreux doit enlever facilement l'oxygène aux corps qui le contiennent, pour former de l'acide phosphorique. C'est en effet un réducteur.

Il réduit l'anhydride sulfureux :

$$3PO^3H^3 + SO^2 + H^2O = 3PO^4H^3 + H^2S.$$

Il peut y avoir, avec un excès d'anhydride sulfureux, production de soufre.

Si l'on introduit l'acide phosphoreux dans l'appareil à hydrogène, il y a, comme pour l'acide hypophosphoreux, formation d'hydrogène phosphoré gazeux :

$$PO^4H^3 + 6H = 3H^2O + PH^3.$$

Il décompose les dissolutions des sels d'argent et de mercure ; le bichlorure de mercure est d'abord transformé en calomel, qui se décompose en chauffant et donne du mercure métallique.

L'acide phosphoreux est bibasique : il donne deux séries de phosphites. Avec un métal monovalent, M', on peut avoir :

$$PO^3H^2. M',$$

ou bien :

$$PO^3H. M'^2.$$

ACIDE PYROPHOSPHOREUX

$$P^2 O^3 H^4.$$

166. Préparation et propriétés. — L'acide pyrophosphoreux a été isolé en partant du pyrophosphate de baryum. Mais il est très instable et fort peu connu.

Les sels sont un peu mieux étudiés et, avant même de l'avoir découvert, on admettait son existence par suite des propriétés des pyrophosphites.

Le phosphite de sodium $PO^3 H^2 Na$, chauffé à 160°, perd les éléments de l'eau (Amat) :

$$2PO^3 H^2 Na = P^2 O^3 H^2 Na^2 + H^2O.$$

Le nouveau sel de sodium obtenu est neutre à la phtaléine du phénol, tandis que lo phosphate, d'où l'on est parti, est acide au même réactif. Ce nouveau sel caractériserait donc un autre acide, l'acide pyrophosphoreux, qui résulterait de deux molécules d'acide phosphoreux par élimination d'une molécule d'eau :

$$2PO^3H^3 - H^2O = P^2O^5H^4.$$

L'acide pyrophosphoreux cristallise en une masse radiée, ressemblant à l'acide phosphoreux, mais moins déliquescent ; sous l'action de chaleur il se décompose en donnant de l'hydrogène phosphoré solide, tandis que, dans les mêmes conditions, l'acide phosphoreux donne de l'hydrogène phosphoré gazeux.

ACIDE HYPOPHOSPHORIQUE

$P^2O^6H^4.$

167. Préparation et propriétés. — Cet acide se produit, en même temps que l'acide phosphoreux et l'acide orthophosphorique, dans l'oxydation du phosphore à l'air humide.

Pour séparer les trois acides on peut s'appuyer sur la différence de solubilité de leurs sels de sodium, l'hypophosphate de sodium étant beaucoup moins soluble que les deux autres.

L'acide hypophosphorique cristallise en tablettes orthorhombiques déliquescentes.

La chaleur le décompose d'abord en acide pyrophosphoreux et acide pyrophosphorique, puis en phosphure d'hydrogène solide.

L'acide hypophosphorique est tétrabasique ; avec un métal monovalent, M', il donne les sels :

$$P^2O^6H^3M', \quad P^2O^6H^2M'^2, \quad P^2O^6HM'^3, \quad P^2O^6M'^4.$$

ANHYDRIDE PHOSPHORIQUE

$P^2O^5.$

168. Préparation. — L'anhydride phosphorique se produit par la combustion du phosphore dans l'oxygène, ou dans l'air.

Dans les laboratoires, pour préparer rapidement de petites quantités d'anhydride phosphorique, on peut prendre une cloche de verre bien sèche, dont les bords ont été rodés à l'émeri, et que l'on place sur une plaque de verre bien dressée ; sous la cloche, on introduit une coupelle en terre contenant du phosphore enflammé. Le phosphore brûle, il se forme de l'anhydride phosphorique, qui se dépose sous forme de neige sur les parois de la cloche et sur la plaque. On le recueille rapidement avec une spatule de verre.

On en prépare de plus grandes quantités au moyen de l'appareil que représente la figure 103. Un ballon A, à quatre tubulures, contient une coupelle *e* suspendue à un tube de verre par lequel on y projette

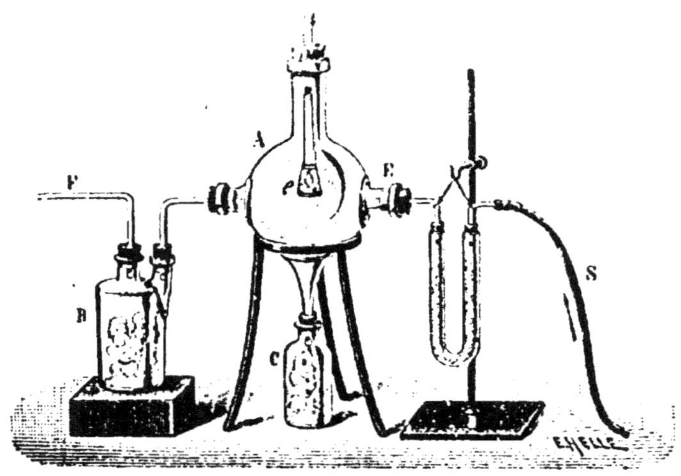

Fig. 103. — Préparation de l'anhydride phosphorique.

du phosphore ; on l'enflamme au moyen d'une baguette de fer rougie au feu et on referme le tube. L'air arrive par le tube S, passe dans un tube en U contenant des matières desséchantes, et pénètre dans le ballon par la tubulure E ; l'anhydride phosphorique qui se produit est recueilli dans les flacons B et C.

169. Propriétés. — L'anhydride phosphorique est un corps solide, blanc, pulvérulent, inodore et d'une saveur très acide.

Il est déliquescent à l'air et disparaît rapidement en se dissolvant dans la vapeur d'eau ; mis au contact de l'eau, il fait entendre un sifflement intense en se dissolvant.

L'anhydride obtenu à l'état de neige est formé de trois anhydrides : l'anhydride cristallisé, l'anhydride amorphe et l'anhydride vitreux. Quand on dissout cette neige dans l'eau, la dissolution reste trouble pendant quelque temps, à cause de la présence de l'anhydride vitreux, qui se dissout mal ; elle ne devient claire qu'à la longue. On peut constater la production de ces trois variétés, en faisant brûler du phosphore dans un tube de verre : dans le voisinage du phosphore, on trouve d'abord de l'anhydride vitreux, puis de l'anhydride amorphe ; sur les parties froides du tube, il y a des dépôts d'anhydride cristallisé.

L'anhydride cristallisé se volatilise à 250°, l'anhydride amorphe au-dessus de 440°, l'anhydride vitreux au rouge vif.

L'anhydride phosphorique est décomposé au rouge par le charbon avec formation d'oxyde de carbone et de phosphore ; au lieu de chauffer un mélange de carbone et d'anhydride, comme ce dernier est volatil, on fait passer peu à peu des vapeurs d'anhydride sur le charbon chauffé au rouge :

$$P^2 O^5 + 5 C = 5 CO + P^2.$$

Il est réduit à chaud par un grand nombre de métaux, notamment par le fer et le zinc, avec formation de phosphures métalliques.

170. Composition. — Pour établir la composition de l'anhydride phosphorique, on le prépare par la combustion du phosphore rouge : l'opération se règle mieux. On prend un tube de verre peu fusible et coudé, dans le coude duquel on introduit du phosphore rouge. On fait passer un courant d'oxygène et l'on chauffe ; le phosphore brûle en donnant de l'anhydride phosphorique, que l'on recueille et que l'on pèse.

31 grammes de phosphore donnent 71 grammes d'anhydride ; donc le phosphore prend 40 grammes d'oxygène. Si l'on donne à l'anhydride phosphorique la formule $P^2 O^5$, analogue à celle de l'anhydride azotique et contenant 80 grammes d'oxygène, le poids atomique du phosphore est 31.

171. Usages. — L'anhydride phosphorique, très avide d'eau, est employé pour dessécher les gaz.

On l'emploie aussi pour enlever l'eau aux corps qui en contiennent ; M. Berthelot l'a employé pour préparer l'anhydride azotique.

ACIDE MÉTAPHOSPHORIQUE

PO³ H.

172. Préparation. — L'acide métaphosphorique peut s'obtenir par l'hydratation directe de l'anhydride phosphorique. Lorsque l'on dissout l'anhydride dans l'eau, dans les premiers moments il se forme de l'acide métaphosphorique :

$$P^2 O^5 + H^2 O = 2 PO^3 H.$$

Si l'on évapore peu de temps après la dissolution, l'acide se concentre sous forme de masse vitreuse ; on ne l'a pas obtenu à l'état cristallisé.

On peut encore le préparer en soumettant à l'action de la chaleur les acides pyro ou ortho-phosphorique.

La décomposition du métaphosphate de plomb, sel peu soluble et que l'on met en suspension dans l'eau, par un courant d'hydrogène sulfuré donne de l'acide métaphosphorique :

$$(PO^3)^2 Pb + H^2 S = Pb S + 2 PO^3 H.$$

L'acide métaphosphorique s'obtient encore en décomposant par la chaleur le métaphosphate d'ammonium :

$$PO^3 (Az H^4) = PO^3 H + Az H^3.$$

Le métaphosphate d'ammonium s'obtient par l'action du phosphate acide de calcium sur l'ammoniaque aqueuse. Le phosphate d'ammonium produit est soluble dans l'eau, pouvant bien cristalliser. Chauffé dans un creuset de platine, il se décompose.

173. Propriétés. — L'acide métaphosphorique est un solide vitreux, transparent, incristallisable ; il est fusible et peut être étiré en longs fils.

Il se volatilise au rouge.

Il est déliquescent et se dissout lentement dans l'eau. Sa dissolution coagule l'albumine et précipite en blanc les sels d'argent et de baryum, ce qui permet de le distinguer des deux acides suivants.

L'acide métaphosphorique est monobasique ; les métaux monovalents M' donnent avec lui les métaphosphates $PO^3 M'$, et les métaux bivalents M'' les métaphosphates $(PO^3)^2 M''$.

ACIDE PYROPHOSPHORIQUE

$$P^2 O^7 H^4.$$

174. Préparation. — L'acide pyrophosphorique est intermédiaire entre l'acide métaphosphorique et l'acide orthophosphorique :

$$P^2 O^7 H^4 = PO^3 H + PO^4 H^3.$$

On peut l'obtenir en chauffant l'acide orthophosphorique :

$$2 PO^4 H^3 = P^2 O^7 H^4 + H^2 O.$$

On le prépare généralement en traitant le pyrophosphate de plomb en suspension dans l'eau par l'hydrogène sulfuré.

Pour obtenir le pyrophosphate de plomb, on part du phosphate de sodium du commerce $PO^4 Na^2 H$, qui est cristallisé avec 24 molécules d'eau ; en le chauffant modérément, on lui enlève son eau de cristallisation, et, au-dessus de 200°, il se transforme en pyrophosphate :

$$2 \, PO^4 \, Na^2 \, H = P^2 \, O^7 \, Na^4 + H^2 \, O.$$

On le traite par l'azotate de plomb, il se forme du phosphate de plomb insoluble :

$$P^2 \, O^7 \, Na^4 + 2 \, [(Az \, O^3)^2 \, Pb] = P^2 \, O^7 \, Pb^2 + 4 \, Az \, O^3 \, Na.$$

Ce pyrophosphate de plomb est mis en suspension dans l'eau et l'on fait passer un courant d'hydrogène sulfuré. Il se forme de l'acide pyrophosphorique, d'après la réaction :

$$P^2 \, O^7 \, Pb^2 + 2 \, H^2 \, S = 2 \, Pb \, S + P^2 \, O^7 \, H^4.$$

175. Propriétés. — On obtient ainsi une dissolution d'acide pyrophosphorique qui ne coagule pas l'albumine, et se distingue ainsi de l'acide métaphosphorique ; au contact d'un sel d'argent, elle donne la même réaction que l'acide précédent :

$$P^2 \, O^7 \, H^4 + 4 \, Az \, O^3 \, Ag = P^2 \, O^7 \, Ag^4 + 4 \, Az \, O^3 \, H.$$

Cependant, si les dissolutions sont très étendues, il ne se produit rien.

La dissolution d'acide pyrophosphorique, neutralisée par un peu d'ammoniaque, précipite toujours les sels d'argent en blanc et se distingue ainsi de l'acide orthophosphorique qui, dans les mêmes conditions, précipite les sels d'argent en jaune.

La dissolution d'acide pyrophosphorique se transforme à la longue en acide orthophosphorique :

$$P^2 O^7 \, H^4 + H^2 \, O = 2 PO^4 \, H^3.$$

L'acide pyrophosphorique est bibasique et peut donner deux séries de sels : avec un métal monovalent M' on pourra avoir les pyrophosphates $P^2O^7M'^4$, ou $P^2O^7H^2M'^2$. Ces deux sels se distinguent en y versant du nitrate d'argent : avec une dissolution du premier sel, la liqueur reste neutre, avec une dissolution du second la liqueur devient acide.

ACIDE ORTHOPHOSPHORIQUE

$$PO^4H^3.$$

176. Préparation. — L'acide orthophosphorique peut s'obtenir par l'hydratation des deux acides précédents. On l'obtient aussi par la décomposition du pentachlorure de phosphore :

$$P \, Cl^5 + 4 H^2 \, O = PO^4 \, H^3 + 5 H \, Cl.$$

On le prépare généralement dans les laboratoires en décomposant par le phosphore à chaud, dans une cornue de verre à deux tubulures, de l'acide azotique étendu d'eau :

$$5 Az\, O^3\, H + 3P + 2H^2 O = 3P\, O^4\, H^3 + 5Az\, O.$$

Le col de la cornue (fig. 101) débouche dans un ballon refroidi par l'eau ; il passe à la distillation des produits nitreux, de l'acide non

Fig. 101. — Préparation de l'acide orthophosphorique.

décomposé, de l'eau et même du phosphore ; l'acide orthophosphorique reste dans la cornue. De temps en temps, on cohobe, c'est-à-dire que l'on reverse dans la cornue le contenu du ballon, où il y a encore du phosphore et de l'acide azotique. On arrête la réaction quand tout le phosphore a disparu.

177. Préparation industrielle. — Dans l'industrie, on part, pour préparer l'acide phosphorique, du phosphate tricalcique naturel, $(PO^4)^2 Ca^3$ dont nous avons déjà parlé (142).

Ce phosphate naturel est réduit en poudre fine, puis introduit dans des cuviers en bois, doublés de plomb, et additionné d'acide sulfurique étendu d'eau. Nous avons vu plus haut (143) que le phosphate tricalcique ainsi traité peut donner du phosphate acide, ou super-phosphate $(PO^4)^2 H^4 Ca$, utilisé en agriculture et pour la préparation du phosphore ; mais, si l'on met une plus grande quantité d'acide sulfurique, trois molécules au lieu de deux, le phosphate tricalcique est entièrement décomposé, et l'on a de l'acide orthophosphorique et du sulfate de calcium, d'après la formule :

$$(P\,O^4)^2\,Ca^3 + 3S\,O^4\,H^2 = 2P\,O^4\,H^3 + 3S\,O^4\,Ca.$$

Le sulfate de calcium étant peu soluble, on sépare par filtration la solution d'acide phosphorique et on la fait évaporer par une douce chaleur.

178. Propriétés. — L'acide orthophosphorique peut donner les deux autres acides phosphoriques, quand il est chauffé et qu'il perd de l'eau. La dissolution ne coagule pas l'albumine, et ne précipite pas les sels de baryum ou d'argent. Si l'on ajoute un peu d'ammoniaque pour neutraliser l'acide, la dissolution précipite les sels d'argent en jaune :

$$3Az\,O^3\,Ag + PO^4\,H^3 = PO^4\,Ag^3 + 3Az\,O^3\,H.$$

L'acide orthophosphorique est tribasique ; il fournit trois séries de sels, ainsi que Graham l'a reconnu le premier. Avec un métal monovalent M', on peut avoir les trois orthophosphates :

$$PO^4\,M'^3,$$
$$PO^4\,M'^2\,H,$$
$$PO^4\,M'\,H^2.$$

La dissolution du premier reste neutre quand on y verse une dissolution de nitrate d'argent, les dissolutions des deux autres deviennent acides. Ces deux dernières se distinguent en les titrant ; la seconde contient moins d'acide que la dernière.

CHAPITRE VI

ARSENIC

$$As = 75.$$

179. Historique. — L'arsenic a été connu depuis fort longtemps à l'état de sulfure et Pline en parle dans son histoire naturelle. Il a été isolé par Brandt en 1653 et a été surtout étudié par Berzélius.

180. État naturel. — On le trouve dans la nature, il entre dans la composition d'un grand nombre de minerais. Il existe deux sulfures naturels d'arsenic : l'*orpiment* $As^2 S^3$, qui est jaune d'or, et le *réalgar* $As S$, qui est rouge orangé. On trouve également la *smalline*, ou arséniure de cobalt, $Co As^2$, qui est d'un blanc d'étain; la *nickeline*, ou arséniure de nickel, $Ni As$, qui est rouge de cuivre; le *mispickel*, ou arsénio-sulfure de fer, $Fe As S$, qui est d'un blanc d'argent; la *cobaltine*, ou arsénio-sulfure de cobalt $Co As S$, qui est d'un gris métallique; la *disomose*, ou arsénio-sulfure de nickel, $Ni As S$, également d'un gris métallique.

On trouve de l'arsenic dans un certain nombre d'eaux minérales; les eaux du Mont-Dore, de la Bourboule, de Vichy, de Plombières, de Pougues, de Bagnères de Bigorre, d'Hamma-Koutry (Algérie), de Bou-Chater (Tunisie) contiennent des arséniates solubles. L'eau de la Bourboule en contient $0^{gr},014$ par litre, l'eau de Bou-Chater en contient jusqu'à $0^{gr},168$.

181. Préparation. — On obtient de l'arsenic pur en sublimant l'arsenic naturel. Le plus souvent, on décompose le mispickel par la chaleur :

$$Fe As S = Fe S + As.$$

L'arsenic se dégage et se sublime dans des cylindres en tôle.

On l'obtient aussi quelquefois au moyen de l'anhydride arsénieux $As^2 O^3$, résidu du grillage des arséniures; on le chauffe avec du charbon :

$$As^2 O^3 + 3 C = 3 CO + As^2.$$

182. Propriétés physiques. — L'arsenic est un corps solide gris d'acier, d'aspect métallique. Il cristallise en rhomboèdres, dont l'angle est de 85°. Il est très pesant, sa densité est égale à 5,75.

A 185°, l'arsenic se vaporise, sa vapeur est jaune citron. Chauffé sur des charbons, il dégage une odeur alliacée. La facilité de sa volatilisation empêche de l'observer à l'état liquide ; il se sublime facilement. Cette propriété est utilisée pour purifier l'arsenic. On peut cependant obtenir l'arsenic liquide en prenant un tube de verre complètement fermé et rempli d'arsenic et en le chauffant au rouge dans un tube de porcelaine. La vapeur d'arsenic est très dense elle a pour densité à 860° 10,37 ; elle est 150 fois plus lourde que l'hydrogène. Le poids moléculaire de l'arsenic est 300, et son poids atomique, déduit de l'analyse de ses composés, est 75. La molécule d'arsenic contient donc 4 atomes, comme celle de phosphore.

183. Propriétés chimiques. — L'arsenic enflammé brûle dans l'oxygène en produisant une flamme extrêmement vive, qui a été utilisée pour les signaux géodésiques ; il se forme alors de l'anhydride arsénieux $As^2 O^3$, qui est un poison violent et qu'il faut éviter de respirer. A 200°, l'arsenic est phosphorescent.

L'arsenic se combine au soufre, en donnant les sulfures $As\ S$, $As^2 S^3$ et $As^4 S^5$.

En chauffant l'arsenic avec des sulfites alcalins, on obtient des arséniates.

L'arsenic brûle spontanément dans le chlore à la température ordinaire (225) ; il se forme du chlorure d'arsenic $As\ Cl^3$ liquide. Il brûle également dans le brome et donne le bromure d'arsenic solide $As\ Br^3$.

L'arsenic, formant l'électrode négative d'un voltamètre, absorbe l'hydrogène.

Les métaux, le potassium, le sodium, le zinc, chauffés avec l'arsenic donnent des arséniures. Avec l'eau, ces arséniures produisent de l'hydrogène arsénié.

COMPOSÉS HYDROGÉNÉS DE L'ARSENIC

184. Généralités. — On a décrit deux composés hydrogénés de l'arsenic ; un hydrogène arsénié solide $As^2 H$, qui se produirait, soit dans la décomposition par l'eau des arséniures alcalins, soit en décomposant l'eau dans un voltamètre dont l'électrode négative est en arsenic ; et un hydrogène arsénié gazeux $As\ H^3$, beaucoup plus important. Ces composés sont remarquables par leurs analogies avec les composés hydrogénés de l'azote, et surtout du phosphore.

L'hydrogène arsénié solide est une poudre brune, qui se décompose à 200° en arsenic et hydrogène, et qui s'enflamme au contact de l'acide azotique fumant.

HYDROGÈNE ARSÉNIÉ GAZEUX

As H^3.

185. Historique. — Mais le seul hydrogène arsénié qui soit bien connu est l'hydrogène arsénié gazeux, qui a pour formule As H^3.

Il a été découvert par Scheele, qui l'obtenait en décomposant l'arséniure de potassium As K^3 par l'eau. On obtient cet arséniure en chauffant du tartrate de potassium avec de l'acide arsénique; on le décompose ensuite par l'eau.

186. Préparation. — Généralement, on décompose par l'acide chlorhydrique ou sulfurique l'arséniure de zinc, ou d'étain, qui se prépare en fondant dans un creuset du zinc, ou de l'étain, avec un excès d'arsenic. En chauffant, il se forme un arséniure $As^2 Zn^3$, ou $As^2 Sn^3$, que l'on décompose par un acide :

$$As^2\ Zn^3 + 3(SO^4\ H^2) = 2As\ H^3 + 3SO^4\ Zn.$$
$$As^2\ Zn^3 + 6HCl = 2As\ H^3 + 3Zn\ Cl^2.$$

L'expérience se fait dans un petit ballon de verre; on recueille le gaz sur l'eau.

Il se produit encore de l'hydrogène arsénié quand on introduit de l'anhydride arsénieux dans un appareil à hydrogène :

$$As^2\ O^3 + 12H = 2As\ H^3 + 3H^2\ O.$$

187. Propriétés physiques. — C'est un gaz incolore, d'une odeur alliacée très forte, très dangereux à respirer; sa densité est 2,69 par rapport à l'air, 39 par rapport à l'hydrogène; son poids moléculaire est donc 78. Il est assez soluble dans l'eau, son coefficient de solubilité est $\dfrac{25}{100}$. Si l'eau a été purgée d'air, il n'y a pas de résidu; autrement, il y a un résidu noir d'arsenic, par suite d'une décomposition produite par l'oxygène de l'eau.

Il se liquéfie à — 40°, sous la pression de 30 atmosphères.

188. Propriétés chimiques. — La lumière décompose l'hydrogène arsénié. L'oxygène sec et à chaud, ou sous l'influence de l'étincelle électrique, donne de l'anhydride arsénieux et de l'eau :

$$2As\ H^3 + 6O = As^2\ O^3 + 3H^2\ O.$$

L'oxygène humide donne à la température ordinaire un dépôt d'arsenic.

L'hydrogène arsénié brûle à l'air avec une flamme verdâtre et en donnant de l'anhydride arsénieux.

Avec le soufre, il se forme du sulfure d'arsenic et de l'acide sulfhydrique :

$$2 \text{ As H}^3 + 6S = \text{As}^2 \text{ S}^3 + 3\text{H}^2 \text{ S}.$$

Avec le chlore, la réaction est à remarquer ; si l'on fait arriver des bulles de chlore dans l'hydrogène arsénié, il y a formation d'arsenic :

$$\text{As H}^3 + 3Cl = \text{As} + 3\text{H Cl};$$

mais, si l'on fait arriver des bulles d'hydrogène arsénié dans le chlore toujours en excès, il se forme du chlorure d'arsenic :

$$\text{As H}^3 + 6Cl = \text{As Cl}^3 + 3\text{H Cl}.$$

L'iode et le brome agissent de même.

Le potassium, le sodium absorbent l'arsenic et laissent l'hydrogène se dégager.

Le sulfate de cuivre absorbe l'hydrogène arsénié, en formant de l'arséniure de cuivre ; le nitrate d'argent l'absorbe aussi, mais il se forme de l'argent métallique.

189. Composition. — La composition de ce gaz s'établit en l'analysant dans la cloche courbe. On commence par établir la proportion d'hydrogène arsénié qui existe dans le mélange, car il y a toujours de l'hydrogène : on ajoute du sulfate de cuivre en dissolution, et l'on note la diminution de volume, c'est le volume d'hydrogène arsénié.

On introduit dans la cloche courbe deux volumes d'hydrogène arsénié, puis un petit tampon de tournure de cuivre et l'on chauffe à la lampe ; il se forme de l'arséniure de cuivre, et il reste trois volumes d'hydrogène.

Si du poids de deux volumes d'hydrogène arsénié, $2 \times 2,69 = 5,38$, on retranche le poids de trois volumes d'hydrogène, $3 \times 0,69 = 0,207$, on trouve $5,38 - 0,21 = 5,17$ d'arsenic.

Une simple proportion montre que la molécule d'hydrogène arsénié gazeux, pesant 78, contient 75 d'arsenic.

COMPOSÉS OXYGÉNÉS DE L'ARSENIC

190. Généralités. — On connaît deux composés oxygénés de l'arsenic :

L'anhydride arsénieux $As^2 O^3$.

L'anhydride arsénique $As^2 O^5$.

Ces deux oxydes donnent deux acides : *l'acide arsénieux* $As O^2 H^3$, qui n'a jamais été isolé et dont on ne connaît que les sels, les *arsénites*, et *l'acide arsénique* $As O^4 H^3$, qui forme avec les métaux des *arséniates*.

On remarquera l'analogie de ces composés avec ceux du phosphore.

ANHYDRIDE ARSÉNIEUX

$As^2 O^3$.

191. Préparation. — L'anhydride arsénieux s'obtient par le grillage des arséniures métalliques dans un fourneau où passe un courant d'air ; l'azote qui se dégage entraîne les vapeurs de l'anhydride arsénieux très volatil. Pour le recueillir, on fait circuler les gaz dans plusieurs chambres où l'anhydride arsénieux se condense en poudre. Les gaz vont s'échapper par une cheminée (fig. 105).

On peut sublimer l'anhydride arsénieux comme l'arsenic.

192. Propriétés physiques. — On connaît plusieurs variétés d'anhydride arsénieux.

Au-dessus de 200°, entre 200° et 300°, l'anhydride arsénieux est cristallisé en prismes. Si l'on chauffe davantage, on obtient une masse vitreuse.

Si on met de l'eau dans un tube, qu'on ajoute de l'anhydride arsénieux $As^2 O^3$, et que l'on chauffe : si l'on s'arrête à 200°, on a des cristaux octaédriques ; vers 260°, des cristaux prismatiques ; vers 400°, de l'anhydride vitreux.

L'anhydride vitreux se transforme à la température ordinaire ; avec le temps, il perd sa transparence et devient porcelanique. Sa densité est 3,689.

L'anhydride vitreux est plus soluble dans l'eau que l'anhydride porcelanique.

La densité de vapeur de l'anhydride arsénieux est 13,83 ; son poids moléculaire est donc 396.

193. Propriétés chimiques. — L'anhydride arsénieux est le plus stable des composés de l'arsenic. Sous l'influence des corps oxydants, de l'acide azotique par exemple, il se transforme en acide arsénique $As O^4 H^3$. Il se dissout dans l'ammoniaque et la dissolution évaporée laisse déposer des cristaux octaédriques d'anhydride arsénieux.

L'anhydride sulfurique donne avec l'anhydride arsénieux, comme avec la plupart des autres anhydrides, un anhydride mixte $As^2O^3SO^3$, cristallisé.

Avec le chlore, il y a formation de chlorure d'arsenic et d'oxygène à haute température :

$$As^2O^3 + 6Cl = 2\,AsCl^3 + 3O.$$

Autrement, il se formerait du chlorure d'arsenic et de l'acide arsénique.

L'acide chlorhydrique concentré dissout l'anhydride arsénieux : si

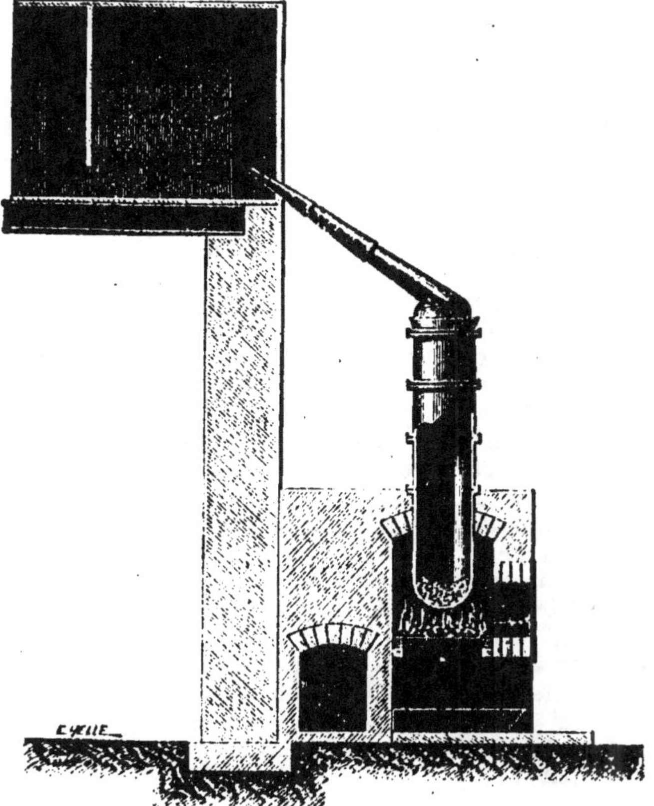

Fig. 105. — Préparation de l'anhydride arsénieux.

l'on fait la dissolution avec de l'anhydride vitreux, et que l'on fasse évaporer pour obtenir l'anhydride cristallisé, il se dégage de la lumière dans l'obscurité ; si l'on prend alors les cristaux et qu'on les fasse dissoudre, il ne se produit plus de lumière. La production de lumière correspondait donc à la transformation de l'anhydride vitreux en anhydride cristallisé.

L'anhydride arsénieux est réduit par le charbon avec production d'arsenic.

L'acide sulfhydrique colore en jaune la dissolution d'anhydride arsénieux :

$$As^2 O^3 + 3 H^2 S = As^2 S^3 + 3 H^2 O.$$

Avec un sulfure alcalin, il se forme un arsénio-sulfure, analogue à l'arséniate.

L'anhydride arsénieux est un poison très violent qui détruit les organes.

194. Composition. — On peut obtenir sa composition par la combustion dans l'oxygène d'un poids déterminé d'arsenic; 150 grammes d'arsenic prennent 48 grammes d'oxygène pour donner 198 grammes d'anhydride arsénieux.

On peut aussi décomposer le chlorure d'arsenic par l'eau :

$$2 As Cl^3 + 3 H^2 O = As^2 O^3 + 6 H Cl.$$

On obtient 198 grammes d'anhydride arsénieux.

On précipite le chlore par une dissolution de nitrate d'argent. Si l'on a employé 363 grammes de chlorure d'arsenic, en précipitant le nitrate d'argent, on trouve 861 grammes de chlorure d'argent. Or, dans ce poids de chlorure, il y a 648 grammes d'argent et 213 grammes de chlore; donc, dans les 363 grammes de chorure d'arsenic, il y avait 150 grammes d'arsenic et, dans l'anhydride arsénieux, il y a 150 grammes d'arsenic et 48 grammes d'oxygène.

Une proportion facile à établir montre que la molécule d'anhydride arsénieux pesant 396, contient 300 = 75 × 4 d'arsenic; la formule exacte de l'anhydride arsénieux correspondant à 2 volumes de vapeur serait donc $As^4 O^6$. D'ailleurs, 2 fois la densité de vapeur de l'arsenic 10,37 × 2 = 20,74, ajouté à 6 fois la densité de l'oxygène, 1,105 × 6 = 6,63, donne 27,37 qui est à peu près la double densité de vapeur de l'anhydride arsénieux, 13,8 × 2 = 27, 66.

D'où l'on peut conclure que deux volumes de vapeur d'anhydride arsénieux sont formés de deux volumes de vapeur d'arsenic et de six volumes d'oxygène.

195. Usages. — L'anhydride arsénieux est employé dans la fabrication du flint-glass. Le sable contient toujours un peu d'oxyde ferrique, et dans le verre entre un peu de silicate ferreux, qui donne au verre de bouteille sa coloration verte; on le transforme en silicate ferrique incolore à l'aide de l'anhydride arsénieux.

On l'emploie pour la préparation des arsénites et des arséniates. Le *vert de Scheele*, ou arsénite de cuivre, s'obtient en précipitant le sulfate de cuivre par l'arsénite de potassium :

$$SO^4 Cu + 2 AzO^3 K = SO^4 K^2 + (Az O^3)^2 Cu.$$

On l'emploie pour l'empaillage des animaux.

Sa solution alcaline est employée pour transformer la benzine en aniline. On l'emploie comme mort aux rats, pour brunir, etc.

ANHYDRIDE ARSÉNIQUE As² O⁵

ACIDES ARSÉNIQUES

196. Préparation. — On prépare généralement l'acide arsénique en mélangeant de l'acide azotique de densité 1,25, de l'acide chlorhydrique et de l'anhydride arsénieux. On chauffe, et il se forme de l'acide arsénique qui se dépose en masse cristalline de formule $As O^4 H^3 + H^2O$.

197. Propriétés. — Ces cristaux sont déliquescents, ils se dissolvent dans l'eau en produisant un refroidissement.

Si on les chauffe, on obtient l'acide orthoarsénique $AsO^4 H^3$. C'est un corps solide d'une saveur métallique désagréable. Il est caustique; c'est un poison très violent.

Chauffé davantage, il abandonne peu à peu son eau. De 140 à 180°, il ne reste plus que l'acide pyroarsénique $As^2 O^7 H^4 = 2 AsO^4 H^3 — H^2 O$. Il est formé de cristaux très solubles dans l'eau avec dégagement de chaleur.

Vers 206° on obtient une masse fondue, liquide, qui en se refroidissant se sépare en cristaux blancs, très lentement solubles dans l'eau. C'est l'acide métarsénique $As O^3 H = As O^4 H^3 — H^2 O$.

Enfin, au rouge naissant, il ne reste plus que de l'anhydride arsénique $As^2 O^5$. C'est une masse blanche, amorphe et pulvérulente. Sa densité est 3,73. Il fond au rouge sombre ; chauffé au rouge vif, il se dédouble en anhydride arsénieux et oxygène.

On ne connaît qu'une sorte de sel formé par l'acide orthoarsénique, les orthoarséniates $As O^4 M^3$; il n'y a ni pyroarséniates, ni métarséniates. Les orthoarséniates sont en général isomorphes avec les orthophosphates (orthoarséniate et orthophosphate de sodium).

L'acide arsénique est réduit par la solution d'acide sulfureux.

L'acide sulfhydrique donne avec l'acide arsénique un sulfure d'arsenic $As^2 S^5$ correspondant à $As^2 O^5$. Il est jaune :

$$As^2 O^5 + 5H^2S = As^2 S^5 + 5H^2 O$$

Ce composé ne se forme pas tout de suite ; quelquefois le dépôt n'est complet qu'après vingt-quatre heures.

L'acide chlorhydrique donne à la longue du chlorure d'arsenic :

$$As\ O^4\ H^3 + 5\ HCl = As\ Cl^3 + Cl^2 + 4H^2O.$$

Le zinc et le fer décomposent l'acide arsénique en donnant de l'hydrogène ; si l'on ajoute de l'acide chlorhydrique, il se dégage de l'hydrogène arsénié :

$$As\ O^4\ H^3 + 8H = As\ H^3 + 4H^2\ O.$$

Avec le nitrate d'argent, les acides arséniques et les orthoarséniates en dissolution donnent un précipité rouge brique d'orthoarséniate d'argent, caractéristique de la présence de l'arsenic :

$$As\ O^4\ H^3 + 3\ Az\ O^3\ Ag = As\ O^4\ Ag^3 + 3\ Az\ O^3\ H.$$

198. Usages. — Il est employé dans l'impression sur tissus comme rongeant pour enlever la couleur en certains points ; il remplace l'acide tartrique.

Il est aussi employé à la fabrication de la rosaniline ou fuchsine. Pour cet usage, il s'en consomme environ 100 000 kilogrammes par an ; seulement, on ne sait que faire des résidus.

199. Composition. — On prend un poids déterminé, 99 grammes par exemple, d'anhydride arsénieux. On l'oxyde par l'acide azotique ; il se forme de l'acide orthoarsénique, que l'on chauffe pour lui enlever entièrement son eau. On trouve que 99 grammes d'anhydride arsénieux ont absorbé 16 grammes d'oxygène. Donc l'anhydride arsénique $As^2\ O^5$ contient 75 grammes d'arsenic pour 40 grammes d'oxygène.

200. Recherche de l'arsenic dans les empoisonnements. — L'arsenic est employé comme médicament et se trouve dans les eaux de certaines localités : les montagnards en mettent un peu de temps en temps dans leur bouche pour éviter les points de côté et faciliter les ascensions. Mais la fréquence de ces pratiques est très nuisible, les composés de l'arsenic étant tous vénéneux.

L'empoisonnement par l'arsenic produit quelquefois des gerçures, ou *escarres*, grises, mais en général pas de perforation dans les tissus. Passé dans le sang, l'arsenic agit sur le système nerveux ; il est absorbé par les muqueuses et en particulier par celles des voies respiratoires. L'empoisonnement peut être définitif à la dose de 10 centigrammes. Les symptômes sont le hoquet, la constriction de la gorge, des nausées, des palpitations avec syncope, le refroidissement de la peau, la diarrhée. On emploie comme contrepoison les hydrates de magnésium et de fer.

Pour découvrir l'arsenic, dans les autopsies, on commence par ouvrir l'estomac ; si on y trouve des grains blancs, on les lave à l'éther, on les mélange avec du charbon en poudre, et on chauffe le tout dans un tube fermé à l'une de ses extrémités. Si ces grains sont de l'anhydride arsénieux, il se forme un anneau miroitant d'arsenic. Si on brise l'extrémité du tube, l'action de l'air produit de l'anhydride arsénieux As^3O^3 blanc et qui indique la présence d'une certaine quantité d'arsenic. On peut encore dissoudre ces matières blanches à chaud dans l'acide azotique et précipiter par l'acide sulfhydrique qui donne un précipité jaune.

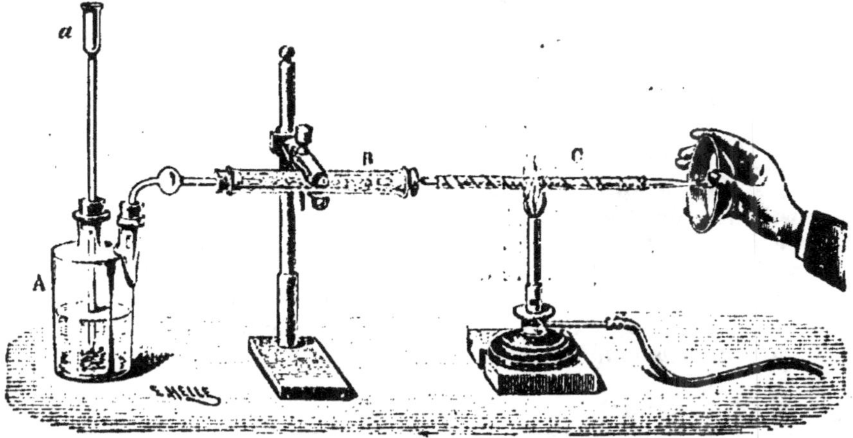

Fig. 106. — Appareil de Marsh.

Si on n'a pas trouvé de grains blancs, on prend les viscères et on détruit la matière organique en les mettant dans une grande bassine et en ajoutant de l'acide sulfurique. On ajoute du charbon, puis de l'acide azotique et on filtre le liquide ; s'il contient de l'arsenic, il sera mis en évidence par l'appareil de Marsh. C'est un appareil à hydrogène ; le liquide précédent introduit dans cet appareil en train de fonctionner donne de l'hydrogène arsénié qui brûle avec une flamme livide et en donnant de l'arsenic. En écrasant la flamme avec une soucoupe froide, il se fait des taches brunes et brillantes d'arsenic, qu'on lave comme il est indiqué plus haut pour les anneaux d'arsenic.

L'appareil de Marsh a été perfectionné (fig. 106). On a d'abord mis, à la suite du flacon à hydrogène A, une boule, puis un tube B contenant de la ouate, qui a pour objet d'arrêter le sulfate de zinc. Puis, dans le tube droit à dégagement C, on chauffe l'hydrogène arsénié sur une petite longueur ; il se forme un anneau d'arsenic, qui se déplace à cause de sa volatilité, tandis qu'un anneau d'antimoine ne se déplacerait pas. En réchauffant ensuite le tube dans l'air, l'anneau devient blanc. On dissout le premier anneau à chaud dans l'acide azotique et on traite par le nitrate d'argent la liqueur neutralisée; il se forme un précipité rouge brique d'arséniate d'argent, tandis que si l'on avait affaire à de l'antimoine, il se formerait un précipité gris d'antimoniate d'argent.

Il faut avoir soin d'employer du zinc et de l'acide sulfurique purs : on s'assure de leur pureté en faisant d'abord les expériences à blanc. Il faut aussi se débarrasser entièrement des matières organiques; on y arrive par la dialyse.

ANTIMOINE

Sb = 120.

201. Historique. — L'antimoine, rangé encore par quelques chimistes parmi les métaux, doit être placé à côté de l'arsenic dont il se rapproche par ses propriétés.

Le sulfure d'antimoine était connu des anciens : Pline le désigne sous le nom de *stibium*.

On attribue généralement la découverte de l'antimoine et de ses propriétés à un moine, Basile Valentin, qui aurait vécu au commencement du XVᵉ siècle. Mais, à la vérité, on ne sait rien de précis ni sur la date, ni sur le nom de l'auteur de la découverte. On a désigné longtemps sous le nom d'antimoine le sulfure d'antimoine.

202. État naturel. — L'antimoine se trouve en petite quantité à l'état natif. On le rencontre aussi à l'état d'oxyde en cristaux prismatiques (*valentinite*), accompagné d'oxyde en cristaux octaédriques (*sénarmontite*).

Mais le composé naturel le plus abondant est le sulfure d'antimoine, ou antimoine sulfuré (*stibine*), qui existe en filons dans les terrains anciens. On l'exploite en Angleterre, en Saxe, en Suède et, en France, dans les départements du Gard, du Puy-de-Dôme, de l'Ariège et de la Vendée.

203. Extraction. — L'antimoine s'extrait toujours du sulfure naturel Il est généralement accompagné d'une gangue siliceuse. Pour l'en séparer, on le chauffe dans des tuyaux de terre inclinés ; le sulfure s'écoule et est recueilli dans des récipients de terre ; sa gangue reste dans les tuyaux. On peut aussi employer des fours à réverbère, à sole elliptique inclinée, où le sulfure fondu va se rassembler dans un bassin placé à la partie la moins chaude du four. Le sulfure fondu, ainsi obtenu, est ce que l'on appelle l'*antimoine cru*.

Pour avoir l'antimoine métallique (*régule d'antimoine, magister d'antimoine*), on grille à l'air l'antimoine cru, une partie se transforme en oxyde d'antimoine et en acide antimonique; on mélange le produit du grillage avec du charbon et du carbonate de sodium et on le chauffe dans des creusets, à la température du rouge vif. Le charbon réduit l'oxyde d'antimoine; le carbonate de sodium donne de l'anhydride carbonique, qui se dégage, et du sulfure de sodium qui, se combinant avec le sulfure d'antimoine non décomposé, forme une scorie légère, qui surnage et que l'on enlève.

Le régule d'antimoine ainsi obtenu est purifié avant d'être livré au commerce. Pour cela, on le fond avec du nitre et du carbonate de sodium.

204. Propriétés physiques. — L'antimoine est un corps solide, blanc et brillant, d'aspect métallique, d'une texture lamelleuse ou cristallisée. Il n'est pas malléable, mais cassant et facile à pulvériser. Sa densité est 6,7.

Il fond à 450°. Lorsqu'il a été fondu et refroidi, il cristallise en rhomboèdres : sa surface est recouverte de ramifications en forme de feuilles de fougère Il se volatilise moins bien que le zinc; mais on peut le distiller à haute température dans un courant de gaz inerte, tel que l'hydrogène.

205. Propriétés chimiques. — L'antimoine ne se ternit pas sensiblement à l'air.

Chauffé à l'air dans un creuset, que l'on recouvre d'un second creuset renversé et percé d'un trou, il donne de l'oxyde d'antimoine $Sb^2 O^3$ cristallisé (*fleurs argentines d'antimoine*) dont les vapeurs se condensent sur les parois du creuset supérieur. Fondu et projeté d'une certaine hauteur en mince filet, il brûle avec éclat en donnant d'épaisses fumées blanches d'oxyde.

Le chlore, le brome et l'iode l'attaquent facilement. Quand on le projette en poudre fine dans un flacon de chlore, il y brûle en donnant du chlorure d'antimoine $Sb Cl^3$ (224).

L'eau et les dissolutions alcalines n'attaquent pas l'antimoine.

L'acide chlorhydrique ne le dissout que s'il est en poudre très fine; l'acide sulfurique concentré l'attaque à chaud en donnant du sulfate d'antimoine et de l'anhydride sulfureux; l'acide azotique ne le dissout pas, mais il l'oxyde et le transforme en une poudre blanche insoluble d'acide méta-antimonique $Sb O^3 H$. Enfin, l'eau régale le dissout facilement en donnant du trichlorure $Sb Cl^3$, ou du pentachlorure $Sb Cl^5$, si elle est en excès.

206. Usages. — L'antimoine est employé à la confection de plusieurs alliages, dont le principal est l'alliage des caractères d'imprimerie, qui contient 20 p. 100 d'antimoine et 80 p. 100 de plomb.

On en trouve encore dans le métal blanc, le métal d'Alger, le métal Britannia.

HYDROGÈNE ANTIMONIÉ

Sb H³.

207. Préparation. — L'hydrogène antimonié prend naissance dans les mêmes conditions que l'hydrogène arsénié avec lequel il présente les plus grandes analogies.

Quand on introduit dans un appareil à hydrogène en fonctionnement un produit antimonié, l'hydrogène qui se dégage est mélangé d'hydrogène antimonié. On obtient de l'hydrogène antimonié impur, avec de l'hydrogène, lorsqu'on attaque par un acide un alliage d'antimoine et de zinc :

$$Sb^2 Zn^3 + 6HCl = 3Zn\,Cl^2 + Sb^2\,H^3.$$

208. Propriétés. — L'hydrogène antimonié est un gaz incolore, inodore quand il est pur. Il est peu soluble dans l'eau.

Il brûle à l'air avec une flamme blanchâtre en donnant de l'eau et de l'antimoine, ou de l'oxyde d'antimoine. La flamme, écrasée avec un corps froid, une soucoupe par exemple, donne une tache d'antimoine métallique.

Passant dans un tube de verre chauffé au rouge, il se décompose en donnant un anneau miroitant d'antimoine.

Ces deux caractères pourraient faire confondre l'antimoine avec l'arsenic dans une recherche en cas d'empoisonnement ; on peut les distinguer l'un de l'autre par les caractères suivants. D'abord l'antimoine n'est pas volatil, et l'anneau se forme dans la partie même que l'on chauffe, tandis que l'anneau d'arsenic volatil se forme un peu plus loin ; ensuite, les taches d'arsenic se dissolvent dans l'hypochlorite de sodium, et les taches d'antimoine ne s'y dissolvent pas; enfin, si on lave à l'acide azotique les taches qui se sont formées sur la soucoupe, que l'on chauffe la liqueur ainsi obtenue, qu'on la neutralise par un alcali, et qu'on ajoute un peu de nitrate d'argent, il se produit un précipité rouge brique, si l'on a affaire à de l'arsenic, et un précipité blanc grisâtre dans le cas de l'antimoine.

COMPOSÉS OXYGÉNÉS DE L'ANTIMOINE

209. Généralités. — On connaît trois composés oxygénés de l'antimoine :

Le protoxyde d'antimoine, $Sb^2 O^3$;
Le peroxyde d'antimoine, $Sb^2 O^4$;
L'anhydride antimonique $Sb^2 O^5$.

Ce dernier fournit avec l'eau trois acides antimoniques correspondant aux trois acides phosphoriques ou arséniques :

L'acide métaantimonique, $Sb\,O^3\,H$;
L'acide pyroantimonique, $Sb^2\,O^7\,H^4$;
L'acide orthoantimonique, $Sb\,O^4\,H^3$.

On connaît un hydrate antimonieux $Sb\,O^2\,H$.

On a signalé aussi l'existence d'un sous-oxyde d'antimoine, qui se produirait lorsque dans un voltamètre on prend pour électrode positive un petit barreau d'antimoine ; il se déposerait sous forme de poudre. Mais ce corps serait très instable et se décomposerait rapidement en antimoine et protoxyde d'antimoine.

PROTOXYDE D'ANTIMOINE

$Sb^2\,O^3$.

210. Préparation. — On prépare le protoxyde d'antimoine en brûlant de l'antimoine dans un creuset où circule un courant d'air, ou bien en grillant à l'air le sulfure d'antimoine. Dans le premier cas, il est cristallisé.

211. Propriétés. — Le protoxyde d'antimoine est un corps solide, blanc, analogue à l'anhydride arsénieux $As^2\,O^3$. Il est isomorphe avec ce dernier et, comme lui, il est dimorphe et peut cristalliser en prismes orthorhombiques ou en octaèdres.

Il fond au rouge à l'abri de l'air, est indécomposable par la chaleur, mais s'oxyde au contact de l'air en donnant du peroxyde d'antimoine $Sb^2\,O^4$. Il ne se dissout que très difficilement dans les alcalis.

HYDRATE ANTIMONIEUX

$Sb\,O^2\,H$.

212. Préparation. — On prépare l'hydrate antimonieux en précipitant une dissolution de trichlorure d'antimoine par une solution d'alcali, ou de carbonate alcalin.

213. Propriétés. — L'hydrate antimonieux est un corps solide, blanc et pulvérulent.

Il est instable, et à 100° se décompose en protoxyde d'antimoine eau :

$$2\,Sb\,O^2\,H = Sb^2\,O^3 + H^2O.$$

Il présente indistinctement les caractères d'une base faible ou d'un acide faible. Avec les alcalis, il donne des antimonites, analogues aux azotites, tels que l'antimonite de sodium $SbO^2 Na + 3 H^2O$; avec les acides, il donne également des sels, tels que le trichlorure d'antimoine $Sb Cl^3$, ou encore les tartrates doubles d'antimoine et d'un métal alcalin. Mais même à ces états il est encore généralement très instable ; à l'ébullition, ces solutions se décomposent, sauf les tartrates, et donnent du protoxyde d'antimoine.

PEROXYDE D'ANTIMOINE

$$Sb^2 O^4.$$

214. Préparation. — Le peroxyde d'antimoine se produit quand on chauffe à l'air le protoxyde d'antimoine, ou quand on calcine l'anhydride antimonique.

215. Propriétés. — C'est un corps solide, d'un blanc jaunâtre, pulvérulent, insoluble dans l'eau, et qui paraît analogue comme constitution chimique au peroxyde d'azote $Az O^2$.

ANHYDRIDE ANTIMONIQUE $Sb^2 O^5$.
ACIDES ANTIMONIQUES

216. Préparation. — L'acide ortho-antimonique, ou simplement l'acide antimonique $Sb O^4 H^3$, s'obtient par l'action de l'eau à froid sur le perchlorure d'antimoine :

$$Sb Cl^5 + 4H^2 O = Sb O^4 H^3 + 5H Cl.$$

On projette de l'antimoine en poudre dans de l'eau régale forte, c'est-à-dire dans un mélange d'acide azotique et d'acide chlorhydrique, riche en ce dernier acide ; il se forme du pentachlorure d'antimoine, qui donne un liquide rouge. On ajoute de l'eau et bientôt il se précipite une poudre blanche d'acide antimonique.

C'est un corps solide blanc, pulvérulent, insoluble dans l'eau et qui précipite dans cette réaction.

Chauffé à 100°, il perd de l'eau et donne l'acide pyro-antimonique $Sb^2 O^7 H^4$.

Chauffé davantage, il donne de l'acide méta-antimonique $Sb O^3 H$. Le dernier est d'ailleurs celui que l'on obtient en attaquant l'antimoine par l'acide azotique. C'est une poudre blanche, insoluble dans l'eau et dans les acides.

La calcination modérée de l'un quelconque des trois acides précédents donne de l'anhydride antimonique $Sb^2 O^5$. C'est un corps solide, pulvérulent, de couleur jaunâtre qui, chauffé, perd de l'oxygène et donne du peroxyde d'antimoine $Sb^2 O^5$.

217. Réactif des sels de sodium. -- M. Frémy, en chauffant dans un creuset de l'antimoine en poudre mélangé de nitre, a préparé un sel auquel il a donné le nom de bi-méta-antimoniate de potassium, et qui est un pyro-antimoniate acide de potassium, $Sb^2 O^7 K^2 H^2 + 6H^2 O$; ce sel est soluble dans l'eau, tandis que le sel correspondant de sodium y est insoluble, comme l'a montré M. Frémy. Cette dissolution de pyro-antimoniate acide de potassium est le seul réactif connu qui donne avec les sels de sodium un précipité insoluble. On peut donc s'en servir pour reconnaître ces sels.

CHAPITRE VII

CHLORE

$$Cl = 35,5.$$

218. Historique. — Le chlore a été obtenu pour la première fois en 1774 par Scheele, qui le découvrit en étudiant la magnésie noire, ou peroxyde de manganèse $Mn\,O^2$; à la suite de cette étude, il fit connaître quatre corps nouveaux, le chlore, l'oxygène, le manganèse et la baryte.

Berzélius crut d'abord que le chlore était un corps composé, il a longtemps été regardé comme une combinaison de l'acide chlorhydrique, ou muriatique, avec l'oxygène, et on l'appelait acide muriatique oxygéné. Cette erreur provenait de la fausse interprétation d'une expérience : en faisant passer le chlore dans un tube chauffé au rouge, on obtenait de l'oxygène et de l'acide chlorhydrique ; mais c'était parce que l'oxygène était humide et que dans ces conditions le chlore décompose l'eau.

Plus tard on vérifia que le chlore parfaitement desséché n'était pas décomposé. Gay-Lussac et surtout H. Davy ont montré que le chlore était un corps simple.

219. État naturel. — Le chlore existe dans la nature à l'état de combinaison avec les métaux : on trouve dans les eaux de la mer des chlorures de sodium, de magnésium, de cœsium, de rubidium en dissolution ; dans la terre les chlorures d'argent, de mercure, de plomb et de sodium forment des minerais.

220. Préparation. — Certains chlorures métalliques, les chlorures de platine et d'or en particulier, se décomposent et abandonnent très facilement leur chlore ; mais cette méthode ne peut guère être employée pour la préparation du chlore.

On décompose en général l'acide chlorhydrique. On peut pour cela employer le bioxyde de mangnèse $Mn\,O^2$; c'est le procédé de Scheele :

$$Mn\,O^2 + 4H\,Cl = Mn\,Cl^2 + Cl^2 + 2H^2\,O.$$

On introduit le bioxyde de manganèse et l'acide chlorhydrique dans un ballon A (fig. 107), muni d'un tube de sûreté B et du tube à dégagement C.

La réaction commence à la température ordinaire ; il faut chauffer modérément. Le gaz passe dans un flacon laveur D, d'où il se dégage par le tube E, puis dans une éprouvette à pied F contenant des ma-

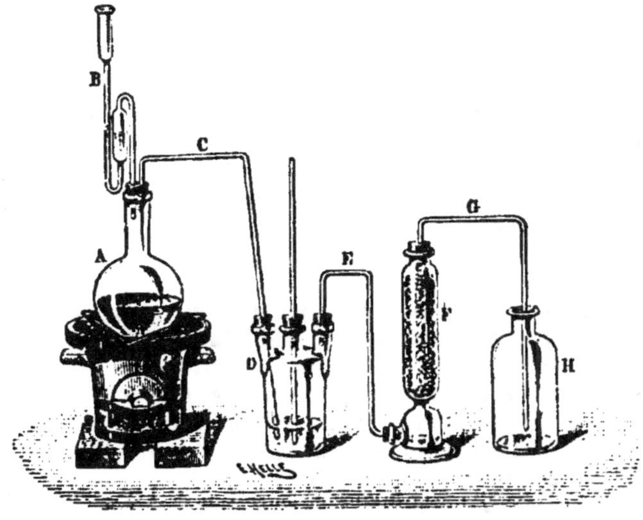

Fig. 107. — Préparation du chlore sec.

tières desséchantes. On le recueille à sec dans le flacon H. On emploie le bioxyde de manganèse, non pas en poudre, mais en grains, de manière que le liquide le mouille bien. On peut d'ailleurs obtenir une meilleure préparation en achevant de remplir avec des morceaux de peroxyde de mangnèse.

L'acide chlorhydrique se retire du sel marin ; c'est le résidu de la préparation du sulfate de sodium. Berthollet a indiqué une méthode pour retirer directement le chlore de ce sel ; il consiste à chauffer un mélange de sel marin, de bioxyde de manganèse et d'acide sulfurique :
$$2\,Na\,Cl + Mn\,O^2 + 2\,SO^4\,H^2 = SO^4\,Na^2 + SO^4\,Mn + Cl^2 + 2\,H^2\,O$$
On retire ainsi tout le chlore du sel marin, mais le sulfate de sodium est mélangé de sulfate de manganèse.

On peut remplacer le bioxyde de manganèse par un autre corps oxydant quelconque, par exemple le bioxyde de plomb.

Le chlorate et le bichromate de potassium, chauffés ensemble, donnent encore du chlore.

On peut encore décomposer l'acide chlorhydrique, mélangé d'acide sulfurique, par le bioxyde de manganèse :

$$2HCl + SO^4 H^2 + Mn\,O^2 = SO^4\,Mn + 2H^2O + Cl^2.$$

On obtient ainsi tout le chlore de l'acide chlorhydrique.

On peut employer le chlorure de magnésium et le décomposer par le bioxyde de manganèse, on a :

$$2Mg\,Cl^2 + Mn\,O^2 = 2MgO + Mn\,Cl^2 + Cl^2.$$

221. Procédés industriels. — Le procédé le plus anciennement connu est le *procédé Weldon*, breveté d'abord en 1866, appliqué en grand en 1878. Le chlore est obtenu par le procédé de Scheele ; on fait l'expérience dans des touries. Le bioxyde de manganèse est contenu dans des tubes percés de trous, suspendus au milieu des touries, et à mesure que le chlorure de manganèse se forme, il tombe au fond, de manière que le bioxyde soit toujours en contact avec l'acide chlorhydrique.

Le bioxyde de manganèse étant un produit cher, M. Weldon a cherché à le régénérer. Pour cela, on traite la dissolution de chlorure de manganèse par un lait de chaux et l'on fait passer un rapide courant d'air ; il se précipite une matière noire, qui est du bioxyde de manganèse mélangé de manganite de calcium. Ce produit peut ensuite servir à décomposer une nouvelle quantité d'acide chlorhydrique, à la température ordinaire même.

Le *procédé Deacon* consiste à décomposer l'acide chlorhydrique gazeux par l'oxygène ; on fait passer les deux gaz sur des briques imprégnées de chlorure cuivrique et chauffées à 450°. Il se produit de l'eau et du chlore :

$$2H\,Cl + O = Cl^2 + H^2\,O.$$

Mais la réaction n'est jamais complète ; elle est limitée par la réaction inverse :

$$H^2O + Cl^2 = 2HCl + O.$$

Dans ces deux procédés, on retire le chlore de l'acide chlorhydrique.

Cet acide était autrefois un produit fort bon marché, parce que c'était le résidu de la préparation du sulfate de sodium, sel très important pour la fabrication de la soude par le procédé Leblanc; mais depuis la fabrication de la soude à l'ammoniaque, l'acide chlorhydrique ne se fabrique plus aussi couramment. MM. Weldon et Péchiney ont alors imaginé de retirer le chlore du chlorure de magnésium $Mg\,Cl^2$, contenu dans l'eau de mer.

Pour cela, la dissolution est évaporée à 150°; on obtient $Mg\,Cl^2 + 6H^2\,O$. On fait passer de l'air, une partie du chlorure de magnésium s'oxyde et il se produit $Mg\,Cl^2 + MgO$. On dessèche autant que possible, on projette dans des carneaux de four verticaux chauffés à 800° et l'on fait passer un courant d'air. On obtient ainsi du chlore et de l'oxyde de magnésium. Mais en même temps, la vapeur d'eau, dont on ne peut se débarrasser entièrement, est décomposée par le chlore, et il se forme de l'acide chlorhydrique, que l'on condense.

On peut aussi décomposer l'acide chlorhydrique par un mélange d'acide azotique et de bioxyde de manganèse :

$$2HCl + 2Az\,O^3H + Mn\,O^2 = (Az\,O^3)^2\,Mn + 2H^2O + Cl^2.$$

L'acide azotique est un peu cher, mais l'azotate de manganèse n'est pas perdu ; en le calcinant vers 150 ou 180°, il redonne du bioxyde de manganèse :

$$(AzO^3)^2\,Mn = Mn\,O^2 + 2Az\,O^2.$$

Le peroxyde d'azote $Az\,O^2$ avec l'eau donne :

$$3Az\,O^2 + H^2O = 2Az\,O^3H + AzO.$$

Le bioxyde d'azote AzO redonne à l'air du peroxyde d'azote, et ainsi de suite ; l'acide chlorhydrique est seul consommé.

223. Propriétés physiques. — Le chlore est un gaz jaune verdâtre ; il éteint les rayons rouges, jaunes et violets. Il a une odeur caractéristique et désagréable, une saveur chaude ; il produit l'irritation des muqueuses et provoque la toux et les crachements du sang ; il est délétère.

La densité du chlore est 2,47 : son poids moléculaire est 71. Son poids atomique, déduit de l'analyse de ses composés, est 35,5.

Il est soluble dans l'eau ; son coefficient de solubilité augmente jusque vers 8°, puis diminue très vite. A la température ordinaire, il est 1,44. On obtient la dissolution aqueuse de chlore, ou eau de chlore, en faisant passer le gaz dans une série de flacons laveurs ou flacons de Woulf (fig. 108).

Le chlore se liquéfie facilement. Pour cela, on met dans un tube de Faraday (fig. 109) de l'hydrate de chlore en cristaux qui ont pour formule $Cl^2 + 10\,H^2O$. On ferme le tube et on chauffe au bain-marie ; l'hydrate très instable se décompose et le chlore se rassemble à l'état liquide dans l'autre branche refroidie. C'est un liquide jaune foncé.

L'hydrate de chlore se prépare en faisant arriver du chlore dans l'eau d'un flacon entouré de glace; il se forme des cristaux de $Cl^2 + 10H^2O$.

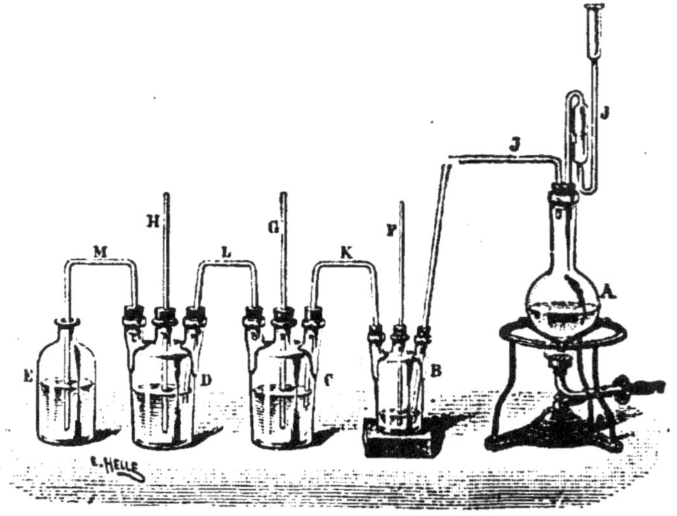

Fig. 108. — Préparation de l'eau de chlore.

On peut encore liquéfier le chlore en le condensant dans du charbon et le faisant dégager dans un tube fermé.

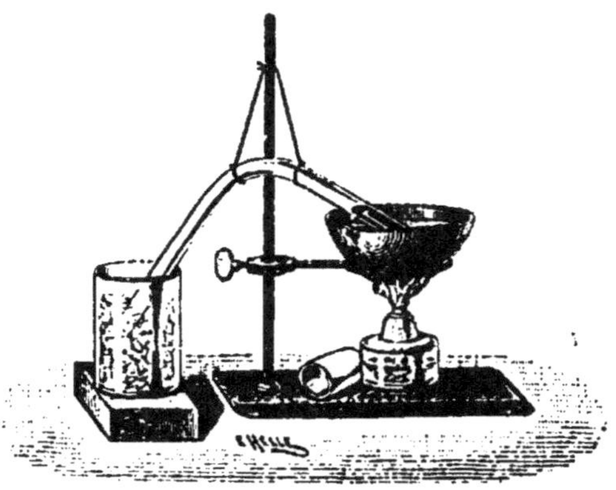

Fig. 109. — Liquéfaction du chlore.

223. Propriétés chimiques. — Le fluor, l'azote, l'oxygène et le carbone ne se combinent pas directement avec le chlore.

Le soufre soumis à l'action du chlore donne des liquides, lés chlorures de soufre, ayant pour formule SCl^2 ou S^2Cl^2.

L'anhydride sulfureux et le chlore, tous deux gazeux et secs, mélangés et exposés aux rayons solaires donnent $SO^2 Cl^2$, le chlorure de sulfuryle. C'est un liquide suffocant, qui bout à 77° et est décomposé par l'eau :

$$SO^2 Cl^2 + 2H^2O = SO^4 H^2 + 2HCl.$$

Le chlore décompose l'hydrogène sulfuré :

$$H^2S + 2Cl = 2HCl + S.$$

C'est ce qui explique l'emploi du chlore comme désinfectant et contrepoison de ce gaz.

L'ammoniaque a sur le chlore une action remarquable. Si le chlore n'est pas en excès, il se forme du chlorure d'ammonium et de l'azote :

$$4Az A^3 + 3Cl = 3Az H^4 Cl + Az.$$

Mais si le chlore est en excès, il y a formation de chlorure d'azote :

$$4Az H^3 + 6Cl = 3Az H^4Cl + AzCl^3.$$

Le phosphore brûle dans le chlore gazeux en donnant d'abord des fumées de pentachlorure de phosphore solide PCl^5, puis, vers la fin, du trichlorure de phosphore liquide PCl^3, qui forme sur les parois du flacon des gouttelettes.

Si le chlore était humide, il se produirait :

$$PCl^5 + H^2O = POCl^3 + 2HCl.$$
$$PCl^5 + 4H^2O = PO^4H^3 + 5HCl.$$
$$PCl^3 + 3H^2O = PO^3H^4 + HCl.$$

Avec l'hydrogène phosphoré, on a :

$$PH^3 + 8Cl = PCl^5 + 3HCl.$$

L'arsenic pulvérisé se comporte comme le phosphore et s'enflamme spontanément quand on le projette dans un flacon de chlore gazeux (fig. 110) ; il se forme du chlorure d'arsenic $As Cl^3$, très vénéneux.

L'hydrogène arsénié se comporte comme l'hydrogène phosphoré :

$$As H^3 + 3Cl = AsCl^3 + 3HCl.$$

L'antimoine en poudre se comporte comme le phosphore et l'arsenic, seulement il se forme dans un excès de chlore du pentachlorure d'antimoine.

Le chlore gazeux, passant sur de l'étain fondu, donne du bichlorure, d'étain, ou *liqueur fumante de Libavius*.

Le potassium, le sodium brûlent dans le chlore comme dans l'oxygène. Le cuivre brûle aussi dans le chlore; on prend pour cela un fil de cuivre enroulé en spirale et l'on met du sable au fond du flacon. L'expérience se fait en portant le cuivre au rouge et l'introduisant dans le flacon.

L'hydrogène s'unit avec le chlore pour donner de l'acide chlor-

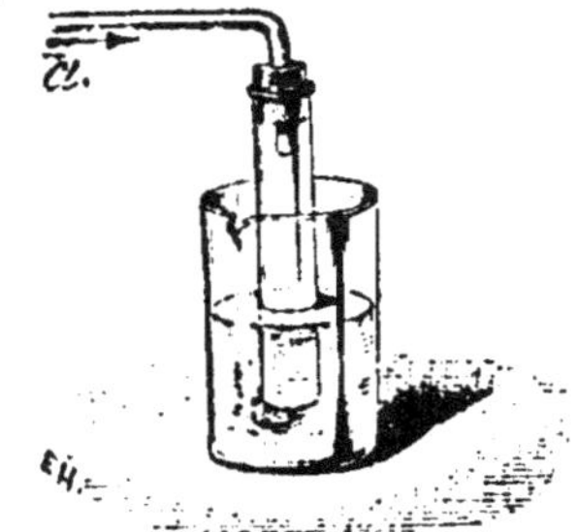

Fig. 110. — Combustion de l'arsenic ou de l'antimoine dans le chlore.

Fig. 111. — Formation de l'hypochlorite ou du chlorate de potassium.

hydrique HCl. Si l'on mélange volumes égaux d'hydrogène et de chlore, il y a formation d'acide chlorhydrique sans condensation; la combinaison peut être provoquée de plusieurs manières, par l'électricité, par la chaleur, par la lumière diffuse; sous l'influence des rayons solaires, il y a combinaison immédiate avec détonation.

Les matières organiques brûlent dans le chlore avec dépôt de charbon.

L'action du chlore sur les oxydes métalliques est remarquable. Le chlore arrivant dans une dissolution de potasse (fig. 111) donne des produits différents, suivant que la solution est étendue ou concentrée; si la solution est étendue et froide, on a de l'hypochlorite de potassium ClOK et du chlorure de potassium ClK :

$$2KOH + 2Cl = ClOK + ClK + H^2O.$$

Si au contraire la solution est concentrée et chaude, on a du chlorure et du chlorate de potassium ClO^{3}K :

$$6KOH + 6Cl = ClO^3K + 5ClK + 3H^2O.$$

Le chlore, en passant sur l'oxyde mercurique, donne de l'anhydride

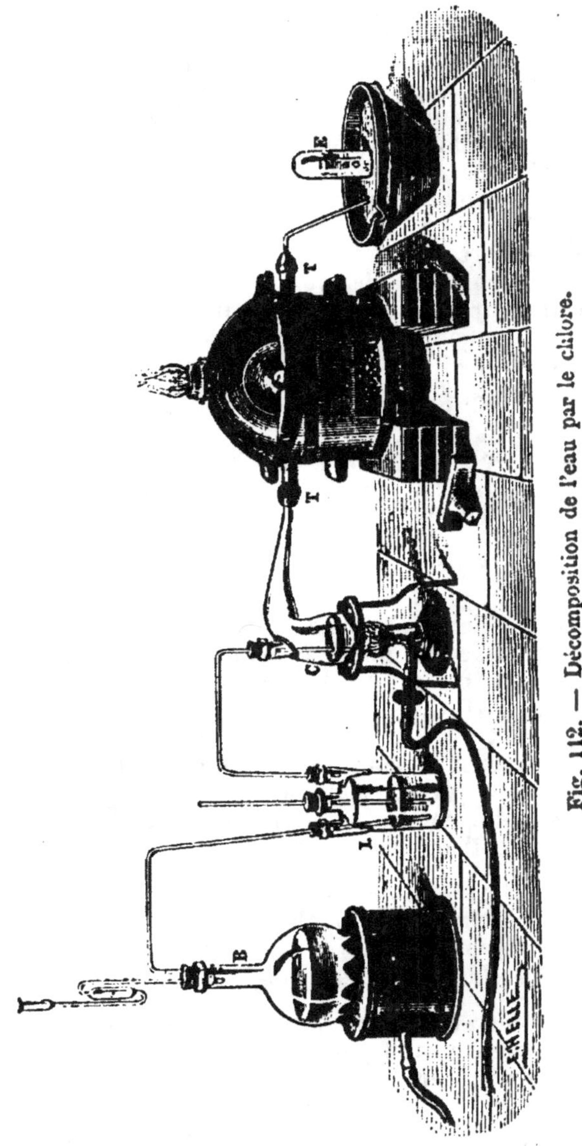

Fig. 112. — Décomposition de l'eau par le chlore.

hypochloreux Cl^2O et de l'oxychlorure de mercure $HgO, HgCl^2$:

$$2HgO + 4Cl = HgO, HgCl^2 + Cl^2O.$$

Avec l'eau, il y a décomposition sous l'influence de la chaleur et formation d'acide chlorhydrique :

$$2Cl + H^2O = 2HCl + O.$$

Pour faire l'expérience, on fait passer le chlore fourni par l'appareil B (fig. 112) dans un flacon laveur L, où il se débarrasse de l'acide chlorhydrique entraîné, puis dans une cornue C, contenant de l'eau chaude et où il se charge de vapeur d'eau ; le chlore humide se rend alors dans le tube de porcelaine chauffé au rouge T T, là l'eau est décomposée et l'on recueille de l'oxygène dans l'éprouvette E, tandis que l'eau de cette éprouvette devient acide.

Les oxydes manganeux, ferreux, soumis à l'action du chlore, se transforment en oxydes manganique et ferrique. Quand on traite par exemple une solution de sulfate ferreux par la potasse, on a de l'hydrate ferreux :

$$SO^4 Fe + 2KOH = SO^4K^2 + FeO^2 H^2.$$

L'hydrate ferreux est blanc, mais il brunit au contact de l'air en se transformant peu à peu en hydrate ferrique ; la transformation se fait rapidement sous l'action du chlore :

$$2Fe\ O^2H^2 + 2Cl = Fe\ ^2O^3, H^2O + 2HCl.$$

Les mêmes réactions se font avec le sulfate manganeux.

Le chlore agit sur les matières organiques. Avec l'éthylène C^2H^4, il y a combinaison des gaz à volumes égaux et production de liqueur des Hollandais $C^2 H^4 Cl^2$.

Le plus souvent, l'action du chlore est différente : il y a élimination d'hydrogène, auquel le chlore s'unit pour former de l'acide chlorhydrique ; puis l'hydrogène éliminé est remplacé atome à atome par le chlore. Cette réaction se produit en particulier avec le gaz des marais CH^4, on obtient ainsi les composés :

$CH^3 Cl$,   chlorure de méthyle ;
$CH^2 Cl^2$,   gaz des marais bichloré ;
$CH^1 Cl$,   chloroforme ;
$C Cl^4$,   perchlorure de carbone.

Quelquefois aussi le chlore détruit entièrement la matière organique et il ne reste que du carbone ; cela se produit en particulier avec l'essence de térébenthine et avec l'ammoniaque et ses composés. Cela explique l'emploi du chlore comme désinfectant.

Le chlore, agissant sur les éléments de l'eau, s'empare de l'hydrogène et met l'oxygène en liberté, il agit alors comme oxydant.

Cette action explique comment le chlore détruit les matières colorantes, teintures végétales, vin, encre, indigo, etc. Les caractères écrits à l'encre, qui disparaissent sous l'action du chlore, reparaissent sous l'action du prussiate de fer ; pour les détruire complètement, il faut dissoudre dans l'acide chlorhydrique les traces de chlorure de fer qui restent.

On emploie le chlore pour le blanchiment du linge et des étoffes, mais à l'état de chlorures décolorants (237) ; si on laisse ces étoffes trop longtemps soumises à l'action du chlore, elles tombent en charpie. On évite l'excès de chlore, et on lave ensuite à l'hyposulfite de calcium. On opère de même pour le blanchiment de la pâte à papier.

224. Propriétés. — On emploie le chlore à la fabrication des chlorures métalliques et des chlorures décolorants : eau de Javel, liqueur de Labarraque, chlorure de chaux.

COMPOSÉ HYDROGÉNÉ DU CHLORE

Le chlore ne forme avec l'hydrogène qu'un seul composé, l'acide chlorhydrique HCl.

ACIDE CHLORHYDRIQUE

HCl.

225. Historique. — L'acide chlorhydrique était connu au temps de Basile Valentin sous le nom d'*esprit de sel*, parce que c'était une substance volatile pouvant s'obtenir au moyen du sel marin et des vitriols, (sulfates) ; on remplaça plus tard les vitriols par l'huile de vitriol (acide sulfurique). On l'appela aussi *acide muriatique*, de l'italien *muria*, qui signifie *saumure*, parce qu'il se retire de l'eau de mer.

Gay-Lussac et Thénard établirent sa nature.

226. Etat naturel. — Il y a peu de sources d'acide chlorhydrique dans la nature : on le trouve dans les gaz qui s'échappent des volcans et dans les cours d'eau voisins des terrains volcaniques (rio Vinagre).

227. Circonstances de production. — Il se produit par l'union directe du chlore avec l'hydrogène, ou bien par la décomposition des composés hydrogénés au moyen du chlore, ou par celle des chlorures.

A 200°, l'hydrogène et le chlore se combinent rapidement à volumes égaux et sans condensation dans l'obscurité. La même combinaison se produit à la température ordinaire, à la lumière diffuse, mais alors la combinaison est lente; elle est accélérée par l'action des rayons solaires ou d'une flamme riche en rayons violets (flamme du magnésium, flamme de la combustion du sulfure de carbone et du bioxyde d'azote). L'explosion est toujours intense sous l'action des rayons solaires.

La décomposition des composés hydrogénés n'est pas en général utilisée pour la production de l'acide chlorhydrique. Le chlore décompose l'eau (chlore humide passant dans un tube de porcelaine chauffé au rouge, fig. 112); il décompose aussi l'hydrogène sulfuré, et quand on fait passer un courant de chlore dans une dissolution d'hydrogène sulfuré, il y a dépôt de soufre et production d'acide chlorhydrique.

La décomposition des chlorures est la réaction la plus utilisée pour la production de l'acide chlorhydrique. L'eau décompose les chlorures anhydres, mais non les chlorures hydratés. Les deux chlorures de phosphore PCl^3 et PCl^5 donnent :

$$PCl^3 + 3H^2O = PO^3H^3 + 3HCl.$$
$$PCl^5 + H^2O = POCl^3 + 2HCl.$$
$$PCl^5 + 4H^2O = PO^4H^3 + 5HCl.$$

Les chlorures d'arsenic et d'antimoine se comportent de même. L'oxychlorure de soufre SO^2Cl^2, ou chlorure de sulfuryle, donne :

$$SO^2Cl^2 + 2H^2O = So^4H^2 + 2HCl.$$

Le chlorure de magnésium est aussi décomposé par l'eau :

$$MgCl^2 + H^2O = MgO + 2HCl.$$

Cette réaction se produit quand on distille l'eau de mer jusqu'aux dernières gouttes.

Le chlorure ferrique Fe^2Cl^6 donne aussi :

$$Fe^2Cl^6 + 3H^2O = Fe^2O^3 + 6HCl.$$

Aussi tous les chlorures anhydres sont-ils très difficiles à conserver.

Le plus souvent, on décompose les chlorures hydratés, non par l'eau, mais par des acides plus fixes que l'acide chlorhydrique. On prend généralement l'acide sulfurique, et de tous les chlorures on choisit de préférence le sel marin, ou chlorure de sodium. On le fond préalablement et on le coule en plaques, pour éviter le boursouflement qui se produit avec le sel ordinaire. On le casse en morceaux et on le met dans un ballon avec de l'acide sulfurique ; à la température ordinaire, il se fait du sulfate acide de sodium et de l'acide chlorhydrique :

$$NaCl + SO^4H^2 = HCl + SO^4HNa.$$

Mais, en chauffant, le sulfate acide de sodium se décompose et devient sulfate neutre, en donnant par son action sur le chlorure de sodium de l'acide chlorhydrique :

$$Na\,Cl + SO^4\,HNa = SO^4\,Na^2 + HCl.$$

Le sulfate neutre de sodium est employé à la fabrication de la soude artificielle par le procédé Leblanc.

Dans l'industrie, on chauffe le mélange d'acide sulfurique et de chlorure de sodium dans des fours à réverbère très plats et dont la voûte est surbaissée.

Pour recueillir l'acide chlorhydrique, on le recueille sur la cuve à mercure, ou bien on en fait une dissolution dans des flacons de Woulf (fig. 108). Il est inutile de faire plonger les tubes, la dissolution d'acide chlorhydrique étant plus lourde que l'eau.

Quand on veut avoir un courant continu d'acide chlorhydrique, on met dans un flacon du sulfate acide de sodium, et on verse de temps en temps de l'acide chlorhydrique du commerce ; on met le flacon dans l'eau tiède pour le chauffer légèrement.

La dissolution du commerce contient toutes les matières solides de l'eau ordinaire. Il y a aussi de l'acide sulfurique entraîné. On peut précipiter l'acide sulfurique par le chlorure de baryum. Il y a aussi de l'anhydride sulfureux provenant par exemple de l'action du charbon, ou de la fonte des fours où l'on prépare l'acide chlorhydrique. Cet anhydride peut se reconnaître par le chlore, lorsque l'acide sulfurique a été enlevé, car on a alors :

$$SO^2 + 2H^2O + 2Cl = SO^4\,H^2 + 2HCl.$$

L'acide sulfurique formé précipite de nouveau le chlorure de baryum. Si l'on y mettait du manganate de sodium, il serait décomposé par l'anhydride sulfureux.

Il y a du chlorure d'arsenic provenant de l'arsenic de l'acide sulfurique. On a, en le traitant par l'hydrogène sulfuré :

$$2As\,Cl^3 + 3H^2S = As^2\,S^3 + 6HCl.$$

Il y a aussi du chlorure de fer, qui se produit par l'action de l'acide chlorhydrique sur la fonte. Il colore l'acide en jaune ; on peut s'en débarrasser par une distillation de l'acide chlorhydrique.

On peut enlever toutes les matières en ajoutant du peroxyde de manganèse Mn O². On a :

$$Mn\,O^2 + 4\,HCl = Mn\,Cl^2 + 2H^2O + Cl^2.$$

Le chlore transforme l'anhydride sulfureux en acide sulfurique :

$$SO^2 + Cl^2 + 2H^2O = SO^4\,H^2 + 2HCl.$$

On ajoute du sulfure de baryum, il se forme :

$$Ba\ S + SO^4\ H^2 = SO^4\ Ba + H^2\ S.$$
$$3H^2\ S + 2\ As\ Cl^3 = As^2\ S^3 + 6HCl.$$

On distille ; on obtient l'acide chlorhydrique pur.

228. Propriétés physiques. — L'acide chlorhydrique est un gaz incolore, d'une odeur piquante et suffocante, de densité 1,278 ; le poids d'un litre est 1,635. Son poids moléculaire est 36,5.

Il se liquéfie à —50° sous la pression de 1 atmosphère, à la température ordinaire, sous la pression de 40 atmosphères ; liquide, il a pour densité 0,27. Sa liquéfaction se fait dans l'appareil de Faraday, où l'on introduit de la dissolution aqueuse d'acide chlorhydrique.

Il est très soluble dans l'eau, qui en dissout 434 fois son volume : une éprouvette, que l'on ouvre sur la cuve à eau se brise généralement par suite de la violence du choc.

229. Propriétés chimiques. — L'acide chlorhydrique est décomposé par l'électricité, la chaleur le dissocie.

Ce gaz est impropre à la combustion.

Les métalloïdes, à l'exception du silicium, sont sans action sur lui.

L'acide azotique, mélangé avec l'acide chlorhydrique, donne l'*eau régale,* qui a la propriété d'attaquer tous les métaux, même l'or et le platine, qui ne sont attaquables par aucun acide seul.

On attribue cette propriété de l'eau régale à ce que les deux acides mélangés réagissent l'un sur l'autre pour donner du chlore, d'après la formule :

$$HCl + AzO^3\ H = AzO^2 + H^2\ O + Cl.$$

Les métaux décomposent en général l'acide chorhydrique ; avec le zinc, on a :

$$Zn + 2HCl = Zn\ Cl^2 + H^2.$$

Le platine et l'or ne sont pas attaqués par l'acide chlorhydrique ; mais, dans l'eau régale, ces deux métaux se dissolvent avec formation de chlorure.

Avec l'eau, l'acide chlorhydrique forme plusieurs hydrates : à —18°, on a HCl + 2H²O, en faisant passer un courant d'acide chlorhydrique dans de l'eau entourée d'un mélange réfrigérant ; à 0°, on a HCl + 3H²O. On peut obtenir HCl + 6H²O, en faisant passer un courant d'air sec dans une dissolution d'acide chlorhydrique. Enfin, quand on fait bouillir l'acide chlorhydrique, la température reste à peu près constante vers 110° ; on obtient HCl + 8H²O.

Avec l'ammoniaque, il y a formation de chlorure d'ammonium, ou sel ammoniac : si l'on place dans le voisinage l'un de l'autre deux verres contenant de l'ammoniaque et de l'acide chlorhydrique, on voit se former bientôt d'abondantes fumées (fig. 113).

Avec les bioxydes de baryum, de strontium, de calcium, l'acid chlorhydrique donne de l'eau oxygénée (81).

Fig. 113. — Action de l'acide chlorhydrique sur l'ammoniaque.

230. Composition. — On remplit un ballon d'hydrogène et l'on remplit aussi de chlore un flacon de même capacité, on ajuste le ballon d'hydrogène sur le flacon de chlore et on abandonne l'appareil à l'abri des rayons solaires. Au bout de quelque temps, la couleur du chlore disparaît complètement, et le gaz restant est acide et très soluble dans l'eau. C'est une expérience seulement qualitative.

Le procédé de la cloche courbe offre plus de précision. On y introduit un certain volume d'acide chlorhydrique et un fragment de potassium ; on chauffe. Le potassium forme un chlorure de potassium ; on lui substitue souvent un amalgame de sodium, d'un maniement plus facile. Il reste de l'hydrogène ; 2 volumes d'acide chlorhydrique donnent 1 volume d'hydrogène ; la différence des densités donne 1 volume de chlore. Donc, il y a combinaison de l'hydrogène et du chlore à volumes égaux, sans condensation. Une molécule d'acide chlorhydrique, pesant 36,5, contient 35,5 de chlore.

231. Usages. — L'acide chlorhydrique sert à la préparation du chlore, des hypochlorites, des chlorures ; il sert à préparer l'anhydride carbonique et les bicarbonates. On l'emploie dans les chaudières à vapeur pour dissoudre les incrustations de carbonate de calcium.

Mélangé avec l'acide azotique, il forme l'eau régale, qui attaque tous les métaux. Avec le sulfate de sodium, il forme un mélange réfrigérant qui peut abaisser la température à — 20°.

COMPOSÉS OXYGÉNES DU CHLORE

232. Généralités. — On connaît trois composés oxygénés du chlore :

L'anhydride hypochloreux $Cl^2 O$;
L'anhydride chloreux $Cl^4 O^3$;
Le peroxyde de chlore ClO^2.

Les deux premiers avec l'eau donnent des acides :

L'acide hypochloreux $ClOH$;
L'acide chloreux $ClO^2 H$.

On connaît de plus :

L'acide chlorique $ClO^3 H$;
L'acide perchlorique $ClO^4 H$.

Ces composés sont tous instables ; ils se produisent avec absorption de chaleur et se décomposent avec dégagement de chaleur ; ils sont *explosifs*. Les uns se décomposent à basse température, les autres à plus haute température ; le plus stable est le dernier, l'acide perchlorique. Ce sont des oxydants très actifs.

Ces corps se retirent de l'hypochlorite de potassium, qui donne du chlorate de potassium.

ANHYDRIDE HYPOCHLOREUX Cl^2O.
ACIDE HYPOCHLOREUX $ClOH$.

233. Préparation. — L'anhydride hypochloreux $Cl^2 O$ s'obtient par le procédé Pelouze, en décomposant l'oxyde mercurique par le chlore gazeux et sec ; on les met en contact à la température ordinaire :

$$2HgO + 4Cl = HgO, HgCl^2 + Cl^2 O.$$

On emploie l'oxyde mercurique jaune, produit par la précipitation de l'azotate mercurique $(AzO^3)^2 Hg$, au moyen de la potasse (le rouge s'obtient par calcination de l'azotate mercurique) ; en versant la potasse, on a :

$$(AzO^3)^2 Hg + 2KOH = 2AzO^3 K + HgO + H^2 O.$$

Cet oxyde est extrêmement pulvérulent. On lo lave, on le sèche jusqu'à 300° et on le met dans un tube de verre que l'on ne remplit que très peu. On met ce tube sur une grille, et on l'entoure de glace. On fait arriver du chlore sec. Le résidu est un corps blanc, l'oxychlorure de mercure $HgO, HgCl^2$.

On fait arriver le gaz dans un tube en U entouré d'un mélange réfrigérant ; on obtient un liquide très coloré en rouge.

L'eau oxygénée et le chlore donnent aussi de l'anhydride hypochloreux :

$$H^2 O^2 + 2Cl = H^2 O + Cl^2 O.$$

234. Propriétés. — L'anhydride hypochloreux ainsi obtenu est un liquide rouge, d'une odeur irritante et qui bout à 20°. A la température ordinaire, il émet des vapeurs, moins foncées que celles du chlore ; ces vapeurs ont pour densité 2,97 ; elles sont solubles dans l'eau, et ont pour coefficient de solubilité 200.

Il est décomposé facilement par l'étincelle électrique en chlore et oxygène, avec détonation ; de même par la chaleur. La lumière le décompose à la longue, sans détonation.

Le soufre brûle dans le liquide ; le phosphore et l'arsenic y brûlent avec explosion.

L'acide chlorhydrique donne du chlore :

$$2HCl + Cl^2O = H^2O + 4Cl.$$

De là un moyen direct d'étudier la composition de l'anhydride hypochloreux au moyen de l'acide chlorhydrique.

L'hydrogène détone à la lumière avec l'anhydride hypochloreux. Le potassium y brûle en donnant du chlorure et de l'oxyde de potassium :

$$4K + Cl^2O = 2KCl + K^2O.$$

Le mercure le décompose lentement et l'on ne peut pas le recueillir sur ce liquide.

235. Acide hypochloreux. Hypochlorites. — L'anhydride hypochloreux se dissout dans l'eau en donnant de l'acide chloreux :

$$Cl^2O + H^2O = 2ClOH.$$

Ce dernier peut se préparer directement. Pour cela, on prend un flacon de chlore, contenant un peu d'eau qui tient en suspension de l'oxyde mercurique rouge. On agite et on ouvre de temps en temps, parce que sans cela, à la fin, la pression atmosphérique empêcherait d'ouvrir le flacon, par suite de l'absorption de l'oxygène. Au bout de quelque temps, il y a décoloration complète du chlore.

En décomposant ensuite la dissolution, on peut en extraire l'anhydride hypochloreux à l'état de gaz ; on y met un sel absorbant beaucoup d'eau, et dont la dissolution ne dissolve pas l'anhydride hypochloreux. On prend par exemple l'azotate de calcium.

On peut encore faire agir le chlore sur la baryte : il se forme d'abord de l'hypochlorite de baryum $(ClO)^2 Ba$:

$$2BaO + 4Cl = (ClO)^2 Ba + BaCl^2.$$

L'hypochlorite de baryum est ensuite décomposé par le chlore :

$$(ClO)^2 Ba + 4Cl + 2H^2O = Ba\, Cl^2 + 4ClOH.$$

Il suffit de chauffer très modérément.

On peut aussi faire arriver du chlore sur le sulfate de sodium :

$$SO^4 Na^2 + 4Cl + 2H^2O = SO^4H\, Na + Na\, Cl + HCl + 2Cl\, OH.$$

La dissolution a l'odeur d'eau de Javel ; concentrée, elle s'évapore. Les rayons solaires la transforment en acide perchlorique et acide chlorhydrique :

$$4ClOH = ClO^4H + 3HCl.$$

Aussi doit-elle être conservée à l'abri de la lumière.

L'acide hypochloreux est encore plus employé que le chlore comme décolorant et désinfectant. C'est en effet un oxydant énergique : il oxyde l'arsenic, l'iode, le soufre ; comme l'eau oxygénée, il transforme le sulfure de plomb en sulfate.

Mais on l'emploie généralement à l'état d'hypochlorite. L'acide hypochloreux ClOH est monobasique et les hypochlorites ont pour formule $ClO\, M'$, ou $(ClO)^2 M''$.

Les hypochlorites s'obtiennent en faisant agir le chlore gazeux sur l'hydrate du métal ; les plus importants sont ceux de potassium, de sodium et surtout de calcium.

En faisant passer un courant de chlore gazeux dans une dissolution étendue et froide de potasse, ou de soude (fig. 111), il se forme un mélange d'hypochlorite et de chlorure de potassium, ou de sodium :

$$2Cl + 2KOH = ClK + ClOK + H^2O.$$
$$2Cl + 2Na\, OH = Cl\, Na + ClO\, Na + H^2O.$$

La liqueur, d'abord incolore, jaunit légèrement et prend une odeur particulière ; dans le premier cas, c'est la liqueur employée dans le commerce sous le nom d'*eau de Javel*, dans le second c'est la *liqueur de Labarraque*, du nom du chimiste qui en a indiqué le premier l'emploi. Bien que l'hypochlorite constitue seul la partie active, on ne se donne pas la peine d'en séparer le chlorure, qui ne gêne pas dans les réactions.

L'eau de Javel et la liqueur de Labarraque forment, avec le chlorure de chaux, ce que l'on appelle les *chlorures décolorants.*

Ce dernier, qui est le plus employé dans l'industrie notamment dans le blanchiment de la pâte à papier, s'obtient en faisant passer du chlore gazeux dans des chambres où, sur des claies, se trouve étendue de la chaux éteinte CaO^2H^2; il se produit une réaction analogue aux précédentes :

$$4Cl + 2CaO^2H^2 = CaCl^2 + (ClO)^2Ca + 2H^2O.$$

Le corps obtenu est blanc, pulvérulent; il conserve l'apparence de la chaux, mais il dégage une faible odeur d'eau de Javel. Il est formé de chlorure et d'hypochlorite de calcium, mélangé d'un peu d'hydrate de chaux : c'est le *chlorure de chaux.*

Les hypochlorites sont facilement décomposés par les acides, même faibles, comme l'acide carbonique: il se dégage de l'acide hypochloreux, qui se décompose en chlore et oxygène. Il agit donc, pour décolorer ou désinfecter, à la fois par son chlore et par son oxygène; et comme d'après la formule :

$$H^2O + Cl^2 = 2HCl + O,$$

2 atomes de chlore mettent en liberté un atome d'oxygène, il est facile de voir qu'un chlorure décolorant agit comme la quantité de chlore qui lui a donné naissance.

En effet, d'après la formule, 4 atomes de chlore ont servi à former le chlorure de chaux contenant une molécule d'hypochlorite de calcium. Cette molécule d'hypochlorite, décomposée par l'anhydride carbonique de l'air, donnera :

$$(ClO)^2Ca + CO^2 = CO^3Ca + Cl^2 + O.$$

Les deux atomes de chlore qui se dégagent détruisent une molécule d'eau en mettant en liberté un atome d'oxygène, ce qui, avec l'atome résultant de la décomposition de l'hypochlorite, donne 2 atomes d'oxygène; or, c'est justement le nombre d'atomes d'oxygène que pouvaient mettre en liberté les 4 atomes de chlore qui ont servi à préparer le chlorure de chaux.

236. Composition. — Si on fait passer de l'anhydride hypochloreux à l'état de gaz dans un tube formé d'ampoules et de parties très étroites, placées successivement, et que l'on chauffe fortement l'une des extrémités du tube, la décomposition, qui se fait en général avec détonation, ne se propage pas ici.

Après décomposition, on détache l'une des ampoules, et on la tare, puis on ouvre sa pointe sous la potasse qui absorbe le chlore et prend sa place. On pèse l'ampoule contenant l'oxygène et la potasse, soit p l'augmentation de poids; puis on chasse l'oxygène en remplissant l'ampoule de potasse, et l'on pèse de nouveau, soit P l'augmentation totale du poids. Les volumes de potasse qui remplacent le chlore puis l'oxygène sont proportionnels à p et $P - v$; or, on trouve :

$$\frac{p}{P - p} = \frac{2}{1}$$

Le volume de chlore est donc double de celui de l'oxygène, et la formule est bien Cl^2O. On le vérifie d'ailleurs en remarquant que le double de la densité du chlore $2 \times 2,47 = 4,94$, ajouté à la densité de l'oxygène $1,105$, donne $6,045$, qui est sensiblement le double de $2,97$, densité de vapeur de l'anhydride hypochloreux.

ANHYDRIDE CHLOREUX $Cl^4 O^6$.
ACIDE CHLOREUX $ClO^4 H$.

237. Préparation. — L'anhydride chloreux a été découvert par M. Millon, médecin militaire. Il s'obtient en décomposant le chlorate de potassium par l'anhydride arsénieux, en présence d'un acide oxydant, l'acide azotique, qui transforme l'anhydride arsénieux en acide arsénique. Il se fait de l'arséniate de potassium et de l'anhydride chloreux :

3 grammes d'anhydride arsénieux et 4 grammes de chlorate de potassium pulvérisés et mélangés forment une pâte liquide; on ajoute 12 grammes d'acide azotique et 5 grammes d'eau. On chauffe au bain-marie, avec grande précaution; l'opération est dangereuse.

238. Propriétés. — On obtient un gaz vert, bien plus foncé que le chlore. On n'a pu le liquéfier que dans un mélange d'anhydride carbonique et d'éther.

Il se décompose à 57° avec explosion en donnant du chlore et de l'oxygène. D'ailleurs, il est très soluble dans l'eau, son coefficient de solubilité est 10. La dissolution est jaune d'or.

Le phosphore, l'arsenic le décomposent avec explosion. Le soufre se combine avec lui. Le mercure forme de l'oxyde et du chlorure de mercure :

$$4Hg + Cl^4 O^6 = Hg Cl^4 + 3 Hg O.$$

239. Chlorites. — L'acide chloreux $Cl O^4 H$ forme des sels avec les hydrates, il est monobasique, et les chlorites ont pour formule $ClO^4 M'$ ou $(Cl O^4)^2 M''$. On connaît le chlorite de plomb $(Cl O^4)^2 Pb$; il est insoluble. Si on le met au contact de l'acide sulfurique étendu d'eau, on a :

$$(Cl O^4)^2 Pb + SO^4 H^2 = SO^4 Pb + 2Cl O^4 H$$

Quant à la composition, elle s'obtient par le procédé de Gay-Lussac; 3 volumes d'oxygène et 2 de chlore donnent 2 volumes d'anhydride, qui a par conséquent pour formule $Cl^4 O^6$.

PEROXYDE DE CHLORE
Cl O².

240. Préparation. — Le peroxyde de chlore, appelé aussi acide hypo-
chlorique, a été découvert par H. Davy. On l'obtient en décomposant le chlorate de potassium par l'acide sulfurique ; on obtient du sulfate acide, du perchlorate de potassium et du peroxyde de chlore :

$$3ClO^4K + 2SO^4H^2 = 2SO^4HK + ClO^4K + 2ClO^4 + H^2O.$$

Il ne faut jamais opérer que sur de petites quantités de matière. On prend
du chlorate de potassium fondu et coulé, de manière que la réaction n'ait
pas lieu trop rapidement. On met les matières dans un tube de verre, et on
chauffe au bain-marie, à la partie inférieure seulement.

On l'obtient aussi en chauffant un mélange de chlorate et d'oxalate de
potassium ; il se forme du carbonate de potassium, de l'anhydride carbonique,
de l'eau et du peroxyde de chlore.

241. Propriétés. — Le peroxyde de chlore est un gaz jaune, d'odeur suffocante, de densité 2,31 par rapport à l'air et 34,75 par rapport à l'hydrogène.

Recueilli dans un mélange réfrigérant, c'est un liquide rouge, qui bout
à 20°, qui se solidifie et cristallise à — 60°.

La chaleur le décompose à 65° ; on établit sa composition par le procédé
de Gay-Lussac : un volume de chlore et 2 d'oxygène donnent 2 volums de
peroxyde de chlore.

Le peroxyde de chlore est décomposé par le phosphore avec production
d'acide phosphorique et inflammation du phosphore. L'expérience se fait sous
l'eau ; on fait arriver de l'acide sulfurique au contact du chlorate de potassium sous l'eau et au contact du phosphore. Il se produit du peroxyde de
chlore qui réagit immédiatement sur le phosphore.

ACIDE CHLORIQUE
Cl O³ H.

242. Préparation. — L'acide chlorique a été découvert par Berthollet
à l'état de combinaison et isolé par Gay-Lussac.

On prépare le chlorate de potassium en faisant passer du chlore
gazeux dans une solution de potasse concentrée et chaude. On peut
aussi préparer d'abord l'hypochlorite de calcium (ClO)²Ca et le traiter
par la chaleur ; il se produit du chlorate de calcium (ClO³)² Ca, que
l'on décompose par le chlorure de potassium.

Par des cristallisations successives, on recueille du chlorate de
potassium tout à fait pur.

On transforme le chlorate de potassium en chlorate de baryum ; pour cela, on le traite d'abord par l'acide fluosilicique $2 HF, Si F^4$:

$$2 ClO^3 K + H^2 F^2 Si F^4 = 2 ClO^3 H + K^2 F^2 Si F^4.$$

Si le précipité de fluosilicate de potassium ainsi obtenu était visible, on pourrait verser peu à peu l'acide fluosilicique et obtenir ainsi l'acide chlorique ; mais ce précipité étant gélatineux, à reflets nacrés, on ajoute toujours un excès d'acide fluosilicique. On filtre ; il reste un mélange des deux acides. On traite par la baryte ; il se forme du fluosilicate de baryum insoluble, et du chlorate soluble, que l'on sépare facilement par filtration. Dans la solution ainsi obtenue, on laisse tomber goutte à goutte de l'acide sulfurique ; on filtre, on évapore et l'on a l'acide chlorique très concentré.

243. Propriétés. — L'acide ainsi obtenu a pour formule $ClO^3 H$. C'est un liquide huileux.

La chaleur le décompose en chlore, oxygène et acide perchlorique ; c'est un oxydant très énergique.

Il décompose l'hydrogène sulfuré en donnant du chlore et du soufre :

$$2ClO^3H + 5H^2S = 6H^2O + 2 Cl + 5S.$$

L'anhydride sulfureux est transformé en acide sulfurique.
L'acide chlorhydrique donne :

$$ClO^3H + 5HCl = 3H^2O + 6Cl.$$

Le zinc décompose l'acide chlorique en dégageant de l'hydrogène. Le permanganate de potassium est décomposé. Un papier mouillé d'acide chlorique et séché prend feu. L'alcool s'enflamme au contact de l'acide chlorique ; cet acide rougit, puis décolore le tournesol.

L'acide chlorique produit des sels appelés *chlorates*. Il est monobasique.

244. Composition. — On chauffe un poids déterminé p de chlorate de potassium ; à haute température, tout l'oxygène se dégage, et il reste un poids p' de chlorure de potassium.

On connaît la composition du chlorure de potassium, on sait qu'une molécule de ce corps pesant 74,5 contient 35,5 de chlore. Donc le poids de chlore contenu dans le poids p' de chlorure de potassium est $p' \dfrac{35,5}{74,5}$. Le poids d'oxygène du chlorate de potassium est alors

$p - p'$, et celui x de l'oxygène uni pour former ce chlorate a une molécule de chlorure de potassium, pesant 74,5, est donné par la formule :

$$\frac{x}{74,5} = \frac{p - p}{v}.$$

On trouve ainsi $x = 48 = 3 \times 16$. Or, 16 étant le poids atomique de l'oxygène, on voit que le chlorate de potassium a pour formule ClO^3K, et l'acide chlorique ClO^3H.

ACIDE PERCHLORIQUE
ClO^4H.

245. Préparation. — C'est le plus stable des composés oxygénés et des acides du chlore.

On peut l'obtenir en chauffant l'acide chloreux ou l'acide chlorique. On l'extrait généralement du perchlorate de potassium par le même procédé que l'on extrait l'acide chlorique du chlorate.

Le perchlorate de potassium s'obtient en chauffant le chlorate de potassium (préparation de l'oxygène) :

$$2ClO^3K = ClO^4K + KCl + O.$$

Le chlorure de potassium est très soluble dans l'eau froide, le perchlorate très peu soluble. On peut ainsi les séparer.

On traite le perchlorate par l'acide fluosilicique :

$$ClO^4K + H^2 F^2 SiF^4 = K^2 F^2 SiF^4 + ClO^4H.$$

Le fluosilicate de potassium étant insoluble, on filtre ; mais, comme dans la préparation de l'acide chlorique, on a ajouté un excès d'acide fluosilicique et la dissolution contient un mélange des deux acides. On traite par la baryte ; le fluosilicate de baryum étant insoluble, on filtre et on traite la solution du perchlorate de baryum par l'acide sulfurique.

Ce procédé est laborieux. Un moyen plus simple consiste à distiller le mélange d'acide fluosilicique et d'acide chlorique obtenu dans la préparation de ce dernier. On chauffe et l'on pousse la distillation jusqu'à ce qu'on voie des fumées blanches. On a :

$$2\,ClO^3H = ClO^4H + HCl + O^2$$

et l'on obtient immédiatement de l'acide perchlorique.

On obtient encore du perchlorate de potassium en décomposant le chlorate par la pile. L'oxygène ne se dégage pas au pôle positif ; il reste combiné avec le chlorate pour former du perchlorate.

246. Propriétés. — L'acide perchlorique est un liquide incolore, de densité 1,78 à 15°. Il est très avide d'eau et forme plusieurs hydrates : on peut obtenir des cristaux déliquescents de formule $ClO^4H + H^2O$ et fondant à 50° ; $ClO^4H + 2H^2O$ a été aussi décrit. Tous ces hydrates peuvent être ramenés à l'acide ClO^4H par distillation avec l'acide sulfurique.

Il se décompose lentement à la température ordinaire ; il est décomposé plus rapidement par le charbon pulvérulent et par le papier.

Il donne des perchlorates ; c'est un acide monobasique. Le perchlorate de potassium est insoluble dans l'alcool, tandis que le perchlorate de sodium y est soluble.

247. Composition. — La composition de cet acide s'établit, comme celle de l'acide chlorique, par la décomposition du perchlorate de potassium. On calcine un poids p de perchlorate de potassium ; tout l'oxygène se dégage, et l'on continue de même que précédemment.

COMBINAISONS DU CHLORE
AVEC L'AZOTE, LE PHOSPHORE, L'ARSENIC ET L'ANTIMOINE
CHLORURE ET OXYCHLORURES D'AZOTE

248. Chlorure d'azote Az Cl³. — Le chlorure d'azote a été découvert par Dulong. Il s'obtient par l'action du chlore en excès sur le chlorure d'ammonium ; on prend du chlore dans une éprouvette et on la place sur un grand verre contenant une solution chaude de chlorure d'ammonium ·

$$Az\ H^4\ Cl + 6Cl = Az\ Cl^3 + 4HCl.$$

On en obtient ainsi généralement une goutte ; on enlève l'éprouvette.

Le chlorure d'azote est décomposé par l'essence de térébenthine et par plusieurs matières organiques. Si l'on recouvre d'essence de thérébenthine une dissolution concentrée de sel ammoniac, que l'on décompose par le courant de la pile, il se forme au pôle positif, où se dégage le chlore, du chlorure d'azote, dont chaque bulle vient détoner au contact de l'essence.

C'est un liquide huileux, jaune, volatil, d'une odeur particulière analogue à celle du chlore ; sa densité est 1,65. Il distille à 70° en vase clos. A 100°, quand on le chauffe brusquement, il y a détonation. Il se décompose avec dégagement de chaleur, 38 calories par molécule.

L'acide chlorhydrique concentré produit la réaction inverse de la première :

$$Az\ Cl^3 + 4HCl = Az\ H^4\ Cl + 6Cl$$

L'ammoniaque en dissolution étendue le transforme en chlorure d'ammonium et azote ; l'hydrogène arsénié donne, avec le chlorure d'azote, de l'azote, de l'acide chlorhydrique et de l'arsenic.

249. Chlorure de nitrosyle AzOCl. — L'eau régale, qui contient un volume d'acide azotique pour 2 volumes d'acide chlorhydrique, transforme le soufre en acide sulfurique, l'anhydride arsénieux en acide arsénique. En chauffant doucement cette eau régale, on obtient un certain nombre de composés chloroxygénés ; à la fin de la distillation, on a le chlorure de nitrosyle (acide chlorazoteux) AzOCl.

C'est un gaz rougeâtre qui, à — 5°, se liquéfie en un liquide rouge.

Au contact des bases, il donne un chlorure et un azotite :

$$AzOCl + 2K\,OH = Az\,O^4K + ClK + H^2O.$$

250. Bichlorure de nitrosyle AzOCl². — Ce composé se produit au commencement de la distillation de l'eau régale. C'est un gaz de couleur jaune qui se liquéfie à — 5°. Il se distingue du précédent parce qu'au contact des bases il se dédouble en chlorure, azotate et azotite :

$$2Az\,OCl^2 + 6KOH = Az\,O^6K + Az\,O^4K + 4ClK + 3H^2O.$$

251. Chlorure d'azotyle Az O⁴ Cl. — Le chlorure d'azotyle se produit en même temps que le chlorure de nitrosyle par l'action de l'acide chlorhydrique sur le peroxyde d'azote refroidi :

$$2Az\,O^4 + 2HCl = Az\,OCl + Az\,O^4\,Cl + H^2\,O.$$

Ce corps est un liquide peu coloré, bouillant à 5°.

Au contact de l'azotate d'argent, le chlorure d'azotyle donne :

$$Az\,O^4\,Cl + Az\,O^3\,Ag = Ag\,Cl + Az^2O^6.$$

C'est un procédé général pour la préparation des anhydrides. Pour avoir l'anhydride acétique C⁴ H⁶ O³, par exemple, on prend le composé C² H³ ClO, qui s'obtient par l'action du pentachlorure de phosphore sur l'acide acétique C² H⁴ O² :

$$PCl^5 + 2C^2\,H^4\,O^2 = PO\,Cl^3 + 2C^2\,H^3\,ClO + H^2O.$$

En traitant le composé C² H³ ClO par l'acétate de potassium C² H³ KO², on a :

$$C^2\,H^3\,ClO + C^2\,H^3\,KO^2 = Cl\,K + C^4\,H^6\,O^3.$$

CHLORURES ET OXYCHLORURE DE PHOSPHORE

252. Trichlorure de phosphore PCl³. — Ce corps s'obtient quand on fait arriver du chlore sec sur du phosphore, en ayant soin de chauffer de manière que le phosphore soit en excès.

On recueille le liquide et on le distille. On obtient ainsi un liquide fumant, de densité 1,61 ; il bout à 78° et sa densité de vapeur est 4,74.

A une température très basse, il s'unit directement au brome pour donner le composé PCl³ Br², qui est solide et très instable.

Il est décomposé par l'eau, avec formation d'acide phosphoreux :

$$PCl^3 + 3H^2O = PO^3\,H^3 + 3H\,Cl.$$

La composition s'établit facilement à l'aide de l'azotate d'argent.

253. Pentachlorure de phosphore PCl⁵. — C'est un corps solide, blanc un peu jaunâtre qui se produit dans les premiers moments de la réaction quand le phosphore brûle dans le chlore.

On peut l'obtenir en faisant passer du chlore dans le trichlorure, dans l'appareil précédent, ou bien en faisant passer un courant de chlore sur du phosphore à la température ordinaire.

Il s'obtient souvent aussi en faisant une dissolution de trichlorure de phosphore dans le sulfure de carbone et faisant passer du chlore.

C'est un corps très volatil. Il cristallise en prismes rhomboïdaux droits ; on ne l'obtient liquide que si on le chauffe dans un tube scellé à la lampe : vers 148°, il fond sous pression. Sa densité de vapeur est 5. Elle diminue jusqu'à la valeur 3,65 qu'elle atteint à 290°. Alors, la densité de vapeur correspond à celle d'un mélange de trichlorure de phosphore et de deux atomes de chlore ; elle correspond donc à la densité du résidu de la décomposition du pentachlorure. Quand on chauffe en effet le corps solide, ses vapeurs incolores d'abord se colorent de plus en plus en jaune verdâtre, le maximum de coloration ayant lieu vers 290°.

L'eau donne lieu à deux réactions différentes. Avec peu d'eau il se forme de l'oxychlorure de phosphore :

$$\text{PCl}^5 + \text{H}^2\text{O} = \text{PO Cl}^3 + 2\text{H Cl}.$$

Avec beaucoup d'eau, on obtient de l'acide phosphorique :

$$\text{PCl}^5 + 4\text{H}^2\text{O} = \text{PO}^4\text{ H}^3 + 5\text{H Cl}.$$

Avec l'hydrogène sulfuré, il y a une réaction analogue à celle qui se produit avec peu d'eau :

$$\text{PCl}^5 + \text{H}^2\text{S} = \text{PS Cl}^3 + 2\text{HCl}.$$

PS Cl³ est le *sulfochlorure de phosphore*, liquide incolore, de densité 1,63, bouillant à 128° et décomposable par l'eau.

Avec l'ammoniaque, on a une réaction analogue :

$$\text{PCl}^5 + 2\text{Az H}^3 = \text{P (Az H}^2)^2\text{ Cl}^3 + 2\text{HCl}.$$

Le pentachlorure de phosphore agit sur les acides monobasiques, en donnant un oxychlorure du radical acide, un oxychlorure de phosphore et de l'acide chlorhydrique :

$$\underset{\text{Acide azotique}}{\text{Az O}^3\text{ H}} + \text{P Cl}^5 = \underset{\text{Chlorure d'azotyle}}{\text{Az O}^2\text{ Cl}} + \text{PO Cl}^3 + \text{HCl}.$$

$$\underset{\text{Acide acétique}}{\text{C}^4\text{ H}^4\text{ O}^4} + \text{PCl}^5 = \underset{\text{Chlorure d'acétyle}}{\text{C}^4\text{ H}^3\text{ OCl}} + \text{PO Cl}^3 + \text{HCl}.$$

Avec les acides bibasiques, on obtient deux espèces d'oxychlorures de l'acide :

$$\text{SO}^4\text{ H}^2 + \text{PCl}^5 = \text{POCl}^3 + \text{SO}^3\text{ HCl} + \text{HCl}.$$
$$\text{SO}^4\text{ H}^2 + 2\text{PCl}^5 = 2\text{POCl}^3 + \text{SO}^2\text{ Cl}^2 + 2\text{HCl}.$$

Le pentachlorure de phosphore forme des chlorures doubles avec plusieurs chlorures métalliques, tels que ceux d'étain et d'aluminium.

254. Oxychlorure de phosphore POCl³. — Il se produit, comme nous venons de le voir, dans l'action du pentachlorure de phosphore sur l'eau ou sur les acides. C'est un liquide fumant, incolore, qui bout à 110°. Au contact de l'eau, il se transforme en acide phosphorique :

$$PO\ Cl^3 + 3H^2\ O = PO^4\ H^3 + 3HCl.$$

Sa densité 1,7 est un peu supérieure à celle du trichlorure de phosphore.

CHLORURE D'ARSENIC

255. Chlorure d'arsenic As Cl³. — Il s'obtient par l'action directe du chlore sur l'arsenic. C'est un liquide incolore, deux fois plus lourd que l'eau. Il est fumant, vénéneux, bout à 134°.

Avec l'eau il donne de l'anhydride arsénieux et de l'acide chlorhydrique :

$$2As\ Cl^3 + 3H^2\ O = As^2\ O^3 + 6HCl.$$

CHLORURES D'ANTIMOINE

L'antimoine, au contact du chlore, donne deux chlorures d'antimoine, un trichlorure Sb Cl³ et un pentachlorure Sb Cl⁵.

256. Trichlorure d'antimoine Sb Cl³. — Il s'obtient par l'action directe de l'antimoine sur le chlore, ou bien en attaquant le sulfure d'antimoine, Sb² S³ par l'acide chlorhydrique :

$$Sb^2\ S^3 + 6H\ Cl = 2Sb\ Cl^3 + 3H^2S.$$

C'est le procédé employé pour la préparation de l'hydrogène sulfuré.

Le trichlorure d'antimoine est un solide d'apparence butyreuse (beurre d'antimoine), fusible à 75°, bouillant à 225°. L'eau le décompose.

257. Pentachlorure d'antimoine Sb Cl⁵. — Le pentachlorure d'antimoine s'obtient par l'action d'un excès de chlore sur le trichlorure, ou bien en dissolvant l'antimoine en poudre dans l'eau régale.

Ce pentachlorure est un liquide rouge, très dense, qui se solidifie à — 25°. Chauffé fortement, il se décompose en chlore et trichlorure d'antimoine. L'eau agit sur lui en donnant de l'acide antimonique.

CHAPITRE VIII

BROME, IODE, FLUOR ET LEURS COMPOSÉS

BROME

$BR = 80.$

258. État naturel. — Le *brome*, ainsi appelé à cause de son odeur, a été découvert en 1826 par Balard.

Il existe dans l'eau de la mer à l'état de bromure de magnésium, on le trouve aussi dans les sources salines de certaines localités. Les eaux mères des marais salants, celles des soudes de warech en contiennent en assez grande quantité.

259. Préparation. — On peut l'extraire des eaux mères des marais salants. On y fait passer un courant de chlore ; il se forme un chlorure de magnésium et du brome. Pour en extraire le brome, on ajoute de l'éther, qui dissout le brome en très grande quantité et forme même de l'éther bromé, produit de substitution. On transforme le brome qui se trouve dans la liqueur en bromure et bromate de potassium :

$$6KOH + 6Br = BrO^3K + 5KBr + 3H^2O.$$

Cette réaction se produit avec une solution de potasse concentrée. On calcine, et l'on recueille du bromure de potassium, car le bromate dégage tout son oxygène. On décompose le bromure de potassium absolument comme le chlorure de sodium ; dans une cornue on introduit du bromure de potassium, de l'acide sulfurique et du bioxyde de manganèse :

$$2BrK + MnO^2 + 2SO^4H^2 = SO^4K^2 + SO^4Mn + Br^2 + 2H^2O.$$

L'expérience se fait dans une grande cornue E dont le col B est ajusté dans une allonge C, terminée par un ballon refroidi ; on chauffe au bain de sable A. Les vapeurs de brome se dégagent et on les recueille dans le ballon D (fig. 114).

On peut encore le préparer avec les cendres de varech. On brûle les varechs en tas ; le résidu contient des sels de potassium et de sodium, surtout des bromures et des iodures. On le lessive, on fait cristalliser les matières solubles dans l'eau. Il reste dans les eaux mères des

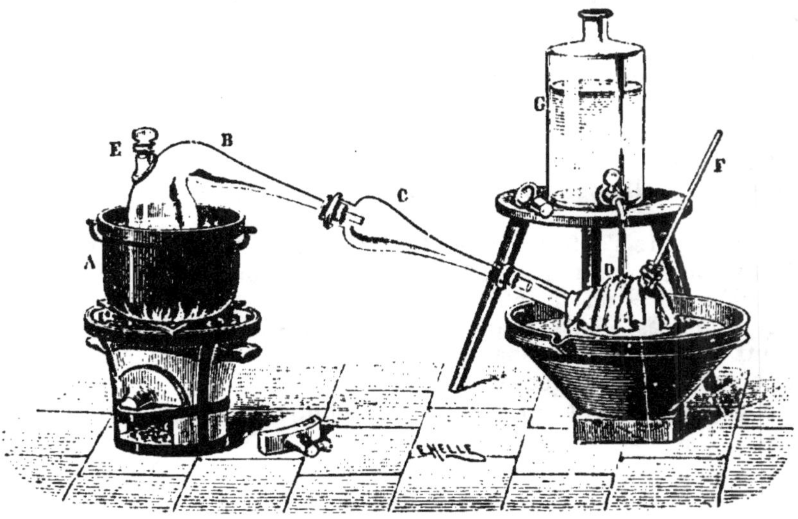

Fig. 114. — Préparation du brome.

hyposulfites, des iodures, des bromures, on ajoute du peroxyde de manganèse et de l'acide sulfurique, qui transforme tous les sulfures et hyposulfites en sulfate que l'on retire par cristallisation. On fait passer un courant de chlore dans les eaux, il se forme des chlorures et l'iode est précipité :

$$INa + Cl = I + NaCl.$$

On ne met que juste la proportion de chlore nécessaire à la précipitation de tout l'iode, et pour cela on détermine cette quantité de chlore en faisant un essai préliminaire. On enlève alors l'iode ; si on fait ensuite passer d'autre chlore, on a :

$$Br\,Na + Cl = Br + Cl\,Na.$$

Le brome est alors recueilli comme précédemment.

260. **Propriétés physiques.** — Le brome est à la température ordinaire un liquide d'un beau brun foncé, d'une odeur pénétrante ; il répand des vapeurs rouges, dangereuses à respirer en grande quantité. Le contrepoison est le lait en grande abondance.

Sa densité à l'état liquide est 2,97. Il se solidifie à — 22° en un corps de couleur gris d'acier. Il bout à 63°, et ses vapeurs, très colorées et très lourdes, ont pour densité 5,94. Son poids moléculaire est 160 et son poids atomique, déduit de l'analyse de ses composés, 80.

Il est un peu soluble dans l'eau, beaucoup dans l'éther et dans le sulfure de carbone ; sa dissolution dans ce dernier liquide est rouge.

261. Propriétés chimiques. —Le brome, comme le chlore, entretient les combustions.

Une bougie allumée brûle un instant dans la vapeur de brome, puis s'y éteint.

Le phosphore s'enflamme spontanément au contact du brome.

Le brôme est chimiquement analogue au chlore; comme lui, c'est un décolorant et un désinfectant.

Le brome est chassé par le chlore de ses combinaisons avec les métaux et avec l'hydrogène; mais il chasse au contraire le chlore de ses combinaisons oxygénées.

On emploie le brome à fabriquer les bromures, utilisés en photographie.

COMPOSÉ HYDROGÉNÉ DU BROME

ACIDE BROMHYDRIQUE

H Br.

262. Préparation. — L'acide chlorhydrique s'obtient par la combinaison de l'hydrogène et du chlore ; l'hydrogène et le brome ne s'unissent pas à la température ordinaire. Il faut les faire arriver sur de la mousse de platine ou dans un tube fortement chauffé.

L'hydrogène sulfuré est décomposé par le brome ; on obtient de l'acide bromhydrique et du soufre. Ce procédé est peu employé.

On décompose généralement les bromures anhydres. On fait d'abord du bromure de phosphore PBr^3; pour cela on prend un tube en W, et l'on met d'une part du brome et d'autre part des morceaux de phosphore, séparés par du verre mouillé. On chauffe légèrement le brome. Le bromure de phosphore, qui se forme peu à peu, est décomposé par l'eau; il se forme de l'acide bromhydrique, qui sature d'abord l'eau, puis qui se dégage :

$$PBr^3 + 3H^2O = PO^3H^3 + 3HBr.$$

On peut substituer au phosphore ordinaire le phosphore rouge ;

l'expérience présente moins de danger et peut se faire dans une cornue tubulée, que l'on chauffe légèrement.

L'acide bromhydrique ne peut être recueilli ni sur l'eau, ni sur le mercure; on le recueille, comme l'acide chlorhydrique, par déplacement de l'air dans un flacon, ou en dissolution.

Si l'on prend du bromure de potassium et de l'acide sulfurique on a :

$$2Br\,K + S\,O^4\,H^2 = 2H\,Br + S\,O^4\,K^2.$$

Mais l'acide bromhydrique est décomposé par l'acide sulfurique :

$$2H\,Br + SO^4\,H^2 = 2H^2 + 2\,O + 2Br + SO^2.$$

Cependant, le bromure de baryum, ou de calcium, peut être décomposé par l'acide sulfurique :

$$Ba\,Br^2 + SO^4\,H^2 = 2Br\,H + SO^4\,Ba.$$

On peut verser aussi du brome sur de la naphtaline $C^{10}\,H^8$, qui se décompose en naphtaline bromée $C^{10}\,H^7\,Br$, et il se forme de l'acide bromhydrique :

$$C^{10}\,H^8 + Br^2 = C^{10}\,H^7\,Br + H\,Br.$$

On remplit une petite cornue tubulée de naphtaline, on verse du brome et l'acide bromhydrique se dégage.

263. Propriétés. — L'acide bromhydrique est un gaz incolore, d'une odeur suffocante. Sa densité est 2,71. Son poids moléculaire est 81. Il est soluble dans l'eau.

L'acide bromhydrique est décomposé par le chlore.

C'est un acide énergique qui dissout l'argent. Il forme, avec les métaux, des bromures analogues aux chlorures; ces sels peuvent se préparer par l'action directe du brome sur les métaux. Mais cette expérience est dangereuse, et on les obtient généralement par la décomposition des bromates.

La composition de l'acide bromhydrique est la même que celle de l'acide chlorhydrique, et elle s'obtient de même, en chauffant dans une cloche courbe de l'acide bromhydrique avec du potassium ou de l'amalgame de sodium.

COMPOSÉS OXYGÉNÉS DU BROME

264. Généralités. — On obtient des bromures décolorants, analogues aux chlorures décolorants, et de la même manière, en mettant du brome au contact des hydrates refroidis et étendus d'eau :

$$2\,Br + 2KO\,H = Br\,K + Br\,O\,K + H^2\,O.$$

Ces bromures décolorants sont formés, d'une manière analogue aux chlorures, d'un mélange de bromure et d'hypobromite alcalin.

L'acide bromique BrO^3H existe et forme des bromates, que l'on obtient comme les chlorates, en faisant passer de la vapeur de brome dans une dissolution concentrée :

$$6KOH + 6Br = BrO^3K + 5BrK + 3H^2O.$$

Les bromates, calcinés, se transforment en bromures, comme les chlorates en chlorures.

Du bromate de potassium BrO^3K, on peut retirer l'acide bromique comme l'on extrait l'acide chlorique du chlorate.

On obtient l'acide perbromique à l'aide de l'acide perchlorique, car le brome chasse le chlore de ses combinaisons oxygénées. Cet acide est décomposé par la chaleur, l'anhydride sulfureux, l'acide phosphoreux, les hydracides, l'alcool, l'éther.

COMBINAISON DU BROME ET DU CHLORE

265. Chlorure de brome Br Cl. — Balard a signalé un chlorure de brome auquel il a attribué la formule $BrCl^5$, mais dont la composition paraît mieux représentée par la formule $BrCl$.

Ce corps se produit en faisant passer un courant de chlore dans du brome maintenu à basse température.

Il se décompose au-dessus de 10° ; en présence des alcalis, il se dédouble en donnant un chlorure et un bromate.

COMBINAISONS DU BROME AVEC L'AZOTE, LE PHOSPHORE L'ARSENIC ET L'ANTIMOINE

266. Bromure d'azote Az Br³. — Le bromure d'azote s'obtient par l'action du chlorure d'azote sur le bromure de potassium :

$$Az\,Cl^3 + 3BrK = Az\,Br^3 + 3ClK$$

C'est un liquide oléagineux, présentant avec le chlorure d'azote les plus grandes analogies, détonant comme lui et aussi dangereux à manier.

267. Oxybromures d'azote. — On a décrit deux composés du brome avec les oxydes de l'azote.

L'un, le *bromure de nitrosyle*, $Az\,OBr$, ou *acide bromoazoteux*, se produit quand on fait passer un courant de bioxyde d'azote AzO dans du brome maintenu à basse température ; c'est un liquide brun, qui bout à — 2°.

L'autre, le *bromure d'azotyle* AzO^2Br se produit lorsqu'on fait agir le peroxyde d'azote AzO^2 sur le brome liquide. C'est un liquide qui bout à 46°

268. Bromures de phosphore. — On connaît deux bromures de phosphore, correspondant aux deux chlorures :

Le *tribromure de phosphore* PBr^3 qui s'obtient en traitant le phosphore, dissous dans le sulfure de carbone, par une quantité convenable de brome, puis chassant le sulfure de carbone par un courant d'air. C'est un liquide incolore, très mobile, bouillant à 175° et que l'eau décompose en acide phosphoreux et acide bromhydrique :

$$PBr^3 + 3H^2O = PO^3H^3 + 3HBr.$$

Le *pentabromure* PBr^5 s'obtient en traitant par un excès de brome la dissolution de phosphore dans le sulfure de carbone, ou bien en traitant le tribromure par le brome. C'est un corps solide jaune, décomposable par la chaleur. L'eau le décompose en acide phosphorique et acide bromhydrique :

$$PBr^5 + 4H^2O = PO^4H^3 + 5HBr.$$

Une faible quantité d'eau donne avec le pentabromure un oxybromure $PO\,Br^3$:

$$PBr^5 + H^2O = PO\,Br^3 + 2H\,Br.$$

269. Bromure d'arsenic As Br³. — Il s'obtient en ajoutant une quantité convenable d'arsenic à une dissolution de brome dans le sulfure de carbone, que l'on chasse ensuite.

C'est un corps cristallisé, incolore, fusible à 20°, bouillant à 220° et décomposable par l'eau.

270. Bromure d'antimoine Sb Br³. — Le bromure d'antimoine se prépare en ajoutant une quantité convenable d'antimoine en poudre à la dissolution de brome dans le sulfure de carbone. C'est un solide cristallisé, fusible à 90° et bouillant à 275°.

IODE

I = 127.

271. État naturel. — L'iode a été découvert par Courtois et étudié par Gay-Lussac, qui fit remarquer les analogies du chlore et de l'iode.

Il se rencontre dans la nature. Les eaux de la mer contiennent du brome et de l'iode à l'état de bromures et d'iodures en petites proportions ; mais les plantes marines ont la propriété curieuse d'accumuler dans leurs tissus la plus grande quantité d'iode.

On trouve encore l'iode dans les dépôts de salpêtre du Chili et du Pérou et dans les dépôts de carnallite (chlorure double de sodium et de potassium).

272. Préparation. — On extrait généralement l'iode des varechs. On les calcine, il se dégage de l'anhydride carbonique et de l'eau, et il reste un résidu appelé *soudes de varechs*. On traite ces soudes par l'eau et on fait cristalliser.

On reprend les eaux mères, qui contiennent, avec de l'iode et du brome, des sels qu'il faut d'abord enlever. Les sulfates alcalins de potassium et de sodium ont donné, avec le charbon des matières organiques, des sulfures alcalins et à l'air ces sulfures donnent des hyposulfites ; on oxyde les sulfures et les hyposulfites en additionnant les eaux mères de peroxyde de manganèse et d'acide sulfurique et l'on a des sulfates, que l'on enlève par cristallisation.

On fait passer un courant de chlore qui chasse l'iode et prend sa place :

$$INa + Cl = ClNa + I.$$

Seulement, si le courant de chlore est trop prolongé, il se produit deux effets, il y a combinaison de l'iode avec l'oxygène aux dépens des éléments de l'eau :

$$5Cl + I + 3H^2O = IO^3H + 5HCl.$$

On a de l'acide iodique IO^3H. D'ailleurs le chlore peut aussi se combiner à l'iode, avec lequel il forme plusieurs composés, entre autres le chlorure ICl^3. On fait donc un titrage préalable, en prenant une certaine quantité de la liqueur sur laquelle on opère.

Une fois l'iode déposé, on peut extraire le brome, comme nous l'avons vu à propos de ce corps.

L'iode se trouve encore dans le salpêtre du Chili à l'état d'iodures et d'iodates. On ajoute de l'anhydride sulfureux, et l'on a :

$$2IO^3K + SO^2 = SO^4K^2 + I^2 + O^4.$$

Ici encore il faut que l'opération soit réglée ; après avoir précipité l'iode, si l'on ajoutait encore de l'anhydride sulfureux, il pourrait décomposer l'eau et donner de l'acide iodhydrique :

$$2I + 2H^2O + SO^2 = SO^4H^2 + 2IH.$$

273. Raffinage. — L'iode ainsi préparé doit être raffiné ; on opère par sublimation. On emploie pour cela des cornues de verre, ou de grès, à moitié pleines d'iode et chauffées dans un bain de sable qui les entoure complètement. Les vapeurs sont condensées dans des récipients extérieurs (fig. 115).

Autrefois, l'iode n'était pas trop cher, parce que les soudes de varech servaient à fabriquer le chlorure de potassium. Aujourd'hui que les mines de chlorure de potassium de Stassfürt ont été découvertes, son prix est plus élevé.

274. Propriétés physiques. — L'iode est un corps solide, d'une couleur gris d'acier, d'aspect métallique. Il fond à 114°. Volatil à la température ordinaire, il bout vers 200° ; la tension de sa vapeur est déjà très considérable vers 115°, aussi l'observe-t-on peu souvent liquide.

Il se sublime.

La densité de l'iode solide est 4,95. Sa densité de vapeur est 8,116, son poids moléculaire est donc 254, et son poids atomique, déduit de l'analyse de ses composés, est 127.

L'iode agit sur la peau et la tache en jaune ; cette tache disparaît à la longue. En grande quantité, c'est un caustique violent, très employé

Fig. 115. — Sublimation de l'iode.

en médecine. On l'emploie aussi comme dépuratif, et l'huile de foie de morue doit ses propriétés à l'iode.

Très peu soluble dans l'eau, l'iode est soluble dans la dissolution d'acide iodhydrique, qui l'abandonne ensuite sous forme de cristaux très nets. Dissous dans l'alcool, il donne la *teinture d'iode*. Il communique au sulfure de carbone une couleur rouge violacée très intense ; il se dissout dans le chloroforme. Les colorations qu'il communique à ces divers dissolvants suffisent pour mettre en évidence de petites quantités d'iode.

275. Propriétés chimiques. — L'iode ne se combine pas directement avec l'oxygène ; mais il se combine avec le soufre, le sélénium et le tellure. Il se combine indirectement avec l'azote, directement avec le phosphore et l'arsenic ; avec le phosphore ordinaire il y a combinaison entre les matières solides à la température ordinaire, avec le phosphore rouge il y a combinaison plus lente.

Si l'on prend une plaque de cuivre argenté, et qu'on dépose de l'iode au milieu, il se forme de l'iodure d'argent par suite des vapeurs rayonnant circulairement ; on a des couches circulaires d'iodure d'argent.

L'iode forme avec les métaux des iodures analogues aux chlorures et aux bromures.

L'iode est mis en évidence le plus souvent par l'amidon. L'amidon se gonfle dans l'eau chaude et donne l'empois d'amidon ; cet empois d'amidon se colore en bleu par l'iode. C'est le principal réactif de ce métalloïde. La coloration ne se produit qu'après dissolution d'un peu d'iode dans l'eau ; si on chauffe, l'iode devient plus soluble dans l'eau et abandonne l'amidon, il y a alors décoloration. En refroidissant, la coloration reparaît.

COMPOSÉ HYDROGÉNÉ DE L'IODE

ACIDE IODHYDRIQUE

IH.

276. Préparation. — On peut l'obtenir par l'action directe de l'hydrogène sur l'iode. Cette action s'exerce, mais dans des conditions convenables : elle s'effectue seulement quand on fait passer un courant d'hydrogène sur de l'iode en présence de la mousse de platine. La combinaison a lieu aussi à haute température, quand l'hydrogène et l'iode sont chauffés dans un tube.

Généralement, on décompose l'iodure de phosphore anhydre par l'eau ; c'est la réaction la plus utilisée ici. On ne prépare pas à part l'iodure de phosphore : on prend du phosphore rouge dans une cornue tubulée avec une certaine quantité d'eau et on ajoute de l'iodure de potassium. Le phosphore et l'iode donnent de l'iodure de phosphore, que l'eau décompose immédiatement. On a :

$$PI^3 + 3H^2O = PO^3H^3 + 3IH.$$

L'acide phosphoreux PO^3H^3 reste en dissolution, l'acide iodhydrique se dégage.

Il se produit souvent dans cette réaction de l'iodhydrate d'hydrogène phosphoré $PH^3 IH$, parce que l'acide phosphoreux en se décomposant donne de l'hydrogène phosphoré, qui s'unit à l'acide iodhydrique :

$$4PO^3H^3 = 3PO^4H^3 + PH^3.$$

Si l'on décompose de l'iodure de sodium par l'acide sulfurique il se forme de l'acide iodhydrique :

$$2INa + SO^4H^2 = SO^4Na^2 + 2IH.$$

Mais l'acide iodhydrique réagit sur l'acide sulfurique :

$$2IH + SO^4H^2 = SO^2 + 2H^2O + I^2.$$

Il se forme de l'iode; on emploie cette réaction pour précipiter l'iode des iodures, par exemple de l'iodure de potassium.

On peut encore décomposer l'hydrogène sulfuré par l'iode ; cette réaction est utilisée pour préparer la dissolution d'acide iodhydrique :

$$H^3S + I^2 = 2IH + S.$$

Il faut chasser l'excès d'hydrogène sulfuré et le soufre, qui, à cet état de grande division, traverse les filtres; pour cela on chauffe, la chaleur chasse l'hydrogène sulfuré et coagule le soufre. On obtient ainsi une dissolution incolore d'acide iodhydrique. A la lumière, elle se colore en jaune.

277. Propriétés. — L'acide iodhydrique est un gaz très soluble dans l'eau et qui attaque le mercure. On le recueille dans des flacons, par déplacement. Sa densité est 4,443; le poids d'un litre est $5^{gr},711$. Son poids moléculaire est 128.

Il est décomposé par le chlore, avec précipitation d'iode.

278. Composition. — On décompose deux volumes d'acide iodydrique par un métal, qui s'empare de l'iode. Il reste un volume d'hydrogène, et la considération des densités montre qu'il a disparu un volume d'iode.

Une molécule d'acide iodhydrique pesant 128 contient 127 d'iode.

COMPOSÉS OXYGÉNÉS DE L'IODE

279. Généralités. — Les composés de l'iode sont :

L'anhydride iodique I^2O^5;

L'anhydride periodique I^2O^7.

Ces anhydrides se produisent en faisant passer dans l'appareil à effluve un mélange d'oxygène et d'iode secs chauffés à 100°.

Ils sont peu importants; mais les acides qu'ils donnent avec l'eau sont plus intéressants à étudier. Ce sont :

L'acide iodique IO^3H;

L'acide periodique IO^4H.

ACIDE IODIQUE

IO^3H.

280. Préparation. — L'acide iodique se prépare par l'action oxydante de l'acide azotique sur l'iode.

On peut aussi utiliser la propriété de l'iode de déplacer le chlore
dans les combinaisons oxygénées. En traitant le chlorate de potassium
par l'iode, en présence de l'acide azotique, on a :

$$ClO^3K + I + AzO^3H = IO^3K + Cl + AzO^3H.$$

Avec le chlorate de baryum et l'iode, on a la même réaction. En
versant dans la dissolution d'iodate de baryum de l'acide sulfurique,
on a l'acide iodique.

On peut encore traiter l'iodate de potassium par l'azotate de baryum ; il se dépose de l'iodate de baryum insoluble, que l'on décompose en versant de l'acide sulfurique étendu.

On prépare l'iodate de potassium en chauffant dans un ballon parties égales d'iode et de chlorate de potassium, avec 5 parties d'eau.

281. Propriétés. — L'acide iodique est un corps solide, de densité
4,4. C'est un oxydant des plus énergiques: il oxyde le soufre, le phosphore, l'arsenic, etc.

Sous l'action de la chaleur, il se décompose à haute température en
iode et oxygène.

Il est réduit par l'anhydride sulfureux. Cette propriété est utilisée pour reconnaître des traces d'anhydride sulfureux : on le verse
goutte à goutte dans une solution d'iodate de potassium et d'amidon.
La liqueur se colore en bleu, un excès d'andydride sulfureux la décolore.

L'acide iodique est monoatomique; il a pour formule IO^3H.

ACIDE PERIODIQUE

IO^4H.

282. Préparation. — L'acide periodique, analogue à l'acide perchlorique, s'obtient au moyen de l'iodate de sodium, de la soude et du
chlore :

$$IO^3Na + NaOH + 2Cl = IO^4Na + NaCl + HCl.$$

On transforme le periodate de sodium en periodate d'argent ou de plomb :

$$(AzO^3)^2Pb + 2IO^4Na = 2AzO^3Na + (IO^4)^2Pb.$$

On met l'iodate de plomb en suspension dans l'eau, et on le décompose par l'acide sulfurique. On a :

$$(IO^4)^2Pb + SO^4H^2 = 2IO^4H + SO^4Pb.$$

283. Propriétés. — L'acide periodique, sous l'action de la chaleur, se décompose en donnant d'abord de l'acide iodique et de l'oxygène puis de l'iode, de l'oxygène et de l'eau.

COMBINAISONS DE L'IODE AVEC LE CHLORE

284. Chlorures d'iode. — On connaît deux combinaisons de l'iode et du chlore.

Le *protochlorure* ICl, qui s'obtient en faisant passer à la température ordinaire sur de l'iode un courant de chlore. En l'arrêtant, lorsqu'un atome d'iode a absorbé un atome de chlore et distillant vers 100° le produit obtenu, on recueille un corps solide, rouge foncé, fusible à 25°, bouillant à 102°. C'est le protochlorure d'iode.

L'eau le décompose en donnant de l'iode, de l'acide iodique et une combinaison du protochlorure d'iode avec l'acide chlorhydrique :

$$10ICl + 3H^2O = 2I^2 + IO^3H + 5ICl\,HCl.$$

Le *trichlorure* ICl³ s'obtient en faisant passer sur de l'iode un excès de chlore. C'est un corps solide, jaune, que la chaleur dissocie en iode et protochlorure.

L'eau le décompose en iode, acide iodique et acide chlorhydrique :

$$5ICl^3 + 9H^2O = I^2 + 3IO^3H + 15HCl.$$

COMBINAISONS DE L'IODE AVEC L'AZOTE, LE PHOSPHORE L'ARSENIC ET L'ANTIMOINE

285. Iodure d'azote. — Ce corps s'obtient en triturant dans un mortier d'agate (fig. 116) pendant quelques instants de l'iode avec de l'ammoniaque du commerce. Il se forme une poudre brune, que l'on recueille pendant qu'elle est encore humide, que l'on divise en petites parties et que l'on fait sécher sur du papier à filtre ; lorsque cette substance est sèche, elle détone avec une grande violence quand on la touche simplement avec une barbe de plume.

La composition de ce corps n'est pas bien connue ; d'après Bunsen, il contiendrait de l'hydrogène. Certains chimistes admettent que c'est une combinaisons d'un odiure d'azote AzI³ avec l'ammoniaque ; ils lui donnent pour formule AzI³, AzH³.

Fig. 116. — Préparation de l'iodure d'azote.

286. Iodures de phosphore. — On connaît deux iodures de phosphore nettement définis :

Le *biiodure* de phosphore P²I⁴ s'obtient en traitant le phosphore dissous dans le sulfure de carbone par une quantité convenable d'iode également dissous dans le sulfure de carbone, et chassant ensuite ce dernier corps par un courant d'anhydride carbonique.

C'est un corps solide, d'un beau rouge orangé, cristallisé en prisme : il fond à 110°. La chaleur le décompose ; cependant M. Troost a pu prendre sa densité de vapeurs à 265° et sous la pression de 59 millimètres de mercure ; elle est égale à 20 et donne un poids moléculaire qui correspond à la formule P²I⁴.

L'eau le décompose en acide iodhydrique, acide phosphoreux et acide hypophosphoreux :

$$P^4I^4 + 5H^2O = 4IH + PO^3H^3 + PO^3H^3.$$

Le *triiodure* PI³ s'obtient en traitant comme pour le précédent le phosphore en dissolution par un excès d'iode. C'est un corps solide rouge, cristallisé en lamelles hexagonales et fondant à 55°. La densité de sa vapeur à 270° et sous basse pression est 14,45 ; son poids moléculaire correspond à la formule PI³.

Il brûle à l'air en donnant de l'iode et de l'anhydride phosphorique. L'eau le décompose en acide phosphoreux et acide iodhydrique :

$$PI^3 + 3H^2O = 3IH + PO^3H^3.$$

287. Iodures d'arsenic. — Le *triiodure* d'arsenic AsI³ s'obtient, comme le triiodure de phosphore, en ajoutant une quantité convenable d'arsenic en poudre à une dissolution d'iode dans le sulfure de carbone et chassant ce dernier.

C'est un corps solide, rouge, cristallisé en tablettes hexagonales. Il brûle à l'air ou dans l'oxygène avec une belle flamme violette.

On a décrit un *biiodure* AsI², qui s'obtiendrait en ajoutant de l'arsenic en poudre à une dissolution de triiodure dans le sulfure de carbone et chauffant un peu.

288. Iodure d'antimoine. — Le *triiodure* d'antimoine SbI³ s'obtient, comme le triiodure d'arsenic, en ajoutant de l'antimoine en poudre à une dissolution d'iode dans le sulfure de carbone.

C'est un corps solide, qui se sublime en donnant des vapeurs rouges. Il s'unit aux iodures métalliques en donnant des iodures doubles.

FLUOR

$$F = 19.$$

289. Préparation et propriétés. — Il existe dans la nature un mi
néral appelé *fluorine*, ou *spath fluor ;* c'est un fluorure de calcium
CaF^2, qui cristallise dans le système cubique et est fluorescent. Traité
par les acides, il se décompose comme le ferait un chlorure, en don
nant un sel de calcium et en dégageant un gaz acide ; mais ce gaz a
la propriété particulière d'attaquer le verre. Aussi, dès 1820, a-t-on
admis que la fluorine était un composé de calcium avec un corps

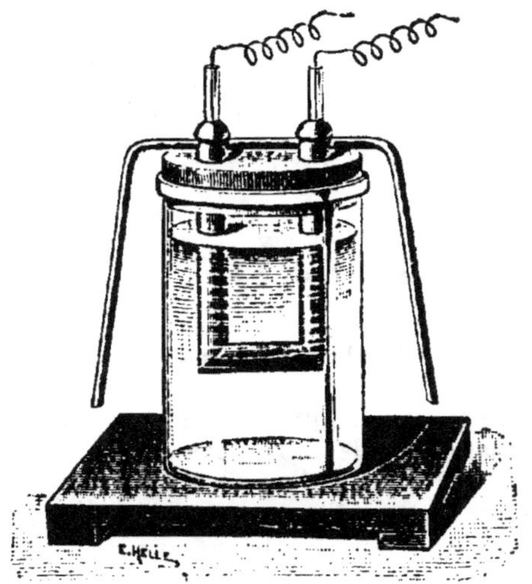

Fig. 117. — Préparation du fluor.

analogue au chlore, et qu'on appela *fluor ;* mais comme ce corps
attaque vivement le verre, la porcelaine, la terre et la plupart des
métaux, il est très difficile de l'isoler.

M. Moissan y parvint cependant en 1886. Il se servit d'un récipient
en platine (fig. 117) ayant la forme d'un tube en U et fermé par des
bouchons en fluorine ; sur les côtés se trouvent deux tubes à dégagement. Dans cet appareil, il introduit de l'acide fluorhydrique anhydre, qu'il décompose par le courant électrique, au moyen de deux
fils de platine plongeant dans l'acide. L'appareil est refroidi par l'évaporation du chlorure de méthyle.

A l'électrode positive il se dégage du fluor et à l'électrode négative de l'hydrogène.

Le fluor ainsi obtenu est un gaz légèrement coloré en jaune, de densité 1,265. Son poids moléculaire est 38.

Le fluor attaque peu l'or et le platine, mais il attaque rapidement tous les autres métaux à la température ordinaire, en donnant des *fluorures*. Il se combine à l'hydrogène à froid, même dans l'obscurité; le soufre, le phosphore, l'arsenic, l'antimoine, le silicium, même cristallisé, brûlent au contact du fluor. L'eau est décomposée à la température ordinaire; il en est de même des matières organiques, qui contiennent de l'hydrogène et qui s'enflamment au contact du fluor.

COMPOSÉ HYDROGÉNÉ DU FLUOR

ACIDE FLUORHYDRIQUE

FH.

290. Préparation. — L'acide fluorhydrique s'extrait du spath fluor, ou fluorure de calcium CaF^2, qui est décomposé par les acides comme le serait un chlorure :

$$CaF^2 + So^4H^2 = So^4Ca + 2FH.$$

Pour obtenir l'acide fluorhydrique pur, il faut employer du spath fluor pur, ne contenant pas de sable, sans quoi il se formerait du fluorure de silicium, qui s'unit à l'acide fluorhydrique pour donner l'acide fluosilicique. On mélange le fluorure de calcium en poudre et l'acide sulfurique, on en fait une pâte qu'on place dans un vase de plomb C (fig. 118); on chauffe légèrement au moyen du fourneau F; les vapeurs d'acide fluorhydrique vont se condenser dans le tube en plomb T, qui plonge dans un mélange réfrigérant R.

Pour l'obtenir pur, on le mélange avec de la potasse, il se forme du fluorhydrate de potassium KF^2H :

$$KOH + 2FH = KF^2H + H^2O.$$

Le fluorhydrate de potassium cristallisé et desséché est anhydre. En le mettant dans une cornue de plomb et chauffant, on recueille de l'acide fluorhydrique pur.

On peut remplacer le fluorure de calcium par la cryolithe, qui est un fluorure double d'aluminium et de sodium :

$$6NaF, Al^2F^6 + 6SO^4H^2 = 3SO^4Na^2 + (SO^4)^3Al^2 + 12FH.$$

291. Propriétés. — L'acide fluorhydrique en dissolution est un liquide volatil, fumant à l'air ; il a pour densité 1,06. Il bout à 19°.

Ses vapeurs sont très dangereuses à respirer : sur la peau, une goutte d'acide produit des ampoules qui donnent la fièvre. Très étendu d'eau il est beaucoup moins dangereux.

Il attaque le silicium et la silice en donnant du fluorure de silicium SiF^4 :

$$SiO^2 + 4FH = SiF^4 + 2H^2O.$$

Il attaque par conséquent le verre, qui contient de la silice. Aussi ne peut-on le conserver dans des flacons en verre. Cependant, parfaitement anhydre, il ne dissout pas le verre.

Il attaque tous les métaux, excepté l'or et le platine ; l'argent et le

Fig. 118. — Préparation de l'acide fluorhydrique.

plomb ne sont que peu attaqués à la longue. On peut le conserver dans des flacons en plomb, argent, or, platine, ou gutta-percha.

Sa composition correspond, d'après Gore, à celle de l'acide chlorhydrique.

292. Application. Gravure sur verre. — L'acide fluorhydrique est principalement employé à la gravure sur verre.

Pour cela, on enduit la plaque de verre à graver d'un vernis inattaquable aux acides, fait par exemple en dissolvant du bitume de Judée dans la benzine ; quand ce vernis est bien sec, on y fait avec une pointe les traits que l'on veut graver, en ayant soin de mettre le verre à nu. Puis on soutient la plaque renversée au-dessus d'une capsule en plomb contenant du fluorure de calcium en poudre et de l'acide sulfurique légèrement chauffés ; les vapeurs d'acide fluorhydrique attaquent le verre partout où la pointe a passé, et le gravent.

En dissolvant ensuite le vernis dans la benzine, les traits apparaissent.

On pourrait aussi entourer la plaque d'un rebord de caoutchouc ou de gutta-percha, et verser dans la cuvette formée ainsi une dissolution d'acide fluorhydrique. Seulement les traits obtenus sont alors transparents, tandis que par la première méthode ils sont opaques et par conséquent plus visibles.

COMBINAISONS DU FLUOR AVEC LE PHOSPHORE L'ARSENIC ET L'ANTIMOINE

293. Fluorures de phosphore. — On connaît deux fluorures de phosphore :

Le *trifluorure* PF^3, s'obtient en faisant tomber goutte à goutte, au moyen d'un tube à entonnoir bouché et à robinet (fig. 119), du fluorure d'arsenic dans un petit ballon de verre contenant du trichlorure de phosphore. C'est un gaz incolore, de densité 3, qui se dégage. Il a été liquéfié à 10° sous la pression de 40 atmosphères.

L'eau le décompose lentement, les alcalis rapidement, en acide phosphoreux et en acide fluorhydrique, ou fluorure alcalin :

$$PF^3 + 3KOH = PO^3H^3 + 3FK.$$

Le *pentafluorure* PF^5 s'obtient d'une façon tout à fait analogue, en faisant tomber goutte à goutte du fluorure d'arsenic sur du pentachlorure de phosphore.

C'est un gaz fumant à l'air, qui a été liquéfié à 16°, sous la pression de 40 atmosphères ; on l'obtient solide, quand on laisse détendre le liquide. L'électricité le décompose en fluor et trifluorure.

294. Fluorure d'arsenic AsF^3. — Le *fluorure d'arsenic* s'obtient en chauffant dans une cornue de plomb un mélange de fluorure de calcium, d'anhydride arsénieux et d'acide sulfurique ; en condensant les vapeurs qui se dégagent, on obtient un liquide incolore, fumant à l'air et qui bout à 63°.

Il attaque le verre et, quand on le chauffe dans un récipient de cette substance, il donne du fluorure de silicium.

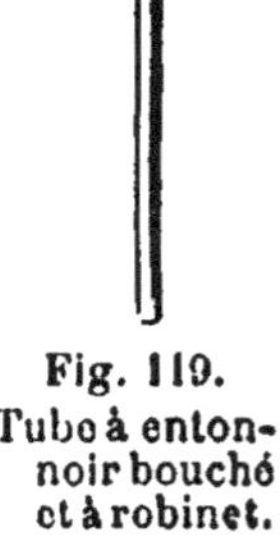

Fig. 119.
Tube à entonnoir bouché et à robinet.

295. Fluorures d'antimoine. — On connaît deux fluorures d'antimoine :

Le *trifluorure* SbF^3 s'obtient en dissolvant le protoxyde d'antimoine dans l'acide fluorhydrique et distillant la solution ; c'est un solide cristallisé, volatil et déliquescent.

Le *pentafluorure* SbF^5 s'obtient en dissolvant l'anhydride antimonique dans l'acide fluorhydrique et évaporant la solution ; on obtient ainsi une masse vitreuse. Le pentafluorure forme avec les fluorures métalliques des fluorures doubles.

CHAPITRE IX

SOUFRE

S = 32.

296. État naturel. — Le soufre se trouve à l'état natif en Sicile ; à l'état de combinaisons, on le rencontre en diverses régions dans les dépôts de marnes, dans les émanations volcaniques, dans certains cours d'eau (Rio-Vinagre). Beaucoup de minerais métalliques sont des sulfures : le *cinabre*, ou sulfure de mercure, la *galène*, ou sulfure de plomb, la *blende*, ou sulfure de zinc, la *pyrite*, ou sulfure de fer. On le rencontre encore dans le *gypse*, ou sulfate de calcium, le *spath pesant*, ou sulfate de baryum, dans le sulfate de strontium.

297. Extraction. — On peut l'extraire du soufre natif par simple

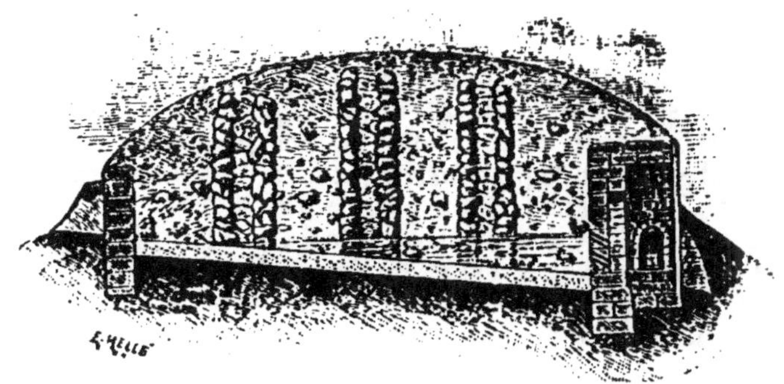

Fig. 120. — Extraction du soufre par le procédé des Calkeroni.

fusion dans des chaudières de fonte, où l'on fait chauffer les matières riches en soufre, ou *solfatares*. Quelquefois, on chauffe le soufre dans un fourneau percé de trous.

Autrefois on employait le procédé des meules ou des *calkeroní* (fig. 120). On faisait avec les matières sulfurées un tas que l'on plaçait dans un massif en maçonnerie à sol incliné et que l'on recouvrait avec de la terre légèrement battue. On ménageait une cheminée au centre et plusieurs conduits latéraux. On mettait le feu avec du menu bois, projeté enflammé dans le conduit central; le soufre fondait et coulait vers le bas.

Enfin, on emploie aussi le procédé des *fourneaux de galère* (fig. 121).

Fig. 121. — Extraction du soufre par le procédé des fourneaux de galère.

Dans un four, sont placés deux rangs de pots de terre ; chaque pot est fermé et présente latéralement un ajutage oblique qui communique à travers la paroi du four avec un pot semblable placé extérieurement. Ici on chauffe plus fortement le soufre, qui se transforme en vapeurs et distille dans les pots extérieurs.

Ce soufre est impur ; il doit être raffiné. Pour la France, le raffinage se fait à Marseille, à l'aide de l'appareil représenté par la figure 122.

Le soufre brut est chauffé dans une première chaudière A, où il fond et passe peu à peu par le conduit F dans une seconde chaudière B; là il est chauffé plus fort, se volatilise et passe dans une grande chambre munie d'une soupape de sûreté S. La vapeur de soufre se condense en partie sur les parois froides de la chambre sous forme de poudre impalpable (fleur de soufre), en partie sur le sol chauffé, où il reste à l'état liquide; ce liquide est recueilli, en débouchant de temps en temps l'ouverture C, et coulé dans des moules de buis légèrement coniques (soufre en canon).

On peut extraire aussi le soufre de la pyrite de fer $Fe\,S^2$ en la

Fig. 122. — Raffinage du soufre.

chauffant à l'abri de l'air. Il se dégage du soufre et il reste un sulfure de fer Fe^3S^4 :

$$3Fe\,S^2 = Fe^3\,S^4 + S^2.$$

On peut pour cela mettre la pyrite en meule, ou bien la chauffer fortement dans des sortes de cornues A (fig. 123). Le soufre, qui distille par les conduits B, est recueilli dans un récipient C. Il faut aussi le raffiner.

298. Propriétés physiques. — Le soufre est un corps solide, jaune. Il est mauvais conducteur de l'électricité et s'électrise facilement par le frottement ; il est aussi mauvais conducteur de la chaleur et cette proprlété, jointe à la structure cristalline du soufre en canon, explique le *cri* qu'il fait entendre lorsqu'on le chauffe.

Le soufre est dimorphe : obtenu par fusion et refroidissement, il est en aiguilles translucides, appartenant au système du prisme oblique à base rhombe ; c'est la forme prismatique, celle qui se produit spon-

Fig. 123. — Extraction du soufre des pyrites.

tanément, il a alors pour densité 1,97 et fond vers 117°. Obtenu par évaporation de la dissolution dans le sulfure de carbone, il cristallise en octaèdres appartenant au système du prisme droit à base rhombe ; il a pour densité 2,03 et fond vers 112°.

M. Gernez a montré que ces deux variétés de soufre peuvent se transformer l'une dans l'autre ; il a étudié avec beaucoup de soin les circonstances de ce phénomène et les variations de propriétés physiques du soufre qui l'accompagnent.

Si l'on chauffe le soufre prismatique vers 200° et qu'on le refroidisse, sa température de solidification s'abaisse à 112° et c'est ensuite la température de fusion du soufre solidifié : cela tient à une transformation allotropique du soufre prismatique, qui s'est transformé en soufre octaédrique.

Si l'on prend un tube à deux branches réunies par une partie capillaire et contenant du soufre fondu, et que l'on sème dans l'une des branches un cristal octaédrique, le soufre se solidifie graduellement dans cette branche et se contracte ; le liquide monte dans l'autre branche. Si l'on sème dans l'autre branche un cristal prismatique, il y aura solidification rapide ; seulement, au bout de quelque temps, le soufre prismatique se dévitrifie en se transformant en soufre octaédrique et abandonne une certaine quantité de chaleur.

Les deux soufres en brûlant ne dégagent pas la même quantité de chaleur : 1 gramme de soufre prismatique dégage 2 calories 4 et 1 gramme de soufre octaédrique 2 calories 402 ; la différence, 0 calories 002, est justement la quantité de chaleur que dégage en se transformant un gramme de soufre prismatique.

Indépendamment de ces deux formes cristallines, on connaît le soufre amorphe, qui s'obtient en faisant dissoudre dans le sulfure de carbone du soufre en canon et filtrant la dissolution.

Le soufre peut être obtenu à l'état de surfusion ; en le chauffant vers 170° dans des tubes bien propres et assez étroits, on peut le laisser refroidir jusque vers 100° sans qu'il se solidifie. Il suffit alors, pour produire la solidification, de le frotter avec un agitateur avec lequel on a touché du soufre.

Quand on chauffe le soufre, il fond, devient brun et sa couleur se fonce de plus en plus ; il est d'abord mobile puis il devient visqueux et redevient ensuite plus mobile qu'au début ; vers 440°, il se réduit en vapeurs jaunes, dont la densité est 6,6. En chauffant davantage, la densité diminue ; vers 860°, elle commence à se rapprocher de la densité théorique 2,2 et à 1040° (ébullition du zinc), elle est constante et égale à 2,2. Le poids moléculaire du soufre, calculé d'après cette valeur de la densité de vapeur, est alors 64.

Le soufre est insoluble dans l'eau, mais si on le projette, quand il est à l'état visqueux, dans l'eau froide et en filet aussi mince que possible, il se trempe et donne un soufre *mou*, flexible et élastique, qui, abandonné ensuite à lui-même, se transforme peu à peu en soufre ordinaire. On s'en sert pour faire des moulages. Ce soufre trempé a des propriétés différentes de celles du soufre ordinaire, octaédrique ou prismatique : ces deux dernières variétés sont très solubles dans le sulfure de carbone, et la dissolution a un pouvoir réfringent très considérable ; le soufre trempé n'est pas soluble dans le sulfure de carbone, ou ne s'y dissout que très peu.

La lumière agit sur le soufre en dissolution dans le sulfure de carbone ; de soufre soluble, elle le transforme en soufre insoluble.

299. Propriétés chimiques. — En présence de l'oxygène raréfié, le soufre devient phosphorescent ; il s'enflamme à l'air vers 250°.

Il se combine avec le sélénium et le tellure.

Le soufre et le phosphore se combinent ; pour effectuer cette combinaison, on prend les dissolutions des deux corps dans le sulfure de carbone et on les mélange à froid, sans quoi il y aurait explosion.

L'arsenic s'unit aussi au soufre.

Avec le chlore, le soufre forme deux chlorures de soufre. Il s'unit aussi directement au brome et à l'iode.

Le carbone s'unit directement au soufre comme à l'oxygène, et dans des conditions identiques ; en faisant passer de la vapeur de soufre sur du charbon chauffé au rouge, on a du sulfure de carbone CS_2.

L'hydrogène se combine au soufre, mais à une température très voisine de celle de la décomposition de l'hydrogène sulfuré.

Le soufre se combine très facilement aux métaux ; le zinc, le fer, le cuivre, le plomb, le mercure, l'argent, chauffés avec le soufre, se transforment en sulfure.

Quand on chauffe le soufre en présence d'une matière organique grasse, par exemple avec un morceau de suif ou de paraffine, il devient, après refroidissement, immédiatement noir, ou rouge si la matière organique est en petite quantité ; c'est que la matière organique a été décomposée et que son carbone est resté en suspension dans le soufre.

300. Usages. — Les usages du soufre sont très nombreux. On l'emploie :

Au soufrage de la vigne, pour la préserver de l'oïdium ; à la fabrication des allumettes soufrées ; à la fabrication de l'anhydride sulfureux et de l'acide sulfurique ; à la fabrication de la poudre à canon, qui est un mélange de soufre, de salpêtre et de charbon de bois ; au moulage des médailles ; au scellement du fer dans la pierre : à la vulcanisation du caoutchouc ; au traitement des maladies de peau, telles que la gale.

COMPOSÉS HYDROGÉNÉS DU SOUFRE

301. Généralités. — Il y a deux composés hydrogénés du soufre
L'hydrogène sulfuré ou protosulfure d'hydrogène H^2S ;
Le bisulfure, ou persulfure, d'hydrogène H^2S^2.

On peut remarquer que les formules et les constitutions chimiques de ces deux composés sont respectivement identiques à celles de l'eau H^2O et de l'eau oxygénée H^2O^2.

HYDROGÈNE SULFURÉ
H^2S.

302. Préparation. — L'hydrogène sulfuré a été découvert par Scheele, qui l'extrayait du foie de soufre, ou sulfure de potassium.

Il existe dans les émanations volcaniques, où il provient de la décomposition des matières organiques contenant du soufre, ou bien de l'action des matières organiques sur les sulfates.

L'hydrogène sulfuré peut se produire par la combinaison directe de l'hydrogène et du soufre, à une température voisine de la température d'ébullition du soufre (440°). La combinaison des deux corps, en vase clos, est limitée par la décomposition de l'hydrogène sulfuré

On l'obtient le plus souvent au moyen des sulfures.

Dans les laboratoires, on se sert généralement du protosulfure de fer FeS. Il se produit artificiellement en plongeant une barre de fer, chauffée à blanc, dans du soufre fondu contenu dans un creuset; on obtient ainsi un sulfure de fer assez homogène, fusible, que l'on peut couler en plaque; on élimine de cette façon la plus grande partie du fer non combiné. On met le sulfure ainsi obtenu dans un appareil à

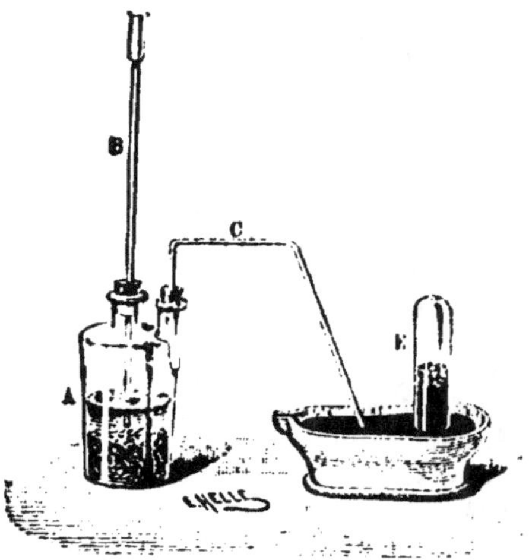

Fig. 124. — Préparation de l'hydrogène sulfuré par le sulfure de fer.

hydrogène A (fig. 124) et l'on verse par le tube à entonnoir B de l'acide sulfurique étendu d'eau. On a :

$$\mathrm{Fe\,S + SO^4H^2 = SO^4Fe + H^2S.}$$

Le gaz, qui se dégage par le tube C, est recueilli dans une éprouvette E sur la cuve à mercure, parce qu'il est soluble dans l'eau.

L'acide n'agirait pas sur la pyrite de fer FeS^2, qui est insoluble dans les acides et ne se dissout que dans l'eau régale.

En même temps, les traces de fer non sulfuré donnent :

$$\mathrm{Fe + SO^4H^2 = SO^4Fe + H^2.}$$

On se sert souvent dans les laboratoires d'un appareil à production continue analogue à ceux que nous avons déjà décrits pour l'hydrogène et l'azote.

On peut aussi lui donner la forme représentée par la figure 125 : cet appareil se compose de deux parties, une partie inférieure formée de deux ballons superposés et communiquant ensemble, et une partie supérieure formée d'un ballon prolongé vers le bas par un long tube ; la partie supérieure peut s'emboîter exactement dans la partie inférieure, le long tube pénétrant alors jusque vers le bas de l'appareil. Le ballon du milieu porte une tubulure latérale, munie d'un bouchon avec tube à robinet ; c'est le tube à dégagement. En soulevant un peu la partie supérieure de l'appareil, on introduit dans ce ballon du sulfure de fer qui vient se loger vers le bas autour du long tube de la partie supérieure, puis on remet cette dernière en place et on verse par le haut de l'appareil de l'acide chlorhydrique ; si le robinet du tube à dégagement est ouvert, l'acide chlorhydrique descend par le long tube, revient entre ce tube et le ballon inférieur, et va dans le ballon du milieu mouiller le sulfure de fer, il se produit de l'hydrogène sulfuré qui se dégage. Si on ferme le robinet, la pression du gaz qui s'accumule dans l'appareil refoule le liquide et le fait remonter dans le ballon supérieur.

On bouche ce dernier, pour éviter les dégagements de gaz, avec un bouchon muni d'un tube en S. A la partie inférieure de l'appareil, à gauche, se trouve une tubulure qui est toujours bouchée et que l'on débouche seulement pour vider l'appareil, quand on veut le nettoyer.

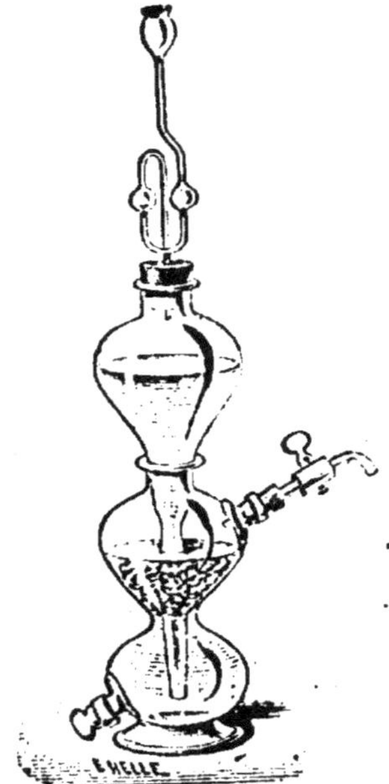

Fig. 125. — Appareil à production continue d'hydrogène sulfuré.

On emploie en général, avec les appareils à production continue, l'acide chlorhydrique, qui donne du chlorure de fer, plus soluble que le sulfate :

$$FeS + 2HCl = FeCl^2 + H^2S.$$

L'hydrogène sulfuré préparé avec le sulfure de fer est toujours impur, et contient en particulier de l'hydrogène, qui ne gêne pas en général dans les réactions. On prépare aussi par cette méthode la dissolution d'hydrogène sulfuré, qui doit être faite avec de l'eau récemment bouillie et conservée dans des flacons bien bouchés et colorés en brun.

Pour avoir de l'hydrogène sulfuré bien pur, on prend un sulfure cristallisable, le sulfure d'antimoine ou *stibine*. Ce sulfure se trouve dans les veines de quartz ; on le concasse et on met les morceaux dans un creuset percé d'un trou et contenu dans un second creuset plus large. En chauffant, le sulfure d'antimoine pur et cristallisé se rassemble à la partie inférieure.

Le sulfure d'antimoine est un solide gris métallique. On le traite à
chaud par l'acide chlorhydrique; avec l'acide sulfurique, il faudrait
chauffer à une température à laquelle l'hydrogène sulfuré se décompose. Dans un ballon de verre A (fig. 126), on introduit le sulfure d'an-

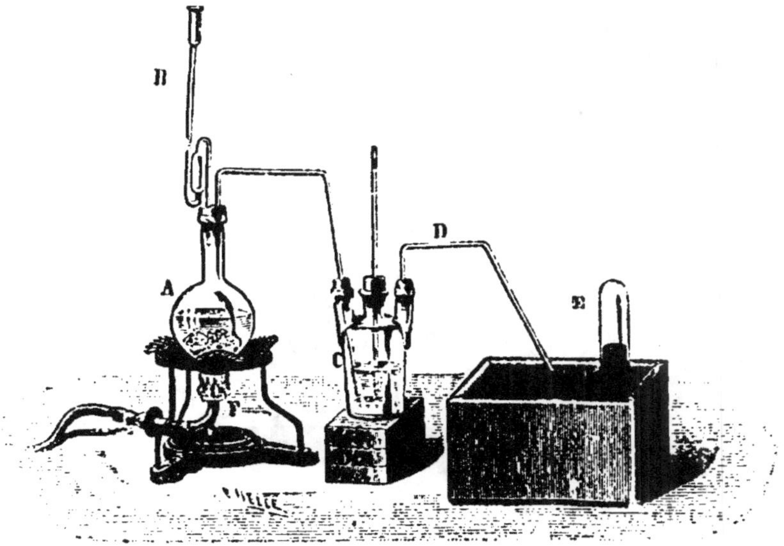

Fig. 126. — Préparation de l'hydrogène sulfuré par le sulfure d'antimoine.

timoine pulvérisé, on ajoute de l'acide chlorhydrique et l'on chauffe.
Le ballon est muni d'un tube de sûreté B contenant du mercure dans
sa partie coudée, et le gaz passe dans un flacon en verre C qui retient
l'acide chlorhydrique entraîné. La réaction est la suivante :

$$Sb^2S^3 + 6HCl = 2SbCl^3 + 3H^2S.$$

Dans le ballon il se fait en même temps une réaction inverse : l'hydrogène sulfuré réagit sur le chlorure d'antimoine formé et donne :

$$2SbCl^3 + 3H^2S = Sb^2S^3 + 6HCl.$$

Le sulfure d'antimoine qui se produit ainsi n'est pas identique avec
le sulfure naturel ; il est isomère, de couleur jaune orangé et se produit par l'action directe de l'hydrogène sulfuré sur le chlorure.

L'hydrogène sulfuré qui se dégage par le tube D est recueilli sur la
cuve à mercure; on ne l'y laisse pas séjourner, car il attaque le mercure.

303. Propriétés physiques. — L'hydrogène sulfuré est un gaz incoore, d'une odeur fétide caractéristique, très vénéneux; un litre de ce gaz contenu dans 200 litres d'air suffit pour tuer un chien. Sa densité est 1,171 par rapport à l'air, 17 par rapport à l'hydrogène; son poids moléculaire est 34; le poids d'un litre dans les conditions normales est 1,54. Il se liquéfie à 0° sous la pression de 16 atmosphères, par compression directe : c'est alors un liquide mobile, de densité 0,9. On peut l'obtenir aussi liquide par la décomposition du persulfure d'hydrogène H^2S^2 dans un tube de Faraday (fig. 127).

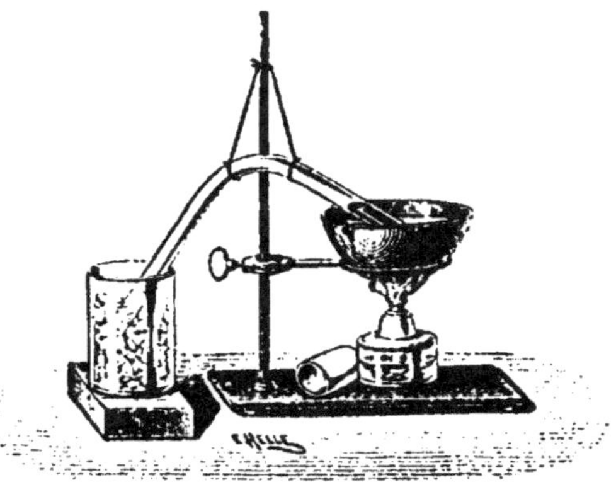

Fig. 127. — Liquéfaction de l'hydrogène sulfuré.

L'hydrogène sulfuré est soluble dans l'eau, qui en dissout à 0° quatre fois son volume, et à 15° trois fois son volume; il est plus soluble dans l'alcool, où le coefficient de solubilité à 0° est 17. La dissolution d'hydrogène sulfuré dans l'eau a une faible réaction acide, ce qui lui a fait donner le nom d'*acide sulfhydrique*.

304. Propriétés chimiques. — L'hydrogène sulfuré se décompose par la chaleur et l'électricité en soufre et hydrogène; cette décomposition est limitée en vase clos par le phénomène inverse.

Ce gaz brûle en présence de l'oxygène. En prenant un mélange de deux volumes d'hydrogène sulfuré et d'un volume d'oxygène, il n'y a pas de combustion complète, il se forme de l'eau et du soufre :

$$H^2S + O = H^2O + S.$$

Pour avoir une combustion complète, il faut un excès d'oxygène; il se forme alors de l'eau et de l'anhydride sulfureux. S'il n'y a pas assez d'oxygène, il se forme de l'eau, de l'anhydride sulfureux et du soufre.

Si l'hydrogène sulfuré et l'oxygène sont humides, l'hydrogène commence par prendre de l'oxygène :

$$H^2S + O = H^2O + S.$$

Cette réaction se produit quand on laisse une dissolution d'hydrogène sulfuré au contact de l'air; au bout d'un certain temps, il se forme un dépôt de soufre.

En présence des corps poreux et de l'eau, les deux gaz réagissent d'une façon plus complète et donnent de l'acide sulfurique :

$$H^2S + 4O = SO^4H^2.$$

Cela se produit en particulier dans les établissements de bains sulfureux; les linges deviennent très friables.

A sec, sur les corps poreux, l'hydrogène sulfuré et l'oxygène donnent de l'anhydride sulfureux et de l'eau.

Le chlore, le brome, l'iode enlèvent à l'hydrogène sulfuré son hydrogène ; il se forme un acide de ces corps, acide chlorhydrique, etc., et en même temps un dépôt de soufre. Cette réaction est utilisée pour neutraliser les effets de l'hydrogène sulfuré.

L'hydrogène sulfuré et l'anhydride sulfureux donnent des réactions différentes suivant les circonstances de l'expérience. A froid, les gaz secs ne donnent rien; à chaud, même secs, ils peuvent réagir, si l'on fait par exemple passer le mélange sur de la pierre ponce chauffée au rouge :

$$SO^2 + 2H^2S = 2H^2O + 3S.$$

A froid et en présence de l'eau, la même réaction a lieu. En présence de l'eau tiède, il se fait de l'acide pentathionique $S^5O^6H^2$.

L'acide sulfurique, traité par un courant d'hydrogène sulfuré, se trouble et donne du soufre et de l'anhydride sulfureux :

$$SO^4H^2 + H^2S = S + SO^2 + 2H^2O.$$

Le bioxyde d'azote est ramené lentement par l'hydrogène sulfuré à l'état de protoxyde ; l'acide azotique fumant est décomposé avec formation de peroxyde d'azote et de soufre :

$$2AzO^3H + H^2S = 2AzO^2 + S + 2H^2O.$$

L'ammoniaque donne le sulfure d'ammonium :

$$2AzH^3 + H^2S = (AzH^4)^2S.$$

L'hydrogène sulfuré est décomposé par les métaux à chaud avec formation de sulfure ; il s'unit à certains sulfures, tels que les sulfures

alcalins pour former des sulfures doubles, qu'on appelle des sulfhydrates. Tel est le sulfhydrate de potassium KHS :

$$K^2S + H^2S = 2 KHS.$$

Avec les dissolutions de sels métalliques, il donne des précipités
caractéristiques. Avec les sels d'or, de platine, d'étain, d'antimoine, on
obtient un précipité soluble dans le sulfure d'ammonium ; on les distingue parce que les précipités d'or et de platine sont noirs, celui
d'étain marron ou jaune, celui d'antimoine rouge orangé. Les sels
d'argent, de mercure, de plomb, de cuivre, de bismuth et de cadmium
donnent des précipités insolubles dans le sulfure d'ammonium ; tous
sont noirs, excepté celui de cadmium, qui est jaune, et très employé
en peinture à cause de sa stabilité.

Avec les autres sels, il n'y a pas de précipité ; quelques-uns, ceux
de nickel, de cobalt, de chrome, de manganèse, de fer et de zinc,
précipitent par le sulfure d'ammonium. Tous ces précipités sont
encore noirs, à l'exception de celui du manganèse, qui est couleur
chamois, et de celui du zinc, qui est blanc. Ces réactions sont utilisées
dans les laboratoires pour reconnaître le métal d'un sel.

Dans les fosses d'aisances, il se produit souvent du sulfure d'ammonium ; on le détruit par le sulfate ferreux :

$$SO^4Fe + (AzH^4)^2S = FeS + SO^4(AzH^4)^2.$$

305. Composition. — On peut déterminer la composition de l'hydrogène sulfuré au moyen de la cloche courbe, sur le mercure. On introduit un certain volume d'hydrogène sulfuré et un fragment d'étain ;
on chauffe, il se produit du sulfure d'étain.

Le volume de gaz n'a pas changé, mais c'est de l'hydrogène.

Donc 2 volumes d'hydrogène sulfuré contiennent 2 volumes d'hydrogène. Si du poids de 2 volumes d'hydrogène sulfuré, on retranche
celui de 2 volumes d'hydrogène, on a le poids d'un volume de vapeur
de soufre :

$$\begin{array}{r} 1,171 \\ 0,069 \\ \hline 1,102 \end{array}$$

On trouve ainsi qu'une molécule d'hydrogène sulfuré, pesant 34,
contient 32 de soufre.

PERSULFURE D'HYDROGÈNE

$$H^2S^2.$$

306. Préparation et propriétés. — On prépare d'abord le bisulfure de calcium en faisant bouillir pendant plusieurs heures dans un ballon de la chaux, de la fleur de soufre et de l'eau ; on obtient ainsi une dissolution rouge brun.

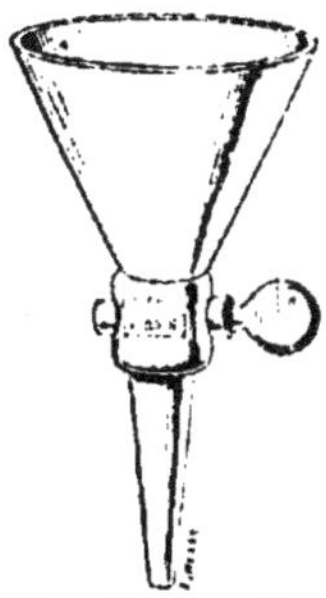

On verse peu à peu cette dissolution dans de l'acide chlorhydrique étendu d'eau et contenu dans un entonnoir à robinet (fig. 128). Il se forme du chlorure de calcium et du sulfure d'hydrogène :

$$CaS^3 + 2HCl = CaCl^2 + H^2S^3.$$

Seulement, on peut avoir des polysulfures de calcium, qui donnent des polysulfures d'hydrogène ; il faut avoir soin que la température ne s'élève pas. Il se forme des gouttelettes d'un liquide huileux qui vont se rassembler au fond de l'entonnoir et que l'on peut recueillir, lorsqu'il y en a une certaine quantité, en ouvrant le robinet.

Fig. 128. — Entonnoir à robinet pour la préparation du bisulfure d'hydrogène.

On obtient ainsi un liquide jaune, d'une odeur désagréable, qui agit sur les yeux.

Il est encore liquide à — 20°.

Il se décompose lentement à la température ordinaire.

Il peut se conserver pendant plusieurs jours quand on le préserve des poussières atmosphériques ; mais la chaleur, les corps poreux, les alcalis le décomposent immédiatement. L'oxyde d'argent le décompose aussi.

La composition de ce liquide a été étudiée en abandonnant à la température ordinaire du persulfure d'hydrogène dans une ampoule fermée. Seulement, elle est mal connue, parce que, ainsi que nous l'avons dit plus haut, il y a des polysulfures et un excès de soufre en dissolution.

COMPOSÉS OXYGÉNÉS DU SOUFRE

307. Généralités. — Les composés oxygénés du soufre sont au nombre de trois :

L'anhydride sulfureux SO^2 ;
   — sulfurique SO^3 ;
   — persulfurique S^2O^7.

On a signalé aussi un sesquioxyde de soufre S^2O^3, qui s'obtient en mettant un morceau de soufre dans de l'acide sulfurique fumant ; le soufre se dissout et il y a formation d'un composé de couleur bleue, qui a pour formule S^2O^3.

Les anhydrides en se combinant avec l'eau donnent naissance aux acides suivants :

$$\begin{array}{ll}
\text{L'acide sulfureux} & SO^3H^2 ; \\
\text{—\quad sulfurique} & SO^4H^2 ; \\
\text{—\quad persulfurique} & SO^4H.
\end{array}$$

On connaît aussi :

$$\begin{array}{ll}
\text{L'acide hyposulfureux} & S^2O^3H^2 ; \\
\text{—\quad hydrosulfureux} & SO^2H^2 ; \\
\text{—\quad pyrosulfurique} & S^2O^7H^2,
\end{array}$$

et les acides de la série thionique :

$$\begin{array}{ll}
\text{L'acide dithionique} & S^2O^6H^2 ; \\
\text{—\quad trithionique} & S^3O^6H^2 ; \\
\text{—\quad tétrathionique} & S^4O^6H^2 ; \\
\text{—\quad pentathionique} & S^5O^6H^2.
\end{array}$$

ACIDE HYPOSULFUREUX

$$S^2O^3H^2.$$

306. Préparation et propriétés. — L'acide hyposulfureux est très instable et difficile à obtenir. On peut le préparer en faisant passer un courant d'hydrogène sulfuré dans une dissolution d'hyposulfite de plomb ; il se forme du **sulfure de plomb** insoluble et de l'acide hyposulfureux :

$$S^2O^3Pb + H^2S = S^2O^3H^2 + PbS.$$

On filtre et l'on recueille une dissolution d'acide hyposulfureux.

Au bout de quelques heures, cette dissolution abandonnée à elle-même se trouble ; il se forme un dépôt de soufre et de l'acide sulfureux :

$$S^2O^3H^2 = S + SO^2H^2.$$

La même transformation se fait immédiatement sous l'action de la chaleur.

309. Hyposulfites. — L'acide hyposulfureux forme avec les bases des composés stables nommés *hyposulfites* ; cet acide est bibasique.

Le principal hyposulfite est l'*hyposulfite de sodium*, qui s'obtient en faisant bouillir dans un ballon de verre une solution de sulfite neutre de sodium SO^3Na^2 à laquelle on a ajouté de la fleur de soufre

$$SO^3Na^2 + S = S^2O^3Na^2.$$

On obtient une dissolution d'hyposulfite de sodium, qui, évaporée, laisse déposer des cristaux volumineux qui contiennent $5H^2O$.

L'hyposulfite de sodium dissout les sels d'argent, et cette propriété le fait utiliser en photographie pour fixer les images, c'est-à-dire pour dissoudre le sel d'argent non impressionné par la lumière.

La dissolution d'hyposulfite de sodium se décompose sous l'influence des acides : au commencement, on peut admettre que l'acide hyposulfureux est chassé de la combinaison, mais ensuite il se forme un précipité de soufre, par la décomposition.

L'*hyposulfite de calcium* S^2O^3Ca se produit dans l'oxydation des polysulfures de calcium, résidus de la préparation de la soude par le procédé Leblanc : on peut l'utiliser pour en extraire le soufre.

L'*hyposulfite double de sodium et d'or*, $S^2O^3Na^2 + (S^2O^3)^3 Au^2 + 4H^2O$, se produit au contact des sels d'or et de l'hyposulfite de sodium (MM. Fordos et Gélis). On l'emploie en photographie.

ACIDE HYDROSULFUREUX

$SO^2H^2.$

310. Préparation et propriétés. — L'acide hydrosulfureux a été découvert par M. Schutzenberger. Il se produit quand on met une solution d'acide sulfureux SO^3H^2 en contact avec du zinc ; la liqueur devient jaune :

$$2SO^3H^2 + Zn = SO^2H^2 + SO^3Zn + H^2O.$$

L'acide hydrosulfureux ainsi obtenu est un liquide jaune, très réducteur. Il est peu stable et se trouble en donnant du soufre et de l'acide sulfureux :

$$2SO^2H^2 = S + SO^3H^2 + H^2O.$$

Ses propriétés réductrices sont dues à ce qu'il s'oxyde très facilement : il réduit les sels de cuivre et forme de l'hydrure de cuivre CuH. Il réduit également les solutions des sels d'argent et de mercure.

On l'utilise pour doser l'oxygène dans des circonstances où cela est difficile, par exemple l'oxygène en dissolution dans l'eau ; car il absorbe l'oxygène, tant qu'il y en a à l'état de dissolution. Si on a mélangé le liquide avec une substance très réductible, la réduction n'a lieu que quand l'oxygène en dissolution a été absorbé par l'acide.

On prend la liqueur contenant l'oxygène, on y met une goutte de matière colorante bleue réductible par l'acide hydrosulfureux ; tant qu'il y a de l'oxygène en dissolution, la matière colorante n'est pas réduite ; quand tout l'oxygène en dissolution a été absorbé, il y a décoloration. On peut alors doser l'oxygène d'après la quantité d'acide employé.

ANHYDRIDE SULFUREUX SO^2.
ACIDE SULFUREUX $SO^3 H^2$.

311. Historique. — L'anhydride sulfureux est connu depuis autant de temps que le soufre, puisque c'est le produit de la combustion de ce corps. Il a été remarqué, pour la première fois par Stahl : sa composition a été donnée par Gay-Lussac et par Berzélius.

312. Préparation. — L'anhydride sulfureux s'obtient soit par l'oxydation du soufre, soit par la réduction de l'acide sulfurique.

Quand on veut blanchir des matières animales, de la laine ou du drap par exemple, on dispose du soufre dans des terrines placées dans une grande chambre, où sont suspendues les pièces à blanchir, on allume le soufre, qui brûle en donnant de l'anhydride sulfureux.

On peut, au lieu de brûler le soufre à l'air, le chauffer au contact d'un corps oxydant ; ainsi la fleur de soufre et le bioxyde de manganèse, chauffés ensemble, donnent de l'anhydride sulfureux :

$$2Mn\ O^3 + S = 2Mn\ O + SO^2.$$

En même temps, il se produit la réaction :

$$Mn\ O^2 + 2S = Mn\ S + SO^2.$$

De sorte que l'on obtient comme résidu un mélange d'oxyde et de sulfure manganeux.

Aujourd'hui, on obtient le plus généralement l'anhydride sulfureux dans l'industrie par le grillage des pyrites à l'air :

$$2Fe\ S^2 + 11O = Fe^2\ O^3 + 3SO^2.$$

La pyrite ne doit pas être trop pulvérulente, sans quoi l'opération est plus difficile. On emploie des fours verticaux (fig. 129), munis de grilles superposées de manière que l'on puisse faire successivement descendre de haut en bas la pyrite introduite dans la partie supérieure. Le résidu est de l'oxyde ferrique (colcothar ou rouge d'Angleterre). Cette méthode est principalement employée pour obtenir l'anhydride sulfureux nécessaire à la fabrication de l'acide sulfurique.

La réduction de l'acide sulfurique se fait facilement au moyen de certains métalloïdes ou de certains métaux.

Avec le soufre, on a :

$$2SO^4H^2 + S = 3SO^2 + 2H^2O.$$

Mais ce procédé est difficilement applicable ; car pour que la

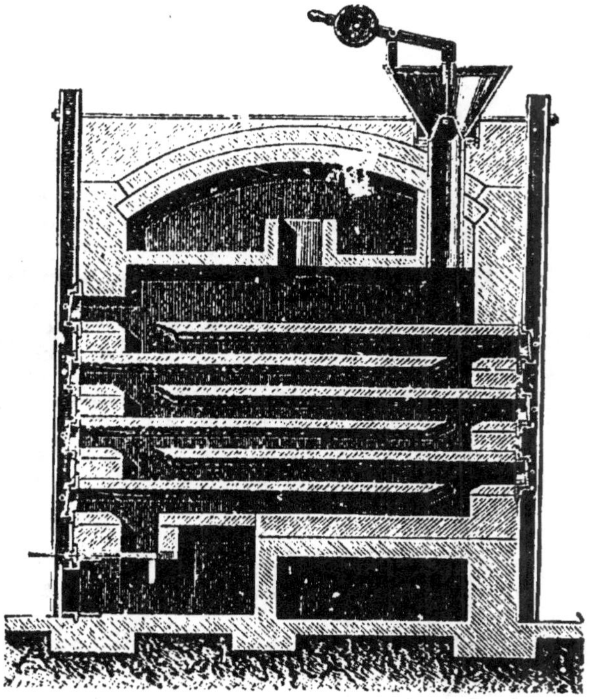

Fig. 129. — Fours pour la combustion des pyrites.

réaction se produise, il faut chauffer au delà de 120°. Alors le soufre est liquide et ne se présente qu'avec une très petite surface à l'action de l'acide sulfurique.

On peut décomposer l'acide sulfurique par le charbon :

$$2SO^4H^2 + C = CO^2 + 2SO^2 + 2H^2O.$$

Cette réaction est utilisée très fréquemment, quand on ne peut pas être gêné par la présence de l'anhydride carbonique, en particulier lorsqu'on prépare la dissolution d'anhydride sulfureux. Dans un ballon de verre A (fig. 130), on met une certaine quantité de charbon, présentant la plus grande surface possible à l'action de l'acide ; on emploie de préférence de la braise. On chauffe, il se dégage un mélange de gaz carbonique et sulfureux ; on les fait passer dans une série de flacons laveurs BCDE contenant de l'eau, qui ne les dissout pas en quantité égale : le coefficient de solubilité de l'anhydride carbonique est 1 et celui de l'anhydride sulfureux est 50.

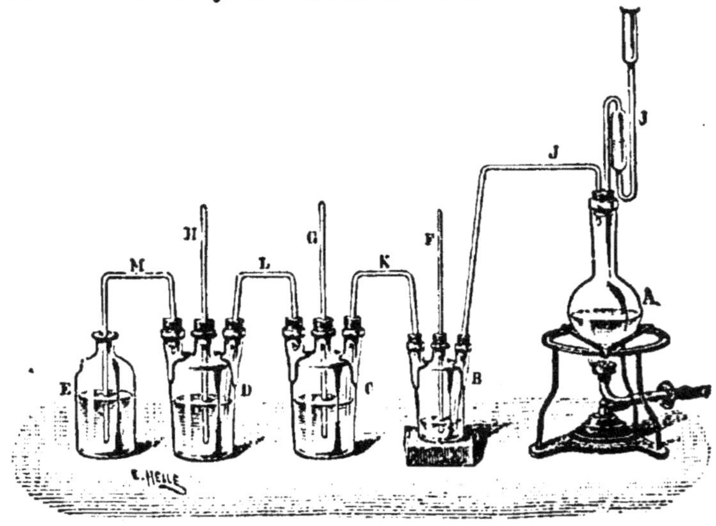

Fig. 130. — Préparation de la dissolution d'acide sulfureux.

On peut encore séparer les deux gaz, en faisant absorber l'anhydride sulfureux par le borax ; en chauffant ensuite, l'anhydride sulfureux se dégage.

Pour avoir l'anhydride sulfureux pur, on décompose l'acide sulfurique par un métal convenablement choisi ; certains métaux, le fer, le zinc, décomposent à froid l'acide sulfurique étendu d'eau et donnent de l'hydrogène ; d'autres, le cuivre, le mercure, l'argent, décomposent à la température d'ébullition l'acide concentré et donnent de l'anhydride sulfureux. La réaction marche bien avec le mercure et l'argent :

$$2Ag + 2SO^4H^2 = SO^4Ag^2 + SO^2 + 2H^2O.$$

Avec le cuivre, la réaction est analogue :

$$Cu + 2SO^4H^2 = SO^4Cu + SO^2 + 2H^2O.$$

Mais il se forme, en même temps que du sulfate de cuivre SO^4Cu, une matière noire, cristalline, qui est constituée par un oxysulfure de cuivre ; on explique sa présence en admettant qu'une partie du cuivre agit sur l'acide sulfurique pour donner de l'hydrogène, qui réduit le sulfate.

On prend (fig. 131) un ballon de grande capacité, contenant du cuivre et de l'acide sulfurique. Il y a d'abord boursouflement de la matière ; cela tient à ce que les copeaux de cuivre contiennent des

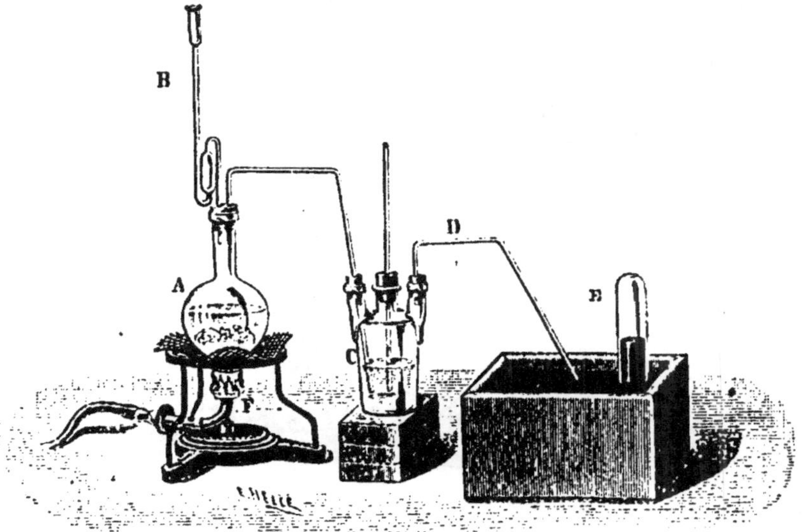

Fig. 131. — Préparation de l'anhydride sulfureux.

matières grasses et du savon. On peut l'éviter en montant l'appareil la veille. Après avoir laissé quelque temps l'acide en contact avec le cuivre, on chauffe, et l'on recueille l'anhydride sulfureux sur la cuve à mercure ; on fait passer le gaz dans un flacon laveur, qui retient l'acide sulfurique entraîné.

313. Propriétés physiques. — L'anhydride sulfureux est un gaz incolore, d'une odeur suffocante, d'une saveur acide.

Sa densité est 2,25 par rapport à l'air, 32 par rapport à l'hydrogène. Son poids moléculaire est 64.

Il est très soluble dans l'eau et l'on doit le recueillir sur la cuve à mercure ou en dissolution dans l'eau. Son coefficient de solubilité dans l'eau est 75 à 0°, 49 à 15° ; dans l'alcool, il est 328 à 0°, 144 à 15°.

L'anhydride sulfureux forme avec l'eau plusieurs hydrates ; on connaît $SO^2 + 9H^2O$ et $SO^2 + 14H^2O$. On admet dans la dissolution de l'anhydride sulfureux l'existence d'un hydrate $SO^2H^2 = SO^2 + H^2O$, l'acide sulfureux, qui n'a jamais été isolé, mais dont on connaît les sels

L'anhydride sulfureux est très facilement liquéfiable ; on l'obtient liquide en le refroidissant dans un mélange de glace et de sel. Ce liquide bout à — 10° et se solidifie à — 75° ; sa densité à l'état liquide est 1,45. Son évaporation donne un abaissement de température considérable, qui peut aller jusqu'à — 70°, si l'on active beaucoup l'évaporation. On peut avec l'anhydride sulfureux liquide solidifier le mercure.

Pour cela, on met un peu de mercure dans un petit tube A (fig. 132) et on l'introduit dans un tube plus large B contenant de l'anhydride

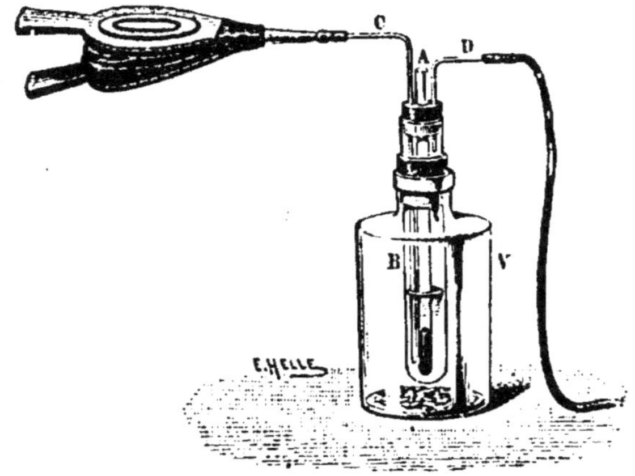

Fig. 132. — Solidification du mercure au moyen de l'anhydride sulfureux liquide.

sulfureux liquide ; le tout est placé dans un vase V contenant des fragments de chaux vive, afin que le froid produit ne condense pas la vapeur d'eau sur les parois des tubes. On fait passer avec un soufflet adapté au tube C qui plonge dans l'anhydride sulfureux, de l'air qui active l'évaporation de ce dernier, dont les vapeurs sont entraînées au loin par un tuyau de caoutchouc adapté au tube D.

314. Propriétés chimiques. — L'anhydride sulfureux est impropre à la combustion et à la respiration.

La chaleur agit sur lui ; à très haute température, il se dissocie en anhydride sulfurique et oxygène :

$$2SO^2 = SO^3 + O.$$

En présence de l'oxygène humide, à la température ordinaire, il donne de l'acide sulfurique :

$$SO^2 + O + H^2O = SO^4H^2.$$

Il faut donc faire la dissolution d'anhydride sulfureux dans l'eau bouillie et maintenir les flacons remplis et bien bouchés.

Si on met l'hydrogène sulfuré en présence de l'anhydride sulfureux, à sec et à froid, il ne se produit rien ; à sec et à chaud, il y a formation d'eau et de soufre :

$$2H^2S + SO^2 = 2H^2O + 3S.$$

On explique par cette réaction les dépôts de soufre qui se forment aux environs des volcans.

Si les gaz sont humides, à froid il se fait une réaction identique; en présence de l'eau tiède, il se fait de l'acide pentathionique :

$$5H^2S + 5SO^2 = 5S + S^5O^6H^2 + 4H^2O.$$

L'anhydride sulfureux agit sur le peroxyde d'azote : si on les introduit à l'état liquide chacun dans l'une des courbures inférieures d'un tube en W et qu'on incline le tube, il y a combinaison et formation de cristaux des chambres de plomb, SO^4HAzO, ou sulfate de nitrosyle.

Si les corps sont gazeux, il se forme du protoxyde d'azote qui excerce sur les parois une pression considérable.

L'anydride sulfureux décompose l'acide azotique en donnant de l'acide sulfurique et du peroxyde d'azote :

$$SO^2 + 2Az O^3H = SO^4H^2 + 2Az O^2.$$

Si l'anhydride sulfureux est sec, il se forme aussi sur les parois des cristaux des chambres de plomb.

Les acides hypophosphoreux et phosphoreux sont transformés par l'anhydride sulfureux en acide phosphorique, avec dépôt de soufre :

$$PO^2H^3 + SO^2 = PO^4H^3 + S.$$
$$2PO^3H^3 + SO^2 = 2PO^4H^3 + S.$$

Avec le pentachlorure de phosphore, il se produit une réaction importante :

$$PCl^5 + SO^2 = POCl^3 + SOCl^2.$$

Le premier $POCl^3$ est l'oxychlorure de phosphore, le second $SOCl^2$ l'oxychlorure de soufre, ou chlorure de *thionyle*.

Le chlore, le brome et l'iode excercent sur l'anhydride sulfureux une action très remarquable. Si l'on expose à la lumière un mélange de chlore et d'anhydride sulfureux secs, dans un flacon, il y a formation du composé SO^2Cl^2, le chlorure de sulfuryle qui se décompose en présence de l'eau :

$$SO^2Cl^2 + 2H^2O = SO^4H^2 + 2HCl.$$

Si l'on employait les gaz humides, on obtiendrait par conséquent un mélange des acides sulfurique et chlorhydrique.

Le brome et l'iode agissent de même.

Le charbon peut donner un mélange de sulfure de carbone et d'anhydride carbonique ou d'oxyde de carbone.

L'hydrogène, passant dans un tube très fortement chauffé, détruit l'anhydride sulfureux, avec dépôt de soufre :

$$SO^2 + 4H = 2H^2O + S.$$

A une température moins élevée (inférieure à 440°) on obtient de l'hydrogène sulfuré en proportion d'autant plus grande que la température est plus basse; pour opérer à basse température, on met l'anhydride sulfureux en présence des corps nécessaires à la production de l'hydrogène (hydrogène naissant), par exemple on l'introduit dans un appareil à hydrogène.

Le bioxyde de plomb (oxyde puce) PbO^2 absorbe l'anhydride sulfureux en formant du sulfate de plomb :

$$PbO^2 + SO^2 = SO^4Pb.$$

Le borax absorbe l'anhydride sulfureux avec dégagement de chaleur, sans absorber l'anhydride carbonique; chauffé ensuite, il dégage l'anhydride sulfureux. Cette propriété peut servir à séparer les deux gaz.

Les sels ferriques sont réduits par le gaz sulfureux et ramenés à l'état de sels ferreux.

La dissolution d'acide sulfureux et le gaz sulfureux agissent tous deux sur les matières colorantes et les détruisent : le permanganate de potassium est décoloré, la teinture de tournesol est d'abord décolorée, puis rougie, par la dissolution de l'acide ; les fleurs, les violettes, sont décolorées également.

L'anhydride sulfureux SO^2 fonctionne dans les réactions chimiques comme un radical : il s'unit par exemple au chlore pour donner SO^2Cl^2. On l'appelle alors *sulfuryle*. L'étude des composés du soufre conduit aussi à admettre l'existence d'un second radical, le *thionyle* qui a pour formule SO.

315. Sulfites. — Il existe des sels dont l'acide, correspondant à la formule SO^3H^2, est l'hydrate de l'anhydride sulfureux. On les nomme *sulfites*, et le corps SO^3H^2 est l'acide sulfureux. Cet acide forme deux séries de sels : les sulfites neutres SO^3M^2 et les sulfites acides SO^3HM'.

Lorsqu'on fait passer un courant d'anhydride sulfureux dans une dissolution de soude, le gaz est absorbé et il se forme d'abord un sulfite neutre SO^3Na^2, puis un sulfite acide SO^2HNa. Il serait difficile de savoir où l'on doit s'arrêter pour avoir le sulfite neutre ; on le prépare plus sûrement en partageant la dissolution de soude en deux parties égales et en faisant passer à refus dans l'une d'elles un courant de gaz sulfureux. Il se forme du sulfite acide de sodium ; on y verse alors la seconde partie de la dissolution de soude, il se forme du sulfite neutre.

316. Usages. — On emploie l'anhydride sulfureux pour arrêter la fermentation des liquides ; les ferments ne se développent pas, en effet, dans une atmosphère de gaz sulfureux. Pour détruire les germes de fermentation dans les tonneaux, on y fait brûler des mèches soufrées. Si l'on veut ensuite, à un moment donné, donner libre cours à la fermentation, il suffit d'exposer le récipient à l'air.

On utilise encore l'anhydride sulfureux pour le traitement des maladies de peau ; pour l'extinction des feux de cheminée ; pour la désinfection des appartements et des lieux habités ; pour le blanchi-

Fig. 133. — Enlèvement des taches de vin ou de fruit par l'anhydride sulfureux.

ment de la paille, de la laine, de la toile, et pour faire disparaître les taches de vin ou de fruits. Pour cela, on place l'étoffe sur un support A (fig. 133) au-dessus d'un entonnoir renversé B, la tache étant placée exactement en regard de l'ouverture de l'entonnoir. Si on humecte cette tache et qu'on fasse brûler sous l'entonnoir une mèche soufrée C, l'anhydride sulfureux produit vient exactement sur la tache, se dissout dans l'eau et détruit la matière colorante.

317. Composition. — On fait brûler du soufre en excès dans un volume connu d'oxygène ; il se forme de l'anhydride sulfureux et le volume reste sensiblement le même. Si du poids de deux litres d'anhydride sulfureux, on retranche le poids de deux litres d'oxygène, on a le poids d'un litre de vapeur de soufre. Il y a dans l'anhydride sulfureux un volume de vapeur de soufre moitié de celui de l'oxygène ; on trouve d'ailleurs qu'un molécule d'anhydride sulfureux, pesant 64, contient 32 de soufre.

ANHYDRIDE SULFURIQUE

SO^3.

318. Préparation. — L'anhydride sulfurique a été découvert par Bussy.

On obtient de l'anhydride sulfurique en faisant passer un courant d'anhydride sulfureux et d'oxygène sur de la mousse de platine chauffée dans un tube de porcelaine.

On le prépare plus facilement en chauffant vers 40° de l'acide sul-

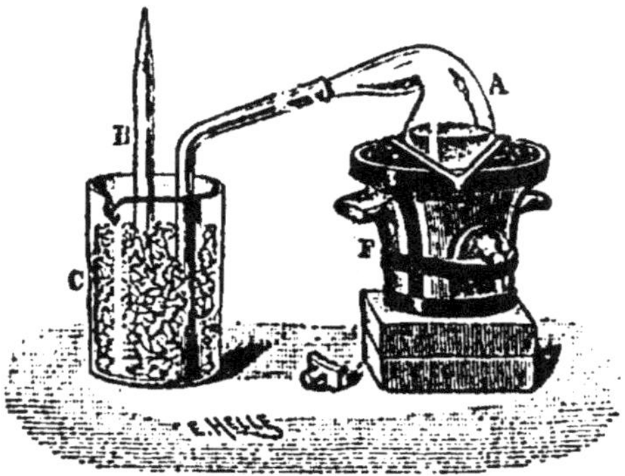

Fig. 131. — Préparation de l'anhydride sulfurique,

furique fumant $S^2O^7H^2$ (fig. 134); il se produit de l'anhydride sulfurique, qui se dégage, et que l'on recueille dans un tube refroidi et il reste de l'acide sulfurique ordinaire :

$$S^2O^7H^2 = SO^3 + SO^4H^2.$$

On peut encore absorber, au moyen de l'anhydride phosphorique, l'eau de l'acide sulfurique ordinaire.

On peut enfin décomposer à la température du rouge vif le sulfate acide de sodium préalablement déshydraté.

319. Propriété. — L'anhydride sulfurique, recueilli dans un récipient entouré d'un mélange réfrigérant, est un corps solide, cristallisé en longues aiguilles de densité 2,76. Il est extrêmement avide d'eau et émet à l'air d'abondantes vapeurs ; il fond à 15° et bout à 46°.

Avec le temps, il subit une transformation, et la température d'ébullition s'abaisse.

Il est décomposé par la chaleur ; lorsqu'on fait passer ses vapeurs dans un tube de porcelaine chauffée au rouge, il se décompose en anhydride sulfureux et oxygène, et l'on peut ainsi déterminer sa composition.

ACIDE PYROSULFURIQUE

$S^2O^7H^2$.

320. Préparation. — Cet acide est employé dans l'industrie sous les noms d'acide fumant, d'acide de Nordhausen et de Saxe.

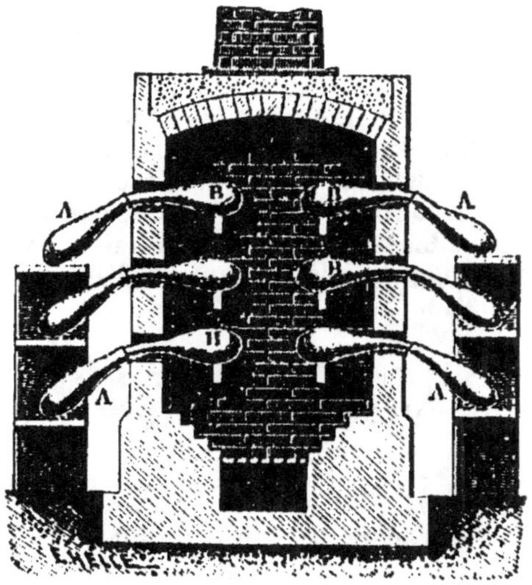

Fig. 135. — Préparation de l'acide sulfurique de Nordhausen.

On le prépare au moyen du sulfate ferreux, provenant de l'oxydation des pyrites de fer à l'air.

On peut d'ailleurs partir des pyrites mêmes. En les grillant au contact de l'air et ménageant convenablement l'arrivée du gaz, on a :

$$FeS^2 + 6O = SO^4Fe + SO^2.$$

On traite le résidu par l'eau et l'on fait évaporer; le sulfate ferreux cristallise en cristaux verts, que l'on recueille. Pour dessécher ce sulfate, on le chauffe dans des récipients au contact de l'air; il se dégage encore de l'anhydride sulfureux et les cristaux deviennent blancs. Ils sont alors chauffés fortement dans des cornues en terre B disposées par rangées dans des fours spéciaux (fig. 135) et communiquant chacune avec une cornue extérieure identique. Il se dégage de l'acide fumant, et le résidu est de l'oxyde ferrique, appelé colcothar ou rouge d'Angleterre.

La réaction peut être représentée par la formule :

$$2SO^4Fe = Fe^2O^3 + SO^2 + SO^3.$$

S'il se dégage de l'acide pyrosulfurique, et non de l'anhydride sulfurique, cela tient à ce que l'on n'a pas éliminé complètement l'eau du sulfate ferreux.

321. Propriétés. — L'acide sulfurique ainsi obtenu ne peut être rectifié. C'est un liquide incolore, de consistance huileuse, qui se décompose par la chaleur en acide sulfurique.

Sa principale propriété est de dissoudre l'indigo, en donnant un composé appelé sulfate d'indigo ou cuve d'indigo. Il est employé pour la teinture en grande quantité. Son principal avantage dans ce cas est de ne contenir aucun composé de l'azote, tandis que l'acide sulfurique ordinaire en contient beaucoup et décolore l'indigo.

Il coûte six fois autant que l'acide ordinaire ; aussi arrive-t-il souvent qu'on le fraude en mélangeant de l'anhydride sulfurique avec de l'acide ordinaire.

ACIDE SULFURIQUE ORDINAIRE

$$SO^4H^2.$$

322. Préparation. — L'acide sulfurique ordinaire s'obtient en transformant l'anhydride sulfureux au moyen de l'acide azotique :

$$SO^2 + 2AzO^3H = SO^4H^2 + 2AzO^2.$$

En présence de l'eau, le peroxyde d'azote AzO^2 donne :

$$6AzO^2 + nH^2O = 4AzO^3H + 2AzO + (n - 2) H^2O.$$

Le bioxyde d'azote AzO n'est pas perdu. Avec l'oxygène de l'air, on a :

$$AzO + O = AzO^2.$$

Donc l'acide azotique peut servir pendant très longtemps.

Pour montrer, dans les laboratoires, la production de l'acide sulfurique par l'action des produits nitreux sur l'anhydride sulfureux en présence de l'air et de la vapeur d'eau, on emploie un grand ballon (fig. 136) dans lequel on fait arriver du bioxyde d'azote et de l'anhydride sulfureux produits par des appareils extérieurs ; on y insuffle de l'air au moyen d'un soufflet ou d'une poire en caoutchouc, et le ballon contient de l'eau qu'on vaporise en la chauffant doucement. On constate la production d'acide sulfurique qui se dissout dans l'eau.

Si l'eau manquait, il se produirait des cristaux des chambres de

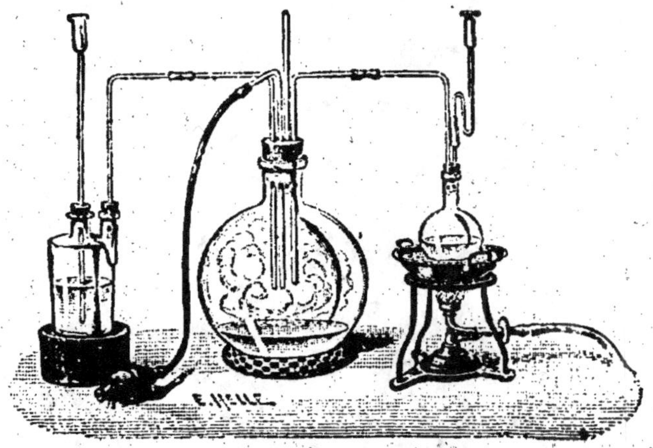

Fig. 136. — Production de l'acide sulfurique dans les laboratoires.

plomb ou sulfate de nitrosyle SO^4HAzO ; ces cristaux se dissolvent dans l'eau en donnant de l'acide sulfurique et des vapeurs nitreuses :

$$2SO^4HAzO + H^2O = 2SO^4H^2 + Az^2O^3.$$

Depuis quelques années, à la suite des recherches de MM. Lange et Sorel, on attribue, dans la théorie de la production de l'acide sulfurique, un rôle important à ces cristaux de sulfate de nitrosyle. L'anhydride sulfureux, en présence de l'oxygène de l'air, de la vapeur d'eau et des produits nitreux provenant de la décomposition de l'acide azotique, donnerait du sulfate de nitrosyle :

$$2SO^2 + 2AzO^3 + H^2O + O = 2SO^4HAzO.$$

L'eau le décomposerait ensuite pour donner de l'acide sulfurique et des produits nitreux qui serviraient à une nouvelle réaction ; et ainsi de suite.

323. Procédé industriel. — L'appareil employé dans l'industrie se compose d'une série de chambres de plomb (fig. 137), formées de lames réunies par une soudure autogène ; elles sont entourées d'une espèce de cage en charpente, constituée par des madriers. Sur chaque

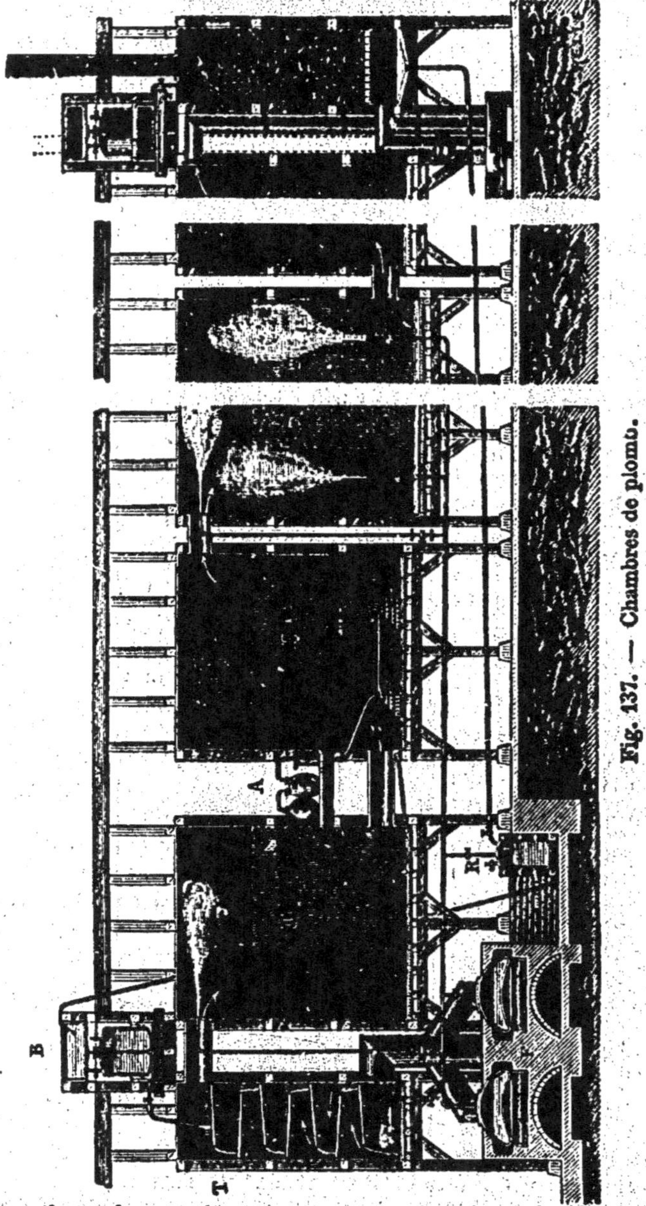

Fig. 137. — Chambres de plomb.

madrier, il y a des crochets retenant les chambres de plomb, à l'aide de crochets semblables soudés aux chambres. De distance en distance se trouvent des godets extérieurs où viennent se condenser les produits de la chambre, les mêmes que ceux qui se condensent sur les parois intérieures. L'appareil est divisé en plusieurs compartiments D,N,C, où l'on fait arriver de l'air et de la vapeur d'eau ; l'anhydride sulfureux arrive dans l'appareil T, où l'on fait tomber de haut en bas de l'acide sulfurique sortant des chambres de plomb et riche en produits nitreux. Cet anhydride sulfureux arrive donc dans les chambres de plomb déjà chargé de vapeurs nitreuses.

L'anhydride sulfureux nécessaire à la réaction a longtemps été produit au moyen de soufre brûlé dans des fourneaux F ; mais aujourd'hui on a substitué au soufre la pyrite de fer, chauffée dans des appareils convenables (fig. 129). Autrefois, on produisait l'acide azotique extérieurement en A et on le faisait circuler dans un appareil analogue à une chute d'eau, de manière qu'il présente une grande surface à l'action de l'anhydride sulfureux ; aujourd'hui, on obtient directement l'acide azotique en chauffant de l'acide sulfurique avec de l'azotate de sodium, et on le fait arriver à l'état gazeux dans les chambres de plomb. Seulement, à la haute température à laquelle sont chauffés les gaz, il peut se former de l'azote ; pour l'éviter, on fait circuler les gaz dans de grands couloirs.

Un perfectionnement important a été apporté à cette fabrication par l'emploi de la tour de Glover (fig. 138) ; on fait arriver les produits de la combustion, les gaz, secs et très chauds, dans une tour en pierre siliceuse recouverte extérieurement d'un revêtement apparent de plomb ; les gaz arrivent par la partie inférieure. Par la partie supérieure, on fait tomber de l'acide sulfurique très étendu d'eau. Ce dernier perd de l'eau et se concentre jusqu'à 60° Baumé. D'ailleurs les gaz secs et très chauds prennent de la vapeur d'eau, et

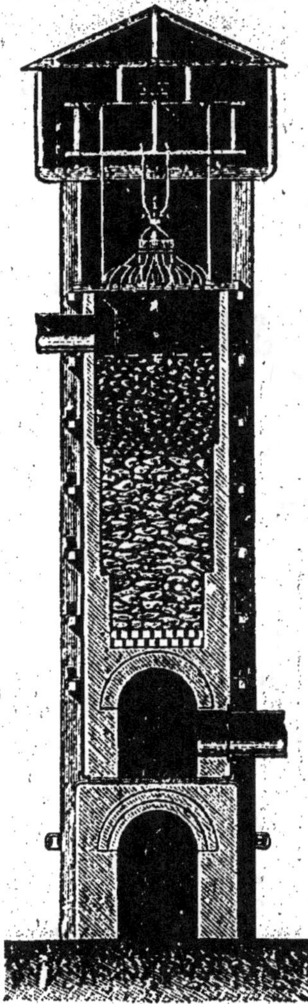

Fig. 138.
Tour de Glover.

l'on n'a plus besoin de faire arriver dans les chambres de plomb des jets de cette vapeur.

A la suite de l'appareil des chambres de plomb se trouve une colonne de coke, absorbant les produits qui se dégagent avec l'acide sulfurique.

L'acide sulfurique ainsi recueilli marque 50° à l'aréomètre de Beaumé. On le concentre dans des appareils en plomb jusque vers 60°; au delà, il faut le condenser dans des cornues de verre chauffées au bain de sable, ou bien dans des alambics en platine, mais le platine est attaqué et dissous par l'acide sulfurique contenant des matières nitreuses (100 000 grammes d'acide dissolvent $2^{gr},95$ de platine) Il y a d'abord distillation de l'eau, que l'on rejette, puis de l'acide sulfurique. On pousse la concentration jusqu'à ce qu'il marque 66°.

L'acide sulfurique concentré contient des vapeurs nitreuses, ce qui se reconnaît à ce qu'il décolore l'indigo et rougit le sulfate ferreux. Pour s'en débarrasser, on le traite par le sulfate d'ammonium ; il y a formation d'acide sulfurique, eau et azote :

$$SO^4 (AzH^4)^2 + Az^2O^3 = SO^4H^2 + 4Az + 3H^2O.$$

L'acide contient encore du sulfate de plomb, qui provient des chambres de plomb, et de l'arsenic provenant de la pyrite. Pour s'en débarrasser, on étend l'acide de son poids d'eau et l'on traite par un courant d'hydrogène sulfuré :

$$SO^4Pb + H^2S = SO^4H^2 + PbS.$$
$$2AsO^4H^3 + 5H^2S = As^2S^5 + 8H^2O.$$

Il reste toujours un excès d'hydrogène sulfuré, qui transforme l'acide sulfurique en anhydride sulfureux :

$$4SO^4H^2 + 2H^2S = 5SO^2 + 6H^2O + S.$$

On fait bouillir pour chasser l'anhydride sulfureux et l'hydrogène sulfuré, puis on distille. L'acide sulfurique est alors pur.

Quelquefois, pour le purifier, on étend d'eau l'acide sulfurique et l'on ajoute un peu de sulfure de baryum, il se fait un dépôt de sulfate de baryum et l'hydrogène sulfuré qui se dégage, réagit immédiatement sur les sulfures de plomb et d'arsenic :

$$BaS + SO^4H^2 = SO^4Ba + H^2S.$$

On peut encore ajouter du bioxyde de manganèse MnO^2 (5 grammes pour 25 grammes d'acide). L'anhydride arsénieux est transformé en acide arsénique ; il ne reste que l'acide sulfurique et l'acide azotique et si l'on fait bouillir, l'acide azotique se dégage.

On distille l'acide sulfurique dans un vase de verre. L'ébullition se fait normalement à 325° ; mais elle est toujours retardée à cause de la viscosité du liquide et par conséquent, quand elle se produit, la cornue est soulevée et peut se briser en retombant sur son support. Pour éviter cela, on emploie une corbeille annulaire G (fig. 139) servant de grille à charbon et surmontée d'un dôme D qui recouvre la partie supérieure de la cornue. On chauffe à la hauteur de la surface libre.

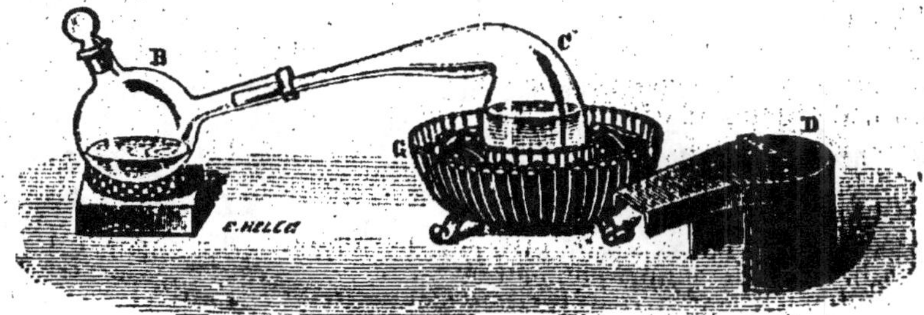

Fig. 139. — Distillation de l'acide sulfurique.

On peut aussi mettre dans l'acide sulfurique de l'éponge de platine.

324. Propriétés physiques. — L'acide sulfurique qui bout à 325°, a pour formule $SO^4H^2 + \frac{1}{12} H^2O$; c'est une composition chimique complexe. Si on ajoute assez d'anhydride pour le ramener à la formule SO^4H^2, on a un acide connu sous le nom d'acide de M. Marignac ; il est solide à 6°,8, et l'on peut l'obtenir ainsi par cristallisations successives. Chauffé à 260°, il laisse dégager une petite portion d'anhydride et redevient $SO^4H^2 + \frac{1}{12} H^2O$. Sa densité est alors 1,848 ; il se solidifie à — 34°.

L'acide sulfurique forme un second hydrate $SO^4H^2 + H^2O$; c'est *l'acide glacial*. Il donne des cristaux fondant à 8°,81.

325. Propriétés chimiques. — La chaleur décompose l'acide sulfurique en anhydride sulfureux, oxygène et eau :

$$SO^4H^2 = SO^2 + H^2O + O.$$

L'acide sulfurique s'unit à l'eau et peut en prendre 15 fois son poids en dégageant une quantité de chaleur assez grande pour vaporiser l'éther (fig. 140) ; de là le danger de verser l'eau dans l'acide sulfurique. Au contraire, on peut verser l'acide peu à peu dans l'eau, en agitant.

Si l'on mélange l'acide à l'eau, à poids égaux il y a élévation de température jusqu'à 80°; avec quatre fois plus d'acide que d'eau, en poids, la température s'élève à 105° et il y a projection d'acide.

Avec la glace, il y a deux phénomènes : la fusion de la glace, qui absorbe de la chaleur, et la combinaison de l'acide et de l'eau, qui dégage de la chaleur. Si l'on mélange 4 parties d'acide pour 1 de glace, la température s'élève à 90°; si au contraire on mélange 1 partie d'acide pour 4 de glace, la température s'abaisse à — 20°.

L'eau se combine avec l'acide sulfurique avec diminution de volume; le maximum de concentration correspond à la formule $SO^4 H^2 + H^2O$.

Le soufre se dissout dans l'acide sulfurique et le décompose à une température élevée (au delà de 325°) en donnant de l'anhydride sulfureux pur.

Avec le phosphore, chauffé dans un excès d'acide sulfurique, on a :

Fig. 140. — Ebullition de l'éther sous l'influence de la chaleur dégagée par la combinaison de l'acide sulfurique avec l'eau.

$$2P + 5SO^4 H^2 = 2PO^4 H^3 + 2H^2O + 5SO^2.$$

Le charbon décompose l'acide sulfurique et donne les anhydrides carbonique et sulfureux.

L'hydrogène décompose l'acide sulfurique ; quand on fait passer les vapeurs des deux corps dans un tube de porcelaine chauffé au rouge, on a :

$$SO^4 H^2 + 2H = 2H^2O + SO^2.$$

L'hydrogène en excès donne :

$$SO^4 H^2 + 6H = 4H^2O + S.$$

Au-dessous de 440°, il y a formation d'hydrogène sulfuré :

$$SO^4 H^2 + 8H = 4H^2O + H^2S.$$

L'or, ni le platine, ne décompose l'acide sulfurique. Les autres métaux décomposent l'acide concentré et chaud et donnent de l'anhydride sulfureux, comme l'argent, le mercure, le cuivre ; le zinc et le fer donnent aussi de l'anhydride sulfureux dans les mêmes conditions, mais en même temps il se forme de l'hydrogène et un dépôt de soufre. Avec l'acide étendu, le zinc et le fer donnent à froid de l'hydrogène.

Les matières organiques sont attaquées par l'acide sulfurique ; il y a formation d'acide humique, noir et soluble dans l'acide sulfurique.

326. Composition. — On a déterminé la composition de l'anhydride sulfurique ; reste à déterminer la proportion de l'eau.

On verse peu à peu de l'acide sulfurique sur un poids connu, 10 grammes par exemple, d'oxyde de plomb sec ; soit p le poids d'acide versé. On recueille le sulfate de plomb formé, on fait passer un courant d'air et l'on chauffe ; il reste un poids p' de sulfate de plomb sec. La proportion d'eau est donc $p + 10 - p'$.

L'acide sulfurique est un acide bibasique ; il donne des sulfates neutres, $SO^4 M'^2$ ou $SO^4 M''$, et des sulfates acides $SO^4 HM'$.

327. Usages. — Cet acide est le plus employé dans l'industrie, ou dans les laboratoires.

On l'emploie à la fabrication du sulfate de sodium.

On transforme généralement les sels organiques en sels de calcium, que l'on traite par l'acide sulfurique ; c'est la méthode générale de préparation des acides organiques.

Il sert à nettoyer le fer et la tôle, parce qu'il dissout les oxydes.

On l'emploie au dérochage du cuivre, au blanchissage des pièces de monnaie d'argent, à l'affinage des monnaies.

Il sert dans la teinture à l'indigo et à la garance, à la fabrication du sucre de glucose.

On en emploie environ 70 millions de kilogrammes par an.

SÉRIE THIONIQUE

328. Acide dithionique, $S^2 O^6 H^2$. — Cet acide, appelé aussi acide hyposulfurique, a été découvert par Gay-Lussac et Woehler.

On l'obtient en faisant passer un courant de gaz sulfureux dans de l'eau contenant en suspension du peroxyde de manganèse. Il se forme du dithionate de manganèse, que l'on transforme en dithionate de baryum ; on précipite le baryum de ce dernier au moyen de l'acide sulfurique.

Quand on fait arriver l'anhydride sulfureux sur le peroxyde de manganèse, il se produit deux réactions, parce que la température s'élève toujours un peu :

$$Mn\, O^2 + 2SO^2 = S^2 O^6 Mn.$$
$$Mn\, O^2 + SO^3 = SO^4 Mn.$$

Les deux sels sont solubles dans l'eau ; pour les séparer, on transforme le tout en sels de baryum, car le dithionate de baryum est soluble, et le sulfate insoluble. On traite par le sulfure de baryum :

$$S^2 O^6 Mn + Ba\, S = S^2 O^6 Ba + Mn\, S.$$
$$SO^4 Mn + Ba\, S = SO^4 Ba + Mn\, S.$$

On filtre, tout reste sur le filtre, excepté le dithionate de baryum. On traite la liqueur par l'acide sulfurique, jusqu'à ce qu'il n'y ait plus de précipité :

$$S^2 O^6 Ba + SO^4 H^2 = S^2 O^6 H^2 + SO^4 Ba.$$

L'acide ainsi obtenu est un liquide incolore, inodore, peu stable. Chauffé, il donne :

$$S^2 O^6 H^2 = SO^4 H^2 + SO^2.$$

Il donne des sels dont la formule est $S^2 O^6 M''$; les dithionates se décomposent par la chaleur :

$$S^2 O^6 M'' = SO^4 M'' + SO^2.$$

329. Acide trithionique, $S^3 O^6 H^2$. — Il a été obtenu par Langlois. On le prépare en chauffant très modérément du sulfite acide de potassium avec du soufre en fleur : la liqueur se colore en jaune, puis la coloration disparaît. On a :

$$4SO^3 HK = S^3 O^6 K^2 + SO^4 K^2 + 2H^2O.$$

Le soufre n'a pas l'air d'intervenir, mais il est nécessaire à la production de la réaction.

Pour séparer le trithionate peu soluble, on filtre et l'on précipite ensuite la potasse par un acide donnant un sel insoluble; on prend l'acide perchlorique.

L'acide ainsi obtenu est un liquide incolore. Comme le précédent, il se décompose à la chaleur :

$$S^3 O^6 H^2 = SO^4 H^2 + SO^2 + S.$$

Il forme d'ailleurs des trithionates $S^3 O^6 M''$, décomposables de même par la chaleur. A froid, avec un acide, ils ne dégagent pas d'anhydride sulfureux, mais ils en dégagent à chaud.

330. Acide tétrathionique, $S^4 O^6 H^2$. — Il a été découvert par Fordos et Gélis. On l'obtient en traitant l'hyposulfite de baryum en suspension dans l'eau par une dissolution d'iode. On a, l'iode disparaissant à l'état d'iodure de baryum :

$$2S^2 O^3 Ba + I^2 = BaI^2 + S^4 O^6 Ba.$$

Ce dernier corps cristallise. Pour le séparer de l'iodure de baryum, on dissout dans l'alcool, l'iodure de baryum insoluble se précipite. On ajoute goutte à goutte de l'acide sulfurique à la dissolution de tétrathionate de baryum. On a :

$$S^4 O^6 Ba + SO^4 H^2 = S^4 O^6 H^2 + SO^4 Ba.$$

On filtre et l'on évapore dans le vide.

L'acide ainsi obtenu est un liquide incolore ; c'est le plus stable des acides de la série thionique. A très haute température, il se décompose :

$$S^4 O^6 H^2 = SO^4 H^2 + SO^2 + 2S.$$

Il donne des sels qui ont pour formule $S^4 O^6 M''$, ils ne sont décomposés qu'à très haute température en sulfate, sulfite et soufre.

331. Acide pentathionique, $S^5O^6H^2$. — Il s'obtient par l'action de l'eau sur le chlorure de soufre, ou bien par l'action de l'eau tiède sur un mélange d'anhydride sulfureux et d'hydrogène sulfuré :

$$5H^2S + 5SO^2 = S^5O^6H^2 + 5S + 4H^2O.$$

Comme il ne reste que l'acide et du soufre, on filtre et l'on a une dissolution d'acide pentathionique.

Pour l'obtenir plus pur, on neutralise la liqueur par du carbonate de baryum ; il se fait du sulfite et du pentathionate de baryum. On filtre, le pentathionate soluble passe seul ; on précipite le baryum par addition d'acide sulfurique.

C'est un liquide incolore, moins stable que le précédent. Faiblement chauffé, il donne :

$$S^5O^6H^2 = SO^4H^2 + SO^2 + 3S.$$

Il donne des sels analogues à ceux de tous les acides précédents et se décomposant de même.

332. Composition des acides de la série thionique. — Pour déterminer la composition de ces acides, on cherche le poids d'acide qui s'unit à un poids connu de baryte ; le poids total fait connaître la somme des poids de soufre et d'oxygène formant l'acide. Pour déterminer le poids du soufre, on ajoute a l'acide à analyser de l'acide azotique qui oxyde la matière et transforme tout le soufre en acide sulfurique ; on précipite par la baryte, on obtient un poids connu de sulfate de baryum. Or, comme l'on connaît la composition de ce sel, on en déduit le poids du soufre et par conséquent la composition de l'acide analysé.

CHLORURES DE SOUFRE

On a décrit trois chlorures de soufre qui ont pour formules S^2Cl^2, SCl^2 et SCl^4. Le plus important, et le seul dont l'existence ait été bien nettement établie, est le chlorure S^2Cl^2.

333. Protochlorure de soufre, S^2Cl^2. — Ce chlorure s'obtient par l'action directe du chlore sur le soufre : le chlore gazeux arrive sur de la fleur de soufre placée dans une éprouvette à pied. On purifie par distillation.

C'est un liquide jaune rouge, fumant, d'une odeur désagréable et suffocante ; sa densité est 2,6. Il bout à 139° et sa densité de vapeur est 4,6. Il est utilisé industriellement à cause de sa propriété de dissoudre le soufre en grande quantité ; il sert alors à vulcaniser le caoutchouc. Il se combine au potassium avec explosion.

L'eau le décompose en donnant de l'acide chlorhydrique, du soufre et de l'anhydride sulfureux :

$$2S^2Cl^2 + 2H^2O = 4HCl + 3S + SO^2.$$

334. Bichlorure de soufre, SCl^2. — Il s'obtient en faisant passer du chlore dans le protochlorure de soufre ; on chasse l'excès de chlore en chauffant le liquide jusqu'à l'ébullition.

C'est un liquide rouge foncé, de densité 1,6, qui bout à 64° avec décomposition partielle.

335. Perchlorure de soufre, SCl^4. — Ce corps s'obtient en saturant de chlore le protochlorure de soufre refroidi à 22°. C'est un liquide très mobile. Il forme des chlorures doubles avec certains chlorures métalliques, tels que ceux d'étain, d'arsenic et d'aluminium.

OXYCHLORURES DE SOUFRE

336. Chlorure de thionyle (acide chlorosulfureux), $SOCl^2$. — Il s'obtient en traitant le pentachlorure de phosphore par l'anhydride sulfureux :

$$PCl^5 + SO^2 = SOCl^2 + POCl^3.$$

On l'obtient aussi par l'action de l'anhydride hypochloreux sur le soufre, dissous dans le protochlorure de soufre :

$$Cl^2O + S = SOCl^2.$$

C'est un liquide incolore, de densité 1,67, très réfringent. Il bout à 78°. L'eau le décompose :

$$SOCl^2 + H^2O = SO^2 + 2HCl.$$

337. Chlorure de sulfuryle (acide chlorosulfurique), SO^2Cl^2. — Il a été découvert par Regnault.

Il s'obtient en soumettant à l'action des rayons solaires un mélange à volumes égaux d'anhydride sulfureux et de chlore ; ils se combinent avec condensation.

On l'obtient encore par la méthode générale de préparation des acides chlorés, en faisant agir le perchlorure de phosphore sur l'anhydride sulfurique :

$$PCl^5 + SO^3 = SO^2Cl^2 + POCl^3.$$

C'est un liquide incolore, de densité 1,66 ; il bout à 77°, et sa densité de vapeur est 4,66. L'eau le décompose :

$$SO^2 Cl^2 + 2H^2O = SO^4 H^2 + 2H Cl.$$

Au contact des bases, il se décompose en sulfate et chlorure :

$$4KOH + SO^2 Cl^2 = SO^4K^2 + 2ClK + 2H^2O.$$

338. Acide chlorhydrosulfurique, $SO^3H Cl$. — Ce corps s'obtient en faisant agir le gaz acide chlorhydrique sur l'anhydride sulfurique, ou par l'action de l'acide sulfurique sur le pentachlorure de phosphore :

$$PCl^5 + SO^4H^2 = POCl^3 + SO^3HCl + HCl.$$

C'est un liquide incolore, de densité 1,776, bouillant à 152° et que la chaleur dédouble en acide chlorhydrique et anhydride sulfurique ; l'eau le décompose en acide sulfurique et acide chlorhydrique.

La densité de sa vapeur est 2,3.

339. Chlorure de disulfuryle (anhydride chlorosulfurique), $S^2O^5 Cl^2$. — Il s'obtient par l'action de l'anhydride sulfurique sur le sel marin :

$$2Na Cl + 4SO^3 + H^2O = 2SO^4H Na + S^2O^5 Cl^2.$$

C'est un liquide incolore, bouillant à 140°,5; sa densité de vapeur est 3,72. L'eau le décompose en acide sulfurique et acide chlorhydrique :

$$S^2O^2 Cl^2 + 3H^2O = 2SO^4H^2 + 2HCl$$

COMBINAISONS DU SOUFRE AVEC L'AZOTE, LE PHOSPHORE, L'ARSENIC ET L'ANTIMOINE.

340. Sulfure d'azote, AzS. — Ce corps s'obtient en faisant passer un courant de gaz ammoniac dans une dissolution de protochlorure de soufre $S^2 Cl^2$ dans le sulfure de carbone :

$$3S^2 Cl^2 + 8AzH^3 = 2AzS + 6AzH^4 Cl + S^4.$$

On sépare la liqueur du sel ammoniac $AzH^4 Cl$, on l'évapore et l'on obtient des cristaux jaunes, transparents, de sulfure d'azote.

C'est un corps solide, insoluble dans l'eau, soluble dans le sulfure de carbone ; sa densité est 2,22. Il fond à 158°.

Il détone par le choc, ou quand on le chauffe vers 205°.

Sa composition correspond à celle du bioxyde d'azote, AzO.

341. Sulfures de phosphore. — On a décrit quatre sulfures de phosphore.

Le *protosulfure* P^2S se prépare en dissolvant 1 partie de soufre dans 2 parties de phosphore maintenu sous l'eau à l'état de fusion.

C'est un liquide huileux, opalin, qui se prend au-dessous de 0° en une masse cristalline. L'eau froide le décompose lentement, et l'eau bouillante rapidement, en acide hypophosphoreux et hydrogène sulfuré.

Le *sesquisulfure* P^4S^3, découvert par M. Lemoine, s'obtient en chauffant dans un grand ballon 3 parties de soufre pulvérisé et 4 parties de phosphore rouge bien sec ; on divise la masse en la mélangeant avec du sable blanc et l'on remplit le ballon d'anhydride carbonique.

C'est un corps solide, jaune, de densité 2,1 ; il fond à 166°, et bout à 380° ; sa densité de vapeurs est 1,8. Il est soluble dans le chlorure de phosphore et le sulfure de carbone.

De tous les sulfures de phosphore, c'est le plus stable et le moins facilement décomposable par l'eau ; à 100° même, l'eau ne le décompose que lentement.

Le *trisulfure* P^4S^6, ou mieux P^2S^3, s'obtient d'une façon analogue au sesquisulfure, en chauffant 3 parties de soufre pour 2 de phosphore.

C'est un corps solide, cristallisé, d'un jaune citron, fondant à 290° et bouillant à 490°. L'air et l'eau l'attaquent rapidement et le transforment en acide phosphoreux et hydrogène sulfuré. Les alcalis le décomposent aussi.

Le *pentasulfure* P^2S^5, préparé d'une façon analogue aux deux précédents, est un solide, d'un jaune pâle, cristallisable, soluble dans le sulfure de carbone, qui fond à 275° et bout à 530°.

L'eau le décompose en acide phosphorique et hydrogène sulfuré :

$$P^2S^5 + 8H^2O = 2PO^4H^3 + 5H^2S.$$

Il donne avec les sulfures alcalins des sulfures doubles, ou sulfo-sels.

342. Sulfures d'arsenic. — On connaît trois sulfures d'arsenic :

Le sulfure As^2S^2, que l'on trouve en cristaux ou en masses rougeâtres ; c'est celui que les minéralogistes appellent le *réalgar*. On le prépare artificiellement en fondant ensemble de l'arsenic et du soufre en proportion convenable, calculée d'après la formule : 75 grammes d'arsenic pour 32 de soufre.

Il correspond par sa constitution au bioxyde et au sulfure d'azote. Il brûle à l'air en donnant les anhydrides sulfureux et arsénieux :

$$As^3S^3 + O^7 = As^3O^3 + 2SO^2.$$

Il est employé en peinture, et aussi en pyrotechnie pour colorer la flamme des feux de Bengale; mélangé avec du nitre et du soufre, il constitue le *feu indien*.

Le sulfure As²S³ est aussi un sulfure naturel, auquel on donne le nom d'*orpiment;* il est en masses lamelleuses, brillantes, d'une belle couleur jaune. On l'obtient artificiellement en précipitant par l'hydrogène sulfuré une dissolution d'acide arsénieux ou d'un arsénite, acidulée par quelques gouttes d'acide chlorhydrique.

Il correspond par sa constitution aux anhydrides azoteux et arsénieux ; il se combine aux sulfures alcalins pour donner des sulfures doubles, ou sulfo-sels, analogues aux arsénites.

Le sulfure As²S⁵ n'existe pas dans la nature ; on l'obtient en précipitant par l'hydrogène sulfuré la dissolution d'acide arsénique, ou d'un arséniate, additionnée d'acide chlorhydrique ; le précipité se forme lentement.

C'est un corps solide, d'un jaune pâle, qu'on appelle le *pentasulfure* d'arsenic.

343. Sulfures d'antimoine. — On connaît deux sulfures d'antimoine :

Le *trisulfure* Sb²S³ se trouve en masses d'un gris métallique, dans la nature, où il constitue la *stibine*, qui est le principal minerai d'antimoine ; c'est le sulfure employé pour préparer l'hydrogène sulfuré pur (302). On le prépare artificiellement en précipitant par l'hydrogène sulfuré une solution de trichlorure d'antimoine SbCl³; on obtient un précipité rouge orangé, qui se dissout dans les sulfures alcalins, avec lesquels il se combine pour donner des sulfo-sels.

Le charbon et certains métaux, tels que le fer et le zinc, réduisent ce sulfure en mettant l'antimoine en liberté.

Le *pentasulfure* Sb²S⁵ n'existe pas dans la nature ; on l'obtient artificiellement en précipitant par l'hydrogène sulfuré une dissolution acide de perchlorure SbCl⁵. On obtient un précipité, également rouge orangé, et soluble dans les sulfures alcalins, avec lesquels il forme des sulfo-sels.

SÉLÉNIUM

Se = 79.

344. Préparation. — Le sélénium a été découvert par Berzélius dans les dépôts des chambres de plomb; il y provient de la pyrite, qui contient souvent du sélénium. D'ailleurs ce corps se rencontre dans la nature mélangé au soufre, soit à l'état natif comme dans le soufre des îles Lipari, soit à l'état de séléniure, mélangé aux sulfures.

On le prépare, par la méthode de Wœhler, en traitant un séléniure naturel d'abord par l'acide chlorhydrique, pour le débarrasser de ses impuretés, et en le calcinant avec du carbonate de potassium et du charbon ; il se forme du séléniure de potassium K^2Se, qui est soluble et que l'on peut séparer des métaux avec lesquels il est mélangé au moyen d'eau bouillante bien privée d'air. La liqueur ainsi obtenue, abandonnée ensuite à l'air, absorbe l'oxygène et laisse déposer du sélénium :

$$K^2Se + O + H^2O = 2\,KOH + Se.$$

On peut aussi réduire par l'anhydride sulfureux une dissolution étendue d'acide sélénieux, $Se\,O^3H^2$:

$$Se\,O^3H^2 + 2SO^2 + H^2O = 2SO^4H^2 + Se.$$

345. Propriétés physiques. — Le sélénium présente avec le soufre de grandes analogies, d'abord par ses propriétés physiques.

Obtenu par l'oxydation du séléniure de potassium, le sélénium se présente sous l'apparence d'une poudre grise, cristalline, soluble dans le sulfure de carbone ; par réduction de l'acide sélénieux au moyen de l'anhydride sulfureux, on a une poudre rouge (fleurs de sélénium), insoluble dans le sulfure de carbone.

Le sélénium, récemment fondu et lentement refroidi, a une apparence vitreuse, analogue à celle du soufre mou. Il se transforme très lentement à la température ordinaire, rapidement quand on le chauffe à 97°, en sélénium cristallisé noir, ou sélénium métallique ; il se dégage alors une grande quantité de chaleur.

La densité du sélénium cristallisé est 4,8 ; celle du sélénium rouge 4,5, celle du sélénium vitreux 4,28.

Le sélénium dissous dans le sulfure de carbone laisse déposer, par évaporation, des cristaux prismatiques isomorphes avec les cristaux prismatiques de soufre.

Le sélénium fond à 217° ; il bout à 665° et ses vapeurs sont jaunes.

Le sélénium vitreux est mauvais conducteur de l'électricité, mais le sélénium cristallisé est bon conducteur : cette conductibilité varie sous l'influence de la lumière et augmente d'autant plus que la lumière est plus ardente. Cette propriété a été utilisée pour transmettre le son à distance au moyen de la lumière, à l'aide d'un appareil appelé *photophone*.

346. Propriétés chimiques. — Les propriétés chimiques du sélénium sont analogues à celles du soufre.

Chauffé à l'air ou dans un courant d'oxygène, le sélénium brûle avec une flamme bleue et produit de l'anhydride sélénieux, SeO^2.

Chauffé avec les métaux qui se combinent au soufre, il donne des séléniures métalliques, analogues aux sulfures.

On obtient de l'hydrogène sélénié en attaquant un séléniure métallique, le séléniure de fer Fe Se, par l'acide sulfurique :

$$Fe\,Se + SO^4\,H^2 = SO^4Fe + H^2Se.$$

C'est un gaz analogue à l'hydrogène sulfuré ; comme lui, il est formé de 1 volume de vapeur de sélénium combiné à 2 volumes d'hydrogène. Il est très dangereux à respirer et paralyse le nerf olfactif.

Avec l'acide azotique, le sélénium donne de l'anhydride sélénieux.

Chauffé avec un azotate alcalin, avec du nitre, il donne un séléniate, d'où l'on peut extraire l'acide sélénique, SeO^4H^2. Les séléniates sont généralement isomorphes avec les sulfates des mêmes métaux.

Le sélénium se combine au soufre, avec lequel il forme les sulfures SeS, Se^2S^4 et Se^2S^4.

Le chlore agit directement sur le sélénium et donne, suivant les proportions des éléments qui réagissent l'un sur l'autre, les chlorures $Se^2\,Cl^2$ et $Se\,Cl^4$.

Le brome agit de même.

TELLURE

Te = 126.

347. Préparation. — Le tellure a été découvert en 1782 par Müller de Reichenstein, dans les mines d'or de Transylvanie, et étudié par Klaproth. On le trouve quelquefois à l'état natif, mais plutôt à l'état de tellurures métalliques, surtout de tellurures d'or et de bismuth.

Le tellure se prépare, comme le sélénium, en transformant le tellurure de bismuth en tellurure de potassium par la calcination avec du carbonate de potassium et du charbon ; le tellurure de potassium, dissous dans l'eau privée d'air, est ensuite abandonné à l'air :

$$K^2Te + O + H^2O = 2KOH + Te.$$

On peut aussi réduire par l'anhydride sulfureux une dissolution étendue d'acide tellureux :

$$TeO^4H^2 + 2SO^2 + H^2O = 2SO^4H^2 + Te.$$

348. Propriétés. — Préparé par la première méthode, c'est une poudre grise, d'aspect métallique ; fondu, il cristallise en rhomboèdres d'un blanc brillant, comme l'antimoine.

Préparé par réduction de l'acide tellureux, il est amorphe.

La densité du tellure est 6,5 ; il fond à 450° et se volatilise au rouge.

Le tellure, chauffé à l'air ou dans l'oxygène, brûle avec une flamme bleue et donne de l'anhydride tellureux TeO^2, corps solide. On obtient cet anhydride en cristaux volumineux en attaquant le tellure par l'acide azotique. Il donne avec les bases des tellurites, dont l'acide correspond à la formule TeO^3H^2.

On connaît aussi l'acide tellurique TeO^4H^2, qui donne des sels, les tellurates, isomorphes avec les séléniates et les sulfates.

Les tellurures métalliques, traités par l'acide sulfurique, ou l'acide chlorhydrique, donnent de l'hydrogène telluré analogue aux hydrogènes sélénié et sulfuré :

$$FeTe + SO^4H^2 = SO^4Fe + H^2Te.$$

C'est un gaz d'une odeur désagréable et très délétère.

En traitant par l'hydrogène sulfuré un tellurite ou un tellurate, on obtient les sulfures de tellure TeS^2 et TeS^3, qui s'unissent aux sulfures alcalins pour donner des sulfo-sels.

Le chlore agit sur le tellure légèrement chauffé et donne un tétra-chlorure $TeCl^4$ qui est un corps solide, blanc et cristallin.

Il est décomposable par l'eau :

$$TeCl^4 + 3H^2O = TeO^3H^2 + 4HCl.$$

Chauffé avec un excès de tellure, ce tétrachlorure donne le bichlo-rure $TeCl^2$, corps solide noir.

On connaît aussi un bibromure $TeBr^2$ et un tétrabromure $TeBr^4$; un biiodure TeI^2 et un tétraiodure TeI^4 ; enfin un tétrafluorure TeF^4.

CHAPITRE X

BORE ET SES COMPOSÉS. — CARBONE ET HYDROCARBURES

BORE

$$Bo = 11.$$

349. Préparation. — Le bore a été découvert à l'état amorphe en 1808 par Gay-Lussac et Thénard ; il a été préparé à l'état cristallisé par Deville et Wöhler en 1855.

On obtient le bore amorphe, sous la forme d'une poudre verdâtre, en traitant l'anhydride borique Bo^2O^3 par le sodium ; le métal s'empare de l'oxygène et forme avec une partie de l'acide du borate de sodium :

$$Bo^2O^3 + 3Na = BoO^2Na^3 + Bo.$$

Pour faire la réaction, on prend un mélange de sodium en morceaux, d'acide borique fondu et de sel marin fondu ; on le projette dans un creuset de fer chauffé au rouge. Quand les matières sont à l'état de fusion, on retire le creuset et on coule le contenu dans de l'eau acidulée avec de l'acide chlorhydrique, qui dissout tout, excepté le bore.

On prend l'acide chlorhydrique, parce que, si l'on employait l'eau pure, le bore, au contact de l'eau aérée, donnerait du borate acide de sodium, tandis que l'acide chlorhydrique sature tout de suite la soude.

Le bore cristallisé a été découvert par Wöhler et Deville. Ces chimistes l'ont obtenu en réduisant l'anhydride borique par l'aluminium, qui s'empare de l'oxygène de l'anhydride borique :

$$Al^2 + Bo^2O^3 = Al^2O^3 + Bo^2.$$

Le bore en liberté au contact de l'alumine se dissout dans cet oxyde et y cristallise. On ne peut plus employer un creuset de fer, parce que la température à obtenir serait trop élevée ; on emploie un creuset de charbon, introduit dans un creuset de plombagine, et on remplit l'intervalle de poudre de charbon. On chauffe pendant cinq à six heures avec du charbon des cornues dans un courant d'air très fort. On laisse ensuite refroidir lentement, on casse le creuset et on y trouve de l'alumine renfermant du bore cristallisé ; on dissout alors l'alumine dans une solution chaude et concentrée de soude caustique, on obtient de l'aluminate de sodium soluble et du bore insoluble. On lave avec de l'acide chlorhydrique, ou de l'eau régale, qui dissout le silicium et non le bore.

Dans cette opération, H. Sainte-Claire Deville et Wöhler ont obtenu divers produits : d'abord des lamelles jaunes d'or de borure d'aluminium, puis des cristaux bruns et noirs de bore, contenant un peu de carbone et d'aluminium et que ces chimistes considéraient comme des mélanges de substances isomorphes.

M. Joly a repris récemment l'étude de cette réaction et a constaté que, lorsqu'on opère à température très élevée, il n'y a pas de borure d'aluminium ; on n'obtient que de petits cristaux noirs qui sont, non pas du bore pur, comme le croyaient Sainte-Claire Deville et Wöhler, mais des combinaisons du bore avec le carbone. A des températures moins élevées on a : des composés de bore et d'aluminium, des composés de bore et de carbone et enfin des composés de bore, de carbone et d'aluminium, qui varient suivant la température de la réaction.

350. Propriétés. — Le bore amorphe est une poudre d'un noir verdâtre. Il prend feu aisément quand on le chauffe à l'air et brûle en donnant de l'anhydride borique Bo^2O^3, de sorte que quelquefois, en séchant le bore précipité, les filtres prennent feu. En se combinant avec l'oxygène il dégage 150 calories par atome.

Si l'on chauffe le bore avec le soufre, on obtient un sulfure de bore Bo^2S^3 blanc, décomposable par l'eau.

Le chlore, le brome, l'iode agissent directement sur le bore en donnant les chlorure, bromure et iodure, $BoCl^3$, $BoBr^3$ et BoI^3 ; avec le chlore, il se dégage 108 calories.

Le bore décompose l'eau au rouge ; il se forme de l'acide borique BoO^3H^3 et de l'hydrogène :

$$3H^2O + Bo = BoO^3H^3 + H^3.$$

Avec les acides chlorhydrique, fluorhydrique et sulfhydrique, le bore donne des chlorure, fluorure, sulfure et de l'hydrogène :

$$Bo + 3HCl = BoCl^3 + H^3.$$

Le bore est donc un réducteur comme le charbon ; il réduit tous les oxydes, car c'est le corps qui, dans ses combinaisons avec l'oxygène, dégage le plus de chaleur ; il réduit aussi tous les chlorures, excepté celui de silicium, qui est à peu près le seul que le bore ne décompose pas. En chauffant le bore avec des chlorures ou des sulfures métalliques, on obtient le métal.

Le bore se combine facilement à l'azote. Quand on fait passer un courant d'azote sur du bore légèrement chauffé, il se fait de l'azoture de bore BoAz, corps blanc, infusible ; donc, quand on enflamme le bore à l'air, il se fait un mélange d'anhydride borique et d'azoture de bore. On peut aussi faire l'expérience avec du bioxyde d'azote :

$$5Bo + 3AzO = 3BoAz + Bo^2O^3.$$

Les carbures de bore cristallisés sont en octaèdres quelquefois transparents et ayant un aspect analogue à celui du diamant ; le plus généralement, ils sont colorés en brun. Ces cristaux sont très durs et ils rayent le diamant, qui les raye cependant plus facilement : leur densité est 2,68. Ils constituent le corps le plus inaltérable qui soit connu. Chauffés à l'air au rouge vif, ils s'oxydent très lentement ; le chlore au contraire les attaque facilement. Chauffés dans un courant de chlore, ils forment des chlorures et l'action est complète, les chlorures de bore et de carbone étant volatils.

Ces cristaux sont inattaquables à tous les acides. En les chauffant avec de la potasse fondue, il y a absorption de bore et formation de borate de potassium, BoO^3K^3 :

$$3KOH + Bo = BoO^3K^3 + H^3.$$

ANHYDRIDE BORIQUE Bo^2O^3
ACIDE BORIQUE BoO^3H^3

351. Etat naturel. — L'acide borique existe à l'état naturel dans les vapeurs volcaniques et dans certains lacs de Toscane ; on trouve du borate de sodium dans les lacs de l'Inde, dans les eaux de Bagnères-de-Luchon, etc.

En 1775, des chimistes s'aperçurent que dans le voisinage de Castel-Nuovo il y avait un dégagement d'acide borique. En 1818, on eut l'idée d'aller exploiter les *suffioni* de Toscane.

En Toscane, il se dégage du sol des gaz chauds entraînant une certaine quantité d'acide borique qui se dissout un peu dans les lacs où se fait ce dégagement. On fait arriver les jets de gaz dans des bassins (fig. 141), ou *lagoni*, où ces gaz se débarrassent de l'acide borique; l'eau se charge de 1 p. 100 d'acide borique et sa température s'élève à 100°; puis cette eau passe dans d'autres bassins. On l'évapore à l'aide de quelques-uns de ces jets gazeux et on achève la concentration dans des cuves. L'acide borique se dépose sous forme de paillettes nacrées.

L'acide borique ainsi obtenu contient 17 p. 100 d'impuretés. Pour le purifier, on le dissout et on le traite par le carbonate de sodium, qui donne du borax ou biborate de sodium $Bo^4O^7Na^2$:

$$CO^3Na^2 + 4BoO^3H^3 = CO^2 + Bo^4O^7Na^2 + 6H^2O.$$

Le borax s'obtient très pur après plusieurs cristallisations ; on le dissout dans l'eau bouillante et on le traite par l'acide chlorhydrique,

Fig. 141. — Extraction de l'acide borique.

jusqu'à ce que la liqueur contenant de la teinture de tournesol prenne une teinte pelure d'oignon :

$$Bo^4O^7Na^2 + 11\ HCl = 2NaCl + BoO^3H^3 + 4H^2O + 3BoCl^3.$$

L'acide borique BoO^3H^3 se dépose par le refroidissement en paillettes nacrées. C'est l'acide borique en paillettes.

352. Propriétés. — La dissolution de cet acide colore le tournesol en rouge vineux ; cependant une dissolution saturée et bouillante donne une coloration qui se rapproche du rouge pelure d'oignon.

En chauffant l'acide borique, il fond et on peut alors le couler ; pendant le refroidissement, il devient pâteux, comme le verre : c'est de l'*anhydride*, Bo^2O^3. Après refroidissement, il se transforme et se recouvre peu à peu d'une couche d'acide.

Chauffé à une température très élevée, il se volatilise très lentement.

Cela a été utilisé par Ebelmen pour préparer l'alumine cristallisée ; il dissout de l'alumine dans l'acide borique fondu, puis il chauffe cette dissolution dans un four à porcelaine. Peu à peu, l'anhydride borique se volatilise et l'alumine se dépose en cristaux analogues au corindon naturel.

L'acide borique colore en vert la flamme de l'alcool.

Aucun métalloïde n'agit directement sur l'acide borique ; si on veut le décomposer, il faut procéder par double décomposition. En faisant agir le chlore gazeux sur un mélange d'anhydride borique et de charbon, on obtient du chlorure de bore :

$$Bo^2O^3 + 6Cl + 3C = 2BoCl^3 + 3CO.$$

De même, en faisant agir le soufre sur le même mélange, on aura du sulfure de bore :

$$Bo^2O^3 + 3S + 3C = Bo^2 S^3 + 3CO.$$

Certains métaux, les métaux alcalins, réduisent l'anhydride borique, c'est la méthode de préparation du bore.

Avec l'acide fluorhydrique il se forme du fluorure de bore et de l'eau :

$$Bo^2O^3 + 6FH = 2BoFl^3 + 3H^2O.$$

353. Usages. — L'acide borique sert à la préparation du bore, à la préparation de certains oxydes métalliques cristallisés, à la soudure ; on en enduit les mèches des bougies stéariques, qui se recourbent alors vers le bord de la flamme et s'y consument entièrement.

L'acide borique est surtout employé à la fabrication du *borax*, ou borate acide de sodium.

CHLORURE DE BORE

Bo Cl³.

354. Préparation et propriétés. — Le chlorure de bore se produit par l'action du chlore sur un mélange d'anhydride borique et de charbon :

$$Bo^2O^3 + 6Cl + 3C = 2 Bo Cl^3 + 3CO.$$

C'est un liquide très mobile, incolore, de densité un peu supérieure à celle de l'eau et bouillant à 17° ; sa densité de vapeur est 4,065. On n'avait pas pu le liquéfier parce qu'il était mélangé d'oxyde de carbone.

Il est décomposé par l'eau avec formation d'acide borique et d'acide chlorhydrique :

$$Bo Cl^3 + 3H^2O = Bo O^3H^3 + 3HCl.$$

BROMURE DE BORE

BoBr³.

355. Préparation et propriétés. — Le bromure de bore s'obtie[nt]
l'action directe du brome sur le bore amorphe, ou par l'action du brome s[ur]
un mélange d'anhydride borique et de charbon.

C'est un liquide très mobile, de densité 2,69. Il bout à 90° et sa densité
de vapeur est 8,78.

Ses propriétés sont celles du chlorure. L'eau le décompose en acides
borique et bromhydrique.

FLUORURE DE BORE

BoF³.

356. Préparation. — On peut préparer le fluorure de bore en traitant
l'anhydride borique par l'acide fluorhydrique ; on l'obtient plus facilement en faisant chauffer un mélange d'anhydride borique, de fluorure de calcium et d'acide sulfurique :

$$Bo^2O^3 + 3CaF^2 + 3SO^4H^2 = 2BoF^3 + 3SO^4Ca + 3H^2O.$$

On fait, dans un ballon de verre, un mélange d'anhydride borique
et de fluorure de calcium, et l'on ajoute un excès d'acide sulfurique
concentré, destiné à retenir l'eau, qui décomposerait le fluorure
de bore. Pour avoir du fluorure de bore pur, il faudrait opérer dans
un ballon de platine, car la silice du verre donne du fluorure de
silicium.

357. Propriétés. — Le fluorure de bore est un gaz de densité 2,3.
Il est très avide d'eau et se recueille sur le mercure.

Sa propriété caractéristique est sa grande avidité pour l'eau. On
peut la mettre en évidence en introduisant dans une éprouvette de
ce gaz un morceau de papier ; le papier sera carbonisé, parce que le
fluorure de bore lui enlève l'eau qu'il contient. L'eau en absorbe
800 fois son volume.

Au contact de l'eau, il forme un acide de formule $Bo^2F^6,3H^2O$; si l'on
augmente la quantité d'eau, il se forme de l'acide fluoborique, BoF^3FH :

$$8BoF^3 + 3H^2O = Bo^2O^3 + 6BoF^3FH.$$

Cet acide forme avec les métaux des sels de formule BoF^3M^2F.

Le fluorure de bore colore les flammes en vert. Cette réaction est
caractéristique du bore : on traite l'échantillon à analyser par un
mélange de fluorure de calcium et d'acide sulfurique, on allume le
gaz qui se dégage et une flamme apparaît avec une coloration verte.

SULFURE DE BORE

$$Bo^2S^3.$$

358. Préparation et propriétés. — Le sulfure de bore se forme par l'action directe du soufre en vapeur sur le bore amorphe, ou bien à l'action de la vapeur de soufre sur un mélange d'anhydride borique et charbon.

Il est décomposé par l'eau. Cette décomposition a été donnée par Dumas pour expliquer la présence de l'acide borique dans les suffioni de la Toscane; il est nécessaire de donner cette explication, parce que l'expérience a montré qu'à partir d'une certaine profondeur on ne trouvait plus dans la croûte terrestre ni carbonates, ni composés oxygénés d'aucune sorte.

La réaction est la suivante :

$$Bo^2S^3 + 6H^2O = 2BoO^2H^3 + 3H^2S.$$

On constate en effet dans les suffioni la présence simultanée de l'acide borique et de l'hydrogène sulfuré.

CARBONE

$$C = 12.$$

359. État naturel et propriétés générales. — Lavoisier le premier montra que le carbone est un corps simple.

Il existe à l'état libre et cristallisé ; pur, il constitue le diamant, le graphite ou plombagine ; il forme la plus grande partie de l'anthracite, du lignite, de la houille, de la tourbe. Les carbonates entrent dans la constitution du sol ; les carbures d'hydrogène sont très nombreux dans les marais, ou en dépôt dans certaines couches bitumineuses (pétroles). Le carbone constitue la plus grande partie des matières animales ou végétales, avec l'oxygène, l'hydrogène et l'azote.

Les propriétés communes à tous les carbones sont : la fixité, le carbone résiste aux plus hautes températures des fourneaux dans un milieu ne se combinant pas avec lui ; l'insolubilité, excepté dans la fonte de fer. Lorsqu'on attaque par l'acide chlorhydrique la fonte contenant du carbone en dissolution, le fer se dissout, mais non le carbone, qui se dépose en paillettes hexagonales de graphite.

Le carbone est insipide, comme toutes les substances insolubles.

12 grammes de carbone pur se combinent à 32 grammes d'oxygène pour former 44 grammes d'anhydride carbonique CO^2.

360. Variétés naturelles. — Les variétés naturelles de carbone sont les suivantes :

1° Le *diamant.* C'est la variété la plus pure ; Lavoisier vit que le diamant est du carbone en le faisant brûler dans l'oxygène au moyen de la chaleur solaire concentrée avec une forte lentille de verre (fig. 142).

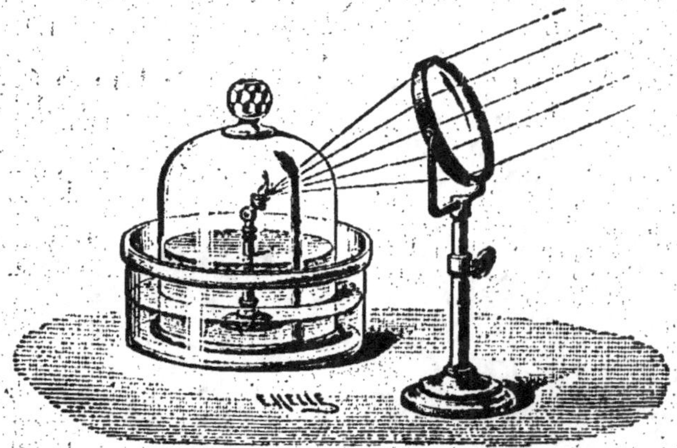

Fig. 142. — Combustion du diamant dans l'oxygène.

Le résidu de la combustion du diamant est quelquefois seulement

Fig. 143. — Formes cristallines du diamant.

de $\frac{1}{500}$ p. 100; les cendres contiennent un peu de fer et de petits cristaux d'acide titanique.

Le diamant cristallise dans le système régulier, en octaèdre régulier, ou en formes qui en dérivent (fig. 143); les arêtes de ces cristaux sont généralement un peu arrondies. Le diamant est le plus souvent incolore, quelquefois jaune, rose, vert ou noir.

Son pouvoir réfringent est considérable, et cette propriété est utilisée pour obtenir de beaux effets de lumière, que l'on multiplie en taillant le diamant; les angles des facettes sont tels que les rayons incidents sont renvoyés par les faces opposées vers la face d'admission et sortent par la face d'entrée, qui fait l'effet d'un miroir.

Le diamant se taille de deux façons, en rose ou en brillant. Dans la

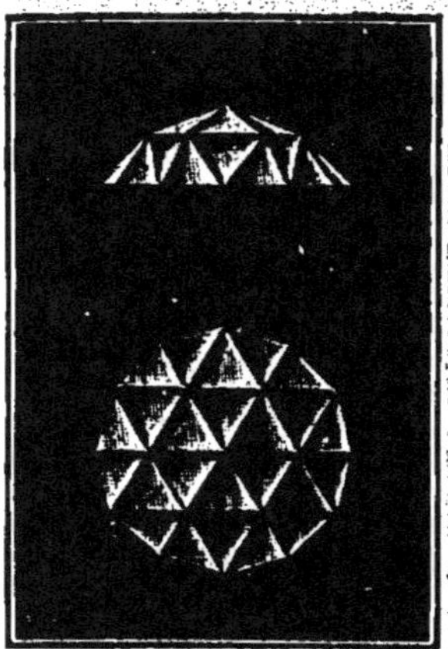

Fig. 144. — Diamant
taillé en rose.

Fig. 145. — Diamant taillé
en brillant.

taille en rose (fig. 144), qui est employée pour les diamants de peu d'épaisseur, la partie enchâssée est plane et la partie apparente forme un dôme de 24 facettes, terminé en pointes ; dans la taille en brillant (fig. 145), la partie apparente se termine par une tablette plane entourée sur le côté de 32 facettes, et la partie enchâssée forme une longue pyramide de 24 facettes correspondant à celles de la partie apparente.

Le pouvoir dispersif du diamant est assez considérable. Un rayon lumineux de lumière blanche se divise en un faisceau nuancé des couleurs du spectre.

Le diamant est extrêmement transparent; la lumière qui y pénètre n'est pas absorbée. Il est aussi fluorescent. Les diamants du Brésil possèdent à un très haut degré cette propriété; les diamants du Cap la possèdent moins. Pour le reconnaître on produit de la lumière électrique qu'on absorbe par un verre très violet; il en sort un faisceau de rayons au delà du violet, invisible pour l'œil, et le diamant est cependant visible.

La densité du diamant varie de 3,5 à 3,55.

Il est mauvais conducteur de l'électricité. Chauffé dans le vide, il se volatilise sous l'action de 500 éléments de pile et donne un résidu noir. A 30°, dans l'oxygène, il donne de l'anhydride carbonique.

Les faux diamants sont généralement du corindon, ou alumine pure. On les distingue en ce que le diamant a la réfraction simple, tandis que le corindon a la double réfraction.

Le diamant est très dur, c'est le plus dur de tous les corps ; pour le tailler, on le frotte avec du diamant en poudre et avec de l'huile. Pour le pulvériser, on utilise la propriété qu'il a de se cliver, comme tous les corps cristallisés.

Le prix du diamant varie avec son poids, que l'on évalue en prenant comme unité le carat, qui vaut 212 milligrammes. Un diamant de 1 carat bien taillé et bien limpide vaut 500 francs ; le prix augmente proportionnellement au carré du poids.

On a récemment découvert au Cap des gisements de diamants assez gros.

Les diamants les plus célèbres sont : le *Régent*, appartenant à la France, qui pèse 136 carats et qui est surtout remarquable par sa limpidité ; le *Ko-hi-Noor*, appartenant à l'Angleterre, qui pèse 186 carats ; le *Grand Mogol*, appartenant à la Perse, qui pèse 280 carats.

Le diamant, outre son emploi en joaillerie, est employé à couper le verre ; on utilise pour cela une arête tranchante montée dans une pièce métallique portant un manche. On l'emploie aussi pour graver les pierres fines et pour percer les roches dures (travaux du Mont Cenis).

2° Le *graphite* ou *plombagine*. Il est employé pour tracer des caractères. C'est un charbon à peu près pur, gris, cristallisé dans le système du prisme droit à base hexagonale ; il contient 1 à 2 p. 100 de matières étrangères. Il est très bon conducteur de l'électricité et on l'utilise pour rendre conducteurs les moules de galvanoplastie.

Il brûle plus difficilement que le diamant. Sa densité est 2,27. Très mou et très onctueux, on l'emploie surtout à faire des crayons : généralement, on le réduit en poudre et on le mélange avec certaines argiles pour le rendre moins cassant (crayons Conté, crayons à dessin). On en graisse, en le mélangeant avec de l'huile, les essieux des voitures. On en fait des creusets pour fondre l'acier, etc.

Il peut être oxydé sous l'influence de l'acide sulfurique et du bichromate de potassium ; il se forme de l'acide graphitique, avec un grand dégagement de gaz.

3° L'*anthracite*, qui contient 8 à 10 p. 100 de matières étrangères. C'est un charbon compact, s'enflammant difficilement, mais qui, une fois enflammé, brûle bien, parce qu'il se divise en petits fragments qui se consument plus facilement. Il y en a des dépôts abondants en Amérique, en Angleterre, en Anjou, etc.

4° La *houille* ou *charbon de terre*, qui est encore riche en carbone. Elle provient de l'altération des végétaux, submergés à une certaine époque ; ces végétaux ne sont pas encore complètement transformés en charbon.

La houille est surtout employée comme combustible. On distingue les *houilles grasses* (Mons), riches en carbures d'hydrogène, qui se boursouflent quand on les chauffe, brûlent avec une flamme fuligineuse, c'est-à-dire riche en fumée, et sont toujours employées aux travaux de forge, et les *houilles maigres* (Charleroi), qui brûlent avec moins de fumée et sont préférées comme combustible pour les usages domestiques.

En distillant la houille, on obtient de nombreux carbures d'hydrogène, employés pour l'éclairage au gaz.

5° Les *lignites*. Ils sont le produit d'une altération de végétaux moins avancée que celle qui donne la houille ; généralement, ils conservent la forme et la texture du végétal.

Le *jais* est une variété de lignite noircie par des substances bitumineuses, susceptible d'un très beau poli et employée dans la parure.

6° La *tourbe*. Elle est due à une altération des végétaux qui se produit encore de nos jours, et elle constitue un charbon très impur, utilisé comme combustible dans les pays où on le recueille facilement et où il n'y en a pas d'autres.

361. Variétés artificielles. — Le charbon le plus pur s'obtient en prenant une substance organique cristallisée et la chauffant en vase clos. On obtient un charbon plus ou moins spongieux ; il brûle le plus souvent sans résidu. Généralement, on le prépare pour l'analyse organique avec du sucre candi cristallisé plusieurs fois.

Le charbon de sucre préparé avec moins de soins contient encore quelques impuretés.

Un autre charbon pur est le charbon de cornue des usines à gaz. Tous les carbures d'hydrogène, à la haute température des cornues où l'on chauffe la houille pour la fabrication du gaz d'éclairage (374), se détruisent en donnant un dépôt de charbon ; il est dur, compact, brûle sans résidu, est bon conducteur de la chaleur et de l'électricité et s'enflamme difficilement. On en fait souvent des creusets ; sa densité est 2,35. C'est ce que l'on appelle le *charbon des cornues*. Sa conductibilité pour l'électricité le fait employer à la confection des pôles de pile et des crayons de charbon pour la lumière à arc.

Le *coke*, très spongieux, brûle sans fumée et avec peu de cendres ; c'est le meilleur des combustibles domestiques. On l'obtient comme résidu de la distillation de la houille dans la fabrication du gaz d'éclairage (374).

On en obtient aussi en distillant la houille dans des meules en maçonnerie (fig. 146), avec une cheminée centrale par laquelle s'échappent les produits de la distillation. C'est alors le *coke des meules*.

Le *charbon de bois* est produit par la distillation des bois ordinaires.

Le bois contient 38 p. 100 de charbon, 25 d'eau, 1 de cendres avec des carbures d'hydrogène, des goudrons, de l'esprit de bois, du vinaigre de bois, etc. On prépare le charbon de bois par deux procédés, suivant les usages auxquels on le destine.

Par le *procédé des meules*, les charbonniers dans les forêts coupent les branches en menus morceaux et les mettent en tas, comme l'in-

Fig. 146. — Coke des meules.

dique la figure 147. Au centre du tas, ou de la meule, est ménagée une cheminée, des conduits sont également ménagés de distance en distance à la partie inférieure pour l'arrivée de l'air; la meule est

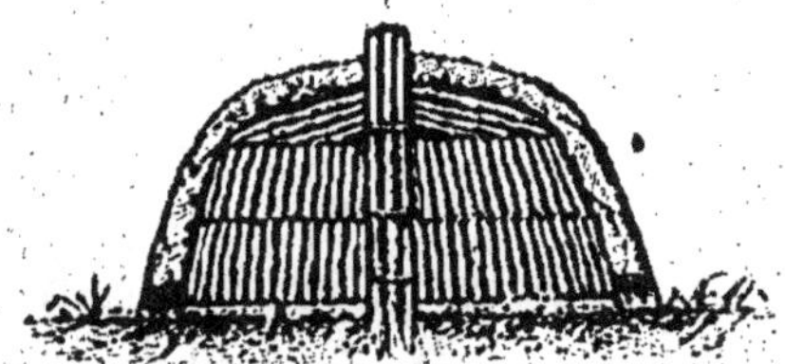

Fig. 147. — Meule pour la fabrication du charbon de bois.

ensuite recouverte de terre gazonnée et on jette par la cheminée centrale un peu de bois allumé. La combustion s'effectue lentement, une partie du bois brûle, l'autre se carbonise. Lorsque l'opération est terminée, ce que les charbonniers reconnaissent à la couleur de la fumée qui s'échappe par la cheminée centrale, on laisse refroidir la meule, on la démolit, et on fait un triage pour séparer les morceaux suffisamment carbonisés des morceaux qui ne le sont pas assez et qui constituent les fumerons. Les goudrons, les carbures d'hydrogène provenant de la distillation de la houille s'en vont en fumée et sont perdus dans ce procédé.

Par le *procédé des cylindres*, on introduit les morceaux de bois

Fig. 148. — Fabrication du charbon de bois par le procédé des cylindres.

Fig. 149. — Fabrication du noir de fumée.

dans un grand récipient cylindrique (fig. 148), que l'on chauffe dans un four. Les produits de la distillation qui sont liquides, et qui constituent les goudrons, vont se condenser dans des tuyaux horizontaux, d'où ils s'écoulent dans un récipient; on en extrait l'esprit de bois et l'acide pyroligneux. Il se dégage aussi des gaz très combustibles, formés surtout d'hydrocarbures et d'oxyde de carbone, et que l'on peut employer comme le gaz d'éclairage.

La distillation du bois dans de la vapeur surchauffée vers 300° donne du charbon de bois qui sert à la fabrication de la poudre.

Le *noir de fumée* se prépare en brûlant en présence de l'air les

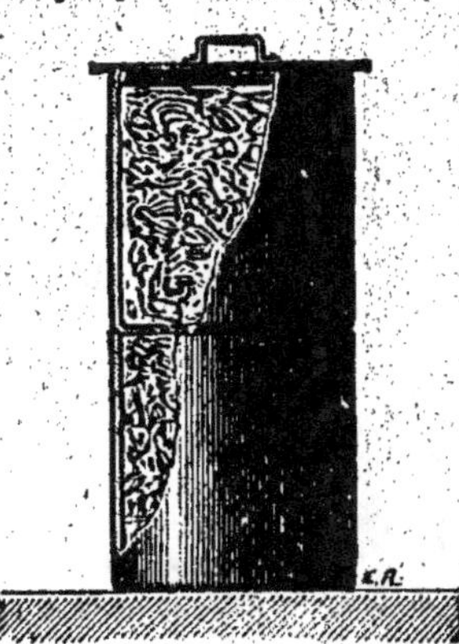

Fig. 150. — Préparation du noir animal.

goudrons, les carbures d'hydrogène, les matières grasses, etc. La fumée qui se produit va passer dans des chambres (fig. 149), sur les parois desquelles le noir de fumée se dépose en une poudre noire impalpable. On l'emploie à la confection des crayons, de l'encre de Chine, des couleurs noires, des encres d'imprimerie, etc.

Le *noir animal* s'obtient par la calcination des os en vase clos (fig. 150); on a un charbon très divisé, mélangé d'une très grande quantité de phosphate et de carbonate de calcium, et qui retient les matières colorantes en suspension dans les liquides.

362. Propriétés physiques. — Les propriétés du carbone varient suivant les variétés.

Certaines variétés, produites à très haute température, conduisent très bien l'électricité; tels sont la plombagine et le charbon des cornues. On les utilise pour les éléments de pile, pour faire la lumière électrique à arc, pour recouvrir les moules de galvanoplastie.

Ils sont aussi très bons conducteurs de la chaleur et par conséquent difficilement inflammables; ceux qui sont produits au contraire à basse température s'enflamment facilement, parce qu'ils contiennent encore des carbures d'hydrogène non détruits, qui s'enflamment facilement. Le charbon de linge, obtenu en brûlant du linge incomplètement, s'enflamme très bien, de même que le charbon de bois que l'on emploie à la confection de la poudre.

Certains charbons retiennent les matières colorantes : le noir animal décolore l'indigo, le vin, le tournesol, les sirops de sucre. Cette propriété le fait employer dans les raffineries pour décolorer les sirops de sucre; on se sert aussi de filtres de noir animal pour clarifier l'eau.

Le charbon de bois, récemment calciné, puis refroidi à l'abri de

Fig. 151. — Absorption des gaz par le charbon de bois.

l'air, absorbe les gaz (fig. 151); quand la température s'élève, l'absorption diminue. C'est ce qui explique l'emploi du charbon pour la liquéfaction de gaz tels que le chlore ou l'ammoniaque.

Le charbon de bois absorbe :

90 fois son volume	d'ammoniaque ;	
85 —	—	d'acide chlorhydrique;
65 —	—	d'anhydride sulfureux ;
55 —	—	d'hydrogène sulfuré ;
40 —	—	de protoxyde d'azote;
35 —	—	d'anhydride carbonique ;
9 —	—	d'oxyde de carbone ;
7 —	—	d'azote ;
2 —	—	d'hydrogène.

Cet ordre est à peu près le même que celui de la solubilité dans l'eau. Cette absorption dépend de la structure du charbon : le charbon le plus dense, celui de buis, est celui qui absorbe le plus de gaz.

C'est pour cela qu'on emploie les filtres de charbon pour purifier les eaux marécageuses, qui contiennent des gaz désagréables ou dangereux.

363. Propriétés chimiques. — Le charbon brûle dans l'oxygène ou dans l'air pour donner de l'anhydride carbonique. CO_2.

Il brûle également dans les composés oxygénés de l'azote.

La vapeur de soufre passant sur du charbon chauffé au rouge donne le sulfure de carbone CS_2.

L'acide sulfurique est décomposé par le carbone avec dégagement d'anhydride sulfureux.

Les anhydrides phosphorique et arsénique sont décomposés par le carbone avec formation d'anhydride carbonique et de phosphore, ou d'arsenic.

Le carbone se combine avec le fer pour donner la fonte et l'acier.

Il réduit les oxydes métalliques; les oxydes facilement réductibles donnent de l'anhydride carbonique, les oxydes difficilement réductibles donnent de l'oxyde de carbone :

$$ZnO + C = CO + Zn.$$
$$2\,CuO + C = CO_2 + Cu_2.$$

Cette propriété est utilisée dans la métallurgie, pour extraire les métaux de leurs minerais.

COMPOSÉS HYDROGÉNÉS DU CARBONE

364. Propriétés générales. — Ces composés, très nombreux, s'appellent des carbures d'hydrogène, ou des hydrocarbures.

Il en existe en très grand nombre dans la nature : les uns, comme le gaz des marais, sont gazeux; d'autres, les pétroles, les essences sont liquides, d'autres enfin sont solides. Un très grand nombre de ces carbures sont isomères, c'est-à-dire qu'ils ont même composition en centièmes et même formule ; tels sont le térébenthène, le térébène, le camphène, dont la formule est $C^{10}H^{16}$. On rencontre aussi parmi les hydrocarbures de nombreux cas de polymérie, c'est-à-dire que plusieurs ont des formules multiples simples les unes des autres : ainsi l'amylène a pour formule C^5H^{10}, le diamylène $C^{10}H^{20}$, le triamylène $C^{15}H^{30}$, le tétramylène $C^{20}H^{40}$; leurs densités de vapeur sont doubles, triples, quadruples de celle de l'amylène.

Tous les carbures d'hydrogène brûlent complètement dans l'air, ou dans l'oxygène, en donnant de l'anhydride carbonique et de l'eau ; si le carbure contient beaucoup de carbone, sa combustion complète est difficile, on obtient une flamme fuligineuse et brillante, comme avec la naphtaline $C^{10}H^8$; s'il contient moins de carbone, sa combustion est plus facile et sa flamme est moins fuligineuse, comme avec la benzine C^6H^6; si le carbure est volatil, il peut former avec l'oxygène des mélanges détonants, comme le gaz des marais, qui dans les mines produit le grisou.

L'étude complète des hydrocarbures est du domaine de la chimie organique. Nous étudierons seulement ici trois hydrocarbures gazeux que l'on rencontre dans le gaz d'éclairage. Ce sont :

L'acétylène C^2H^2 ;

L'éthylène C^2H^4 ;

Le gaz des marais CH^4.

ACÉTYLÈNE

C^2H^2.

365. Préparation. — Tous les carbures d'hydrogène, décomposés par la chaleur, donnent un carbure d'hydrogène C^2H^2, l'acétylène. M. Berthelot en a fait la synthèse en faisant arriver de l'hydrogène dans un

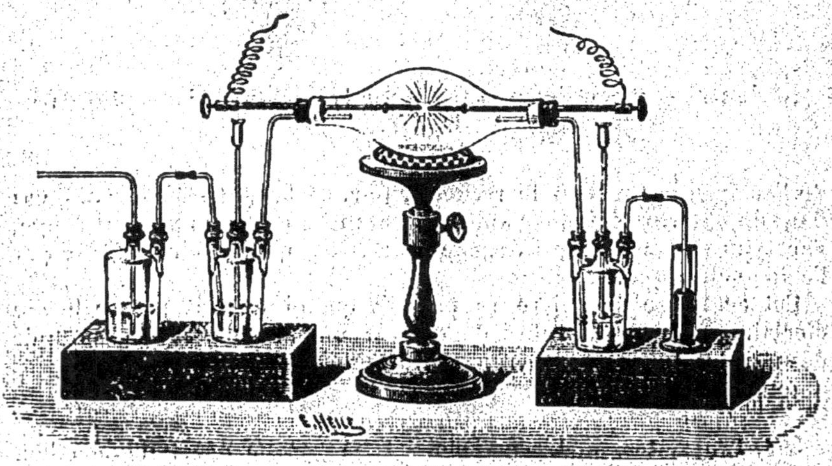

Fig. 152. — Synthèse de l'acétylène. (M. Berthelot.)

récipient de verre complètement fermé (fig. 152) entre les pôles d'une pile de 500 éléments, pôles formés par du charbon ; on obtient C^2H^2.

Il se produit aussi dans les usines à gaz par la destruction des carbures de la houille; il s'en produit encore quand le gaz brûle incomplètement, quand on met par exemple une casserole métallique sur un bec de gaz.

La combustion incomplète de la vapeur d'éther $C^4H^{10}O$ donne aussi de l'acétylène. Si l'on verse dans une éprouvette un peu d'éther et un peu de la dissolution de chlorure cuivreux dans l'ammoniaque, en enflammant l'éther et inclinant un peu l'éprouvette (fig. 153), on voit apparaître la coloration rouge d'acétylure de cuivre, caractéristique de l'acétylène.

Si l'on entoure d'un tube la flamme d'un bec de gaz et que l'on aspire les gaz de la combustion, on constate encore que ces gaz contiennent

Fig. 153. — Production d'acétylène par la combustion incomplète de l'éther.

de l'acétylène. On peut le recueillir pur, en faisant barboter ces gaz dans du chlorure cuivreux ammoniacal ; il se forme un produit rouge, l'acétylure de cuivre, qui dégage l'acétylène quand on le traite par l'acide sulfurique.

Cet acétylure de cuivre se produit quand on fait passer le gaz d'éclairage dans des tubes de cuivre ; quand on essaye ensuite de désunir les tubes de cuivre, on frotte et l'acétylure de cuivre peut détoner.

366. Propriétés. — L'acétylène est un gaz incolore, d'une odeur particulière, dont la densité est 0,92 par rapport à l'air, 13 par rapport à l'hydrogène ; son poids moléculaire est 26.

A haute température, ou sous l'influence de nombreuses étincelles de la bobine d'induction, entre les deux fils, il y a décomposition de l'acétylène et dépôt de charbon ; 2 volumes d'acétylène donnent 2 volumes d'hydrogène, et en même temps le charbon forme une espèce de pont.

L'acétylène brûle en présence de l'oxygène pour donner de l'anhydride carbonique CO_2 et de l'eau.

Chauffé, il peut donner de la benzine C^6H^6.

Il se combine à chaud avec l'hydrogène pour donner l'éthylène :

$$C^2H^2 + H^2 = C^2H^4.$$

Sa composition se détermine par l'eudiomètre : avec l'oxygène et en faisant passer une étincelle électrique, il se forme 4 volumes d'anhydride carbonique et 2 volumes d'eau; il y a donc, dans deux volumes d'acétylène, le carbone nécessaire à la formation de 4 volumes d'anhydride carbonique, c'est-à-dire 2 volumes de vapeur de carbone, et l'hydrogène nécessaire à la formation de 2 volumes de vapeur d'eau, c'est-à-dire 2 volumes d'hydrogène.

ÉTHYLÈNE (BICARBURE D'HYDROGÈNE)

$$C^2H^4.$$

367. Préparation. — On l'obtient en enlevant à l'alcool ordinaire C^2H^6O une molécule d'eau; on emploie pour cela l'acide sulfurique SO^4H^2. La réaction se produit vers 160°.

On verse peu à peu l'acide sulfurique dans l'alcool maintenu froid, en agitant constamment. A la température ordinaire, il se forme une combinaison de l'alcool avec l'acide; au-dessous de 100°, il se forme de l'acide sulfovinique $C^2H^4 SO^4 H^2$:

$$C^2H^6O + SO^4H^2 = C^2H^4 SO^4H^4 + H^2O.$$

C'est un acide particulier qu'on peut absorber par la baryte, et qui donne du sulfovinate de baryum $C^2H^4 SO^4 Ba$, soluble dans l'eau.

Quand on chauffe davantage, cet acide sulfovinique agit en régénérant l'acide sulfurique et donne de l'éther $C^4H^{10}O$; cette réaction se produit entre 100 et 160° :

$$C^2H^4SO^4H^2 + C^2H^6O = C^4H^{10}O + SO^4H^2.$$

L'éther se dégage alors. En chauffant au delà de 160°, l'éther perd une molécule d'eau et donne l'éthylène C^2H^4 :

$$C^4H^{10}O = 2 C^2H^4 + H^2O.$$

A une température plus élevée, il se produit du carbone, qui réagit sur l'acide sulfurique et forme des anhydrides carbonique et sulfureux. En chauffant progressivement, on recueille donc de l'éther, de l'éthylène, de l'anhydride carbonique et de l'anhydride sulfureux : pour retenir l'éther, on fait passer les gaz dans un flacon laveur D contenant de l'acide sulfurique, et, pour retenir les anhydrides carbonique et sulfureux, dans un flacon laveur E contenant de la potasse (fig. 184).

On fait l'expérience dans un grand ballon, à cause du boursouflement, que l'on peut d'ailleurs éviter en mettant du sable au fond.

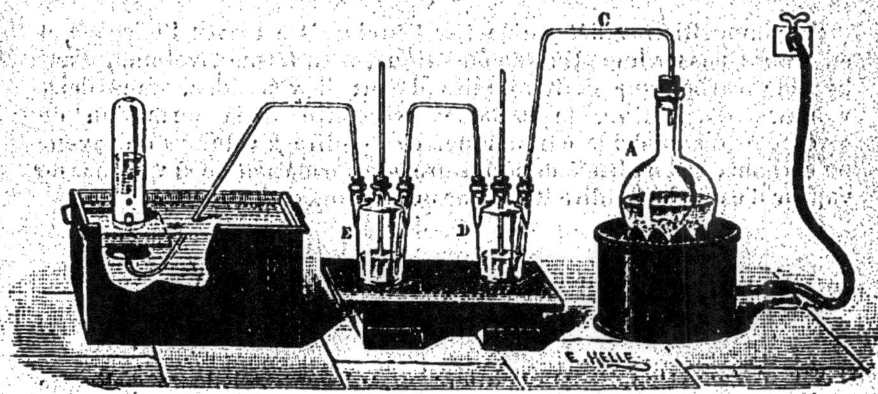

Fig. 154. — Préparation de l'éthylène.

368. Propriétés physiques. — L'éthylène est un gaz incolore, inodore, d'une saveur à peine sensible. Sa densité est 0,97 par rapport à l'air, 14 par rapport à l'hydrogène. Son poids moléculaire est 28.

Il est liquéfiable sous la pression de 45 atmosphères à la température de 0°. Le liquide obtenu bout à 103° sous la pression ordinaire.

Il est un peu soluble dans l'eau; son coefficient de solubilité est $\frac{1}{8}$ à 0°.

369. Propriétés chimiques. — L'éthylène se décompose à haute température et donne de l'acétylène et de l'hydrogène :

$$C^2H^4 = C^2H^2 + H^2.$$

Il brûle au contact de l'oxygène et donne de l'anhydride carbonique et de l'eau :

$$C^2H^4 + O^6 = 2\,CO^2 + 2\,H^2O.$$

Si l'on emploie 2 volumes d'éthylène et 6 volumes d'oxygène, on obtient 4 volumes d'anhydride carbonique et 4 volumes de vapeur d'eau; on mélange les gaz dans un ballon de collodion et, en approchant une flamme, on obtient une explosion.

Cette expérience peut servir dans l'eudiomètre à établir la composition de l'éthylène; il reste 4 volumes d'anhydride carbonique, entièrement absorbable par la potasse.

L'éthylène n'est pas saturé, c'est-à-dire qu'il se combine à un grand nombre de corps. Il se combine avec l'acide sulfurique, pour donner l'acide sulfovinique $C^2H^4\,SO^4H^2$; l'eau donne ensuite, en agissant sur ce composé, de l'alcool et de l'acide sulfurique :

$$C^2H^4\,SO^4H^2 + H^2O = C^2H^6O + SO^4H^2.$$

Il se combine avec le chlore, à volumes égaux et sous l'action de la lumière, pour former un liquide huileux, la *liqueur des Hollandais* $C^2H^4Cl^2$; d'où le nom de *gaz oléfiant* donné à l'éthylène : à la température ordinaire, on introduit 2 volumes d'éthylène et 2 volumes de chlore dans une éprouvette sur la cuve à eau ; l'eau monte et des gouttelettes huileuses ruissellent sur les parois et se rassemblent sur l'eau.

Au moyen de la liqueur des Hollandais, on obtient des corps analogues : avec la solution alcoolique de potasse KOH, on a :

$$C^2H^4Cl^2 + KOH = KCl + C^2H^3Cl + H^2O.$$

En soumettant à l'action du chlore le corps C^2H^3Cl, on obtient $C^2H^3Cl^2$, qui, avec la solution alcoolique de potasse, donne le corps $C^2H^2Cl^2$, et ainsi de suite.

Un mélange de 2 volumes d'éthylène et de 4 volumes de chlore brûle à l'approche d'une flamme en donnant de l'acide chlorhydrique et un dépôt abondant de charbon :

$$C^2H^4 + 4\,Cl = C^2 + 4\,HCl.$$

MÉTHANE (PROTOCARBURE D'HYDROGÈNE, GAZ DES MARAIS)

$$CH^4.$$

370. État naturel. — Le gaz des marais existe en grande quantité dans la nature. Il se dégage des fissures du sol en Chine, au Japon, aux environs de la mer Caspienne ; il y en a aussi quelques sources en Dauphiné. L'endroit où on le trouve le plus fréquemment, c'est dans la vase des marais, où il y a des végétaux en voie de décomposition ; c'est de là que lui vient son nom.

Pour le retirer de la vase des marais, on peut disposer sous l'eau un entonnoir dont la douille s'engage dans un flacon, on agite la vase et on recouvre avec l'entonnoir les bulles qui se dégagent (fig. 155) ; on recueille ainsi du méthane mélangé d'azote, d'hydrogène et d'anhydride carbonique. On se débarrasse facilement de l'anhydride carbonique avec la potasse ; on pourrait se débarrasser de l'hydrogène par l'oxyde de cuivre chauffé au rouge.

371. Préparation. — Pour obtenir le méthane, on peut décompo-

Fig. 155. — Extraction du gaz des marais.

ser l'acide acétique $C^2H^4O^2$ en faisant passer ses vapeurs dans un tube

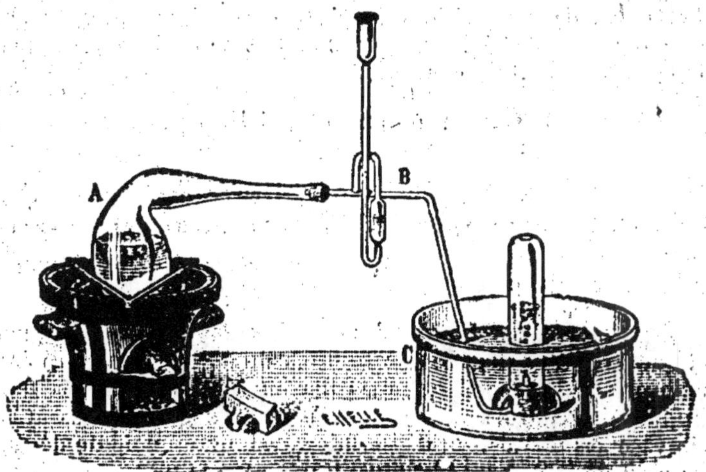

Fig. 156. — Préparation du gaz des marais.

de porcelaine contenant des fragments de platine fortement chauffés.
On a :

$$C^2H^4O^2 = CO^2 + CH^4.$$

On absorbe l'anhydride carbonique par la potasse.

Le procédé généralement employé consiste à prendre non l'acide, mais un de ses sels, et à le décomposer par un alcali dans une cornue de verre (fig. 156). On prend l'acétate de sodium $C^2H^3NaO^2$; en le décomposant par la soude caustique, on a du carbonate de sodium et du méthane :

$$C^2H^3NaO^2 + NaOH = CO^3Na^2 + CH^4.$$

En prenant la soude caustique et l'acétate de sodium ordinaire, le verre de la cornue fond. Il faut, pour éviter cela, s'arranger de manière qu'il n'y ait pas contact entre la soude et le verre ; on emploie de la chaux sodée, ou chaux éteinte dans une solution de soude. La chaux sodée est infusible par la chaleur. On emploie aussi un acétate de sodium desséché, anhydre et cristallisé, onctueux au toucher comme du savon.

372. Propriétés physiques. — Le gaz des marais est un gaz incolore inodore, insipide : il est très léger, sa densité est 0,55 par rapport à l'air, 8 par rapport à l'hydrogène. Son poids moléculaire est 16.

Il est difficilement liquéfiable et peu soluble dans l'eau ; le coefficient de solubilité est $\dfrac{1}{3}$.

373. Propriétés chimiques. — A haute température, le gaz des marais se décompose en acétylène et hydrogène :

$$2CH^4 = C^2H^2 + H^6.$$

Au contact de l'air, il brûle avec une flamme plus pâle que celle de l'éthyiène, en donnant de l'anhydride carbonique et de l'eau :

$$CH^4 + O^4 = CO^2 + 2H^2O.$$

Cette propriété est utilisée pour déterminer la composition du gaz des marais.

Quand on mélange 2 volumes de gaz des marais et 4 volumes d'oxygène, et qu'on approche une allumette enflammée, ou que l'on fait passer une étincelle électrique, on produit une explosion très intense, qui détruit souvent l'eudiomètre ; on évite cela en ajoutant des gaz de la pile. Il reste 2 volumes d'anhydride carbonique entièrement absorbable par la potasse ; il y a donc, dans 2 volumes de gaz des marais, 4 volumes d'hydrogène et 1 volume de vapeur de carbone.

Quand on opère dans une éprouvette, il est nécessaire d'ajouter un excès d'oxygène pour amortir le choc.

Le gaz des marais compose pour la plus grande partie le gaz d'éclairage.

Il ne se combine pas directement avec le chlore, mais le chlore peut déplacer l'hydrogène : on peut obtenir CH^4, CH^3Cl, CH^2Cl^2, $CHCl^3$, CCl^4. Le composé $CHCl^3$ est le chloroforme. Ces composés se produisent par l'action de la lumière solaire.

En enflammant le mélange de 2 volumes de gaz des marais avec 4 volumes de chlore, il y a destruction du gaz des marais, formation d'acide chlorhydrique et dépôt de charbon :

$$CH^4 + 4Cl = C + 4HCl.$$

Le brome donne les mêmes réactions.

Le gaz des marais ne se combine directement ni avec le chlore, ni avec l'acide sulfurique ; il appartient à la série des carbures dits *saturés*, dont les pétroles constituent des mélanges.

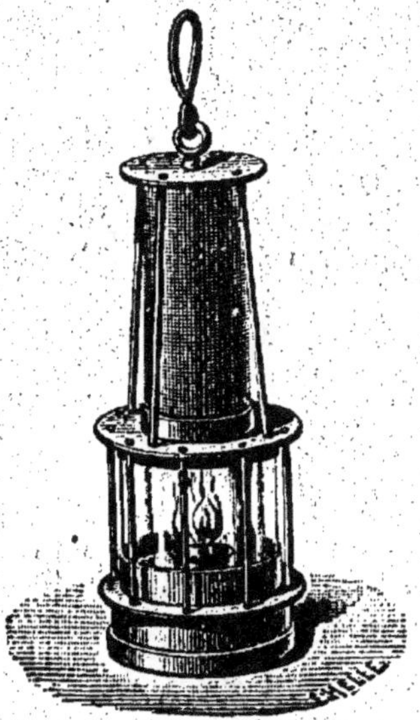

Fig. 157.
Lampe de Combes

Le gaz des marais se dégage souvent dans les mines de houille et forme avec l'air un mélange appelé *grisou*, dangereux à respirer et qui peut provoquer de violentes explosions, aussi faut-il aérer fortement les mines *grisouteuses*.

Pour éviter les explosions, on donne aux mineurs des lampes spéciales, dont l'idée première est due à Davy et dont l'emploi est fondé sur la propriété que possèdent les toiles métalliques, conductrices de la chaleur, de refroidir les gaz qui les traversent. Un modèle de lampe de mineur, dû à Combes, est représenté par la figure 157. La flamme est entourée d'un cylindre de verre, qui permet à la lumière de se répandre ; au-dessus se trouve une cheminée de toile métallique qui laisse circuler l'air, tout en empêchant la chaleur de la flamme de se propager aux alentours. Le tout est maintenu par une monture métallique qui se visse sur la lampe.

GAZ D'ÉCLAIRAGE

374. Fabrication. — Le gaz d'éclairage, découvert en 1785 par Lebon dans les produits de la distillation du bois, s'obtient aujourd'hui par la distillation de la houille, ou charbon de terre.

On choisit des houilles moyennement grasses que l'on chauffe, à une température très élevée, dans des cornues demi-cylindriques A (fig. 158) en terre réfractaire ; tous les hydrocarbures que contient la houille se dégagent et il reste du coke, employé pour le chauffage. En même temps, sur les parois de la cornue se dépose un charbon très dense et très conducteur, le charbon des cornues.

Les produits qui se dégagent passent dans une série de réfrigérants et d'appareils épurateurs : dans le *barillet* B, à moitié rempli d'eau, une partie de ces produits se dépose ; dans le *jeu d'orgue* J, se condense un mélange d'hydrocarbures, liquides ou solides à la température ordinaire, qui constitue le goudron, et il ne reste plus que des

Fig. 158. — Appareil pour la fabrication du gaz d'éclairage.

produits gazeux, que l'on sépare des dernières gouttelettes de goudron au moyen d'un *épurateur à coke* C, où circulent les gaz.

Mais ces gaz dégagent encore une odeur désagréable, qui a fait pendant quelque temps, au début, abandonner l'emploi du gaz d'éclairage ; il y a notamment de l'ammoniaque et de l'hydrogène sulfuré. Le gaz passe dans un *épurateur chimique* E, qui contient, étendus sur des claies de bois, de l'oxyde ferrique et du sulfate de calcium, mélangés de sciure de bois qui les divise. Le sulfate de calcium retient l'ammoniaque, l'oxyde ferrique décompose l'hydrogène sulfuré en donnant du sulfure de fer.

Le gaz ainsi purifié est alors recueilli dans un *gazomètre* G, qui n'est autre chose qu'une cloche plongeant dans une cuve à eau.

375. Usages. — Le gaz ainsi obtenu est employé à l'éclairage, au chauffage, au fonctionnement des moteurs à gaz. Dans les labora-

toires, on se sert le plus souvent, pour le chauffage au gaz des cornues et des ballons, d'un *brûleur* spécial dû à Bunsen.

On peut, avec cet appareil, obtenir à volonté une flamme éclairante et peu chaude, ou bien une flamme chaude et peu éclairante. Le brûleur se compose d'un conduit amenant le gaz, qui se retourne verticalement et se termine en pointe. Au-dessus de ce conduit se trouve une petite cheminée cylindrique, percée, à la hauteur du conduit qui amène le gaz, de deux ouvertures diamétralement opposées ; un petit morceau de tube qui porte les mêmes ouvertures et qui peut tourner autour de la cheminée, permet à volonté de maintenir ces

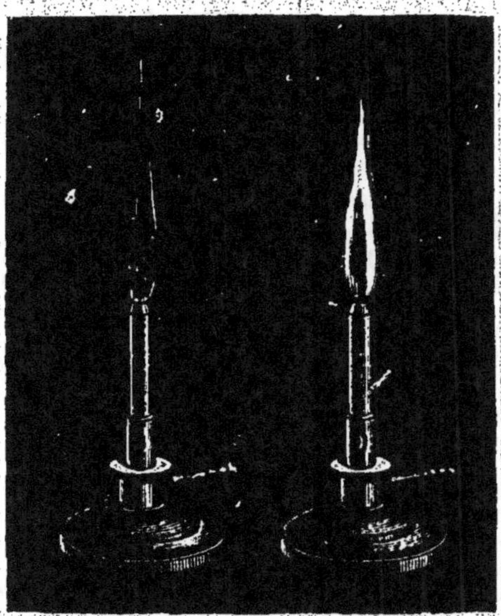

Fig. 159. — Flamme chaude et flamme éclairante du brûleur de Bunsen.

ouvertures ouvertes, ou fermées. Si elles sont ouvertes, comme on le voit sur la gauche de la figure 159, le gaz, en s'écoulant avec une grande vitesse, entraîne l'air et arrive, mélangé à un excès d'oxygène, au haut de la cheminée, où on l'enflamme ; il brûle complètement et sa flamme est chaude et peu éclairante. Si, au contraire, on ferme les ouvertures, le gaz arrive en haut de la cheminée seul et sans un excès d'oxygène, la combustion est incomplète et la flamme est peu chaude ; elle est en même temps très éclairante, parce qu'il y a des parcelles de carbone non brûlé qui sont portées à l'incandescence (fig. 159).

CHAPITRE XI

COMPOSÉS DU CARBONE AVEC LES MÉTALLOIDES AUTRES QUE L'HYDROGÈNE

COMPOSÉS OXYGÉNÉS DU CARBONE

376. Généralités. — Les composés oxygénés du carbone sont au nombre de deux :

L'oxyde de carbone CO;

L'anhydride carbonique CO^2.

Ce dernier donne avec les hydrates métalliques des sels, les carbonates, $CO^3 M''$, correspondant à l'acide carbonique $CO^3 H^2$, qui n'a pas été isolé.

OXYDE DE CARBONE

CO.

377. Préparation. — On a cru pendant longtemps qu'il se produisait d'une manière normale dans la respiration des végétaux. Mais c'était une erreur d'expérience : dans l'étude de la respiration des végétaux, on dosait l'oxygène au moyen de l'acide pyrogallique et de la potasse et, dans ces circonstances, il se produit toujours une très petite quantité d'oxyde de carbone.

On prépare l'oxyde de carbone, soit en désoxydant l'anhydride carbonique, soit en décomposant certaines matières organiques, ou le ferrocyanure de potassium.

Le premier mode de préparation se trouve réalisé dans tous les fourneaux, où le carbone est en grande quantité et où l'air arrive en quantité insuffisante ; l'anhydride carbonique formé se décompose en oxyde de carbone au contact du charbon. On peut se servir de cette réaction pour préparer l'oxyde de carbone : l'anhydride carbonique sec passe sur du charbon chauffé à l'incandescence dans un tube. On fait ensuite circuler le gaz dans la potasse, qui absorbe l'anhydride carbonique non décomposé.

On emploie généralement l'acide oxalique cristallisé, extrait de l'oseille, qui contient de l'oxalate de potassium (sel d'oseille); on le décompose par l'acide sulfurique concentré. Si l'on chauffe l'acide oxalique, on obtient le corps $C^2H^2O^4$; il se décompose par la chaleur en deux produits, l'anhydride carbonique CO^2 et un acide organique appelé acide formique, parce que les fourmis rouges en contiennent de grandes quantités :

$$C^2H^2O^4 = CO^2 + CH^2O^2.$$

En chauffant davantage, l'acide formique lui-même se décompose :

$$CH^2O^2 = CO + H^2O.$$

On pourrait régulariser cette opération en chauffant l'acide oxalique avec la glycérine.

L'acide oxalique cristallisé contient 3 molécules d'eau de cristalli

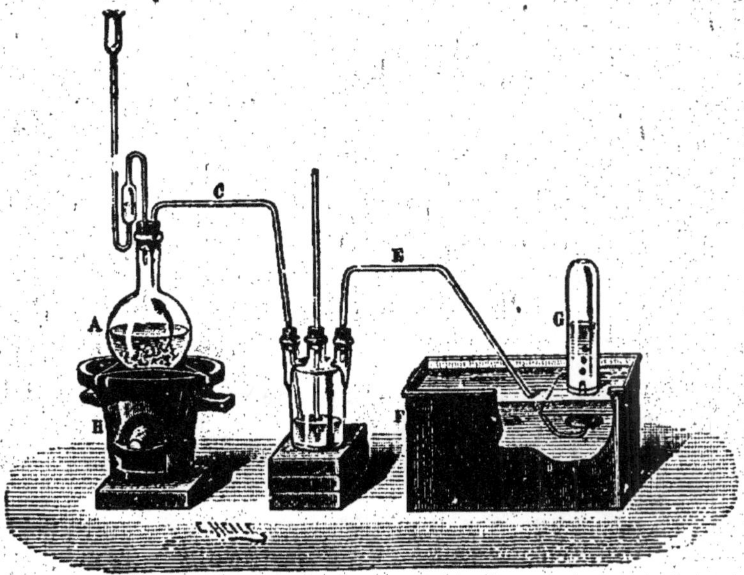

Fig. 160. — Préparation de l'oxyde de carbone.

sation; sa formule est donc $C^2H^2O^4 + 3\,H^2O$. On met cet acide cristallisé avec de l'acide sulfurique dans un ballon (fig. 160) et l'on chauffe; l'acide sulfurique retient l'eau de l'acide oxalique, qui se décompose alors par la chaleur :

$$C^2H^2O^4 + SO^4H^2 = CO + CO^2 + SO^4H^2 + H^2O.$$

On arrête l'anhydride carbonique par la potasse, qui forme du carbonate acide de potassium CO^3HK.

On peut décomposer aussi le ferrocyanure de potassium Cy^6FeK^4 par l'acide sulfurique ; le ferrocyanure de potassium cristallise en cristaux jaunes avec 3 molécules d'eau. On introduit les cristaux dans un ballon avec de l'acide sulfurique, et on chauffe :

$$Cy^6FeK^4 + 6\ SO^4H^2 + 6\ H^2O = 2\ SO^4K^2 + SO^4Fe +$$
$$3\ SO^4\ (AzH^4)^2 + 6\ CO.$$

Il faut encore laver le gaz dans la potasse, car il peut se produire de l'acide cyanhydrique, d'après la formule :

$$Cy^6FeK^4 + 3\ SO^4H^2 = 2\ SO^4K^2 + SO^4Fe + 6\ HCy.$$

On obtient de l'oxyde de carbone en décomposant par le charbon les oxydes métalliques qui ne se décomposent qu'à haute température, comme l'oxyde de zinc : si l'on fait un mélange d'oxyde de zinc pulvérisé et de charbon en poudre, et qu'on chauffe fortement dans une cornue en grès, on obtient de l'oxyde de carbone et du zinc.

378. Propriétés physiques. — L'oxyde de carbone est un gaz incolore, inodore et très vénéneux : son action consiste en ce qu'il est absorbé par les globules du sang, qui deviennent alors incapables d'absorber l'oxygène et de s'hématoser.

L'oxyde de carbone n'a été liquéfié qu'en 1877 par M. Cailletet. Sa densité est 0,97 par rapport à l'air, 14 par rapport à l'hydrogène. Son poids moléculaire est donc 28. Il est peu soluble dans l'eau, son coefficient de solubilité à 0° est 0,029.

379. Propriétés chimiques. — L'oxyde de carbone est neutre aux réactifs colorés.

A très haute température, la chaleur le décompose en anhydride carbonique et en charbon :

$$2\ CO = CO^2 + C.$$

Il brûle avec une flamme bleue et avec un grand dégagement de chaleur, en donnant de l'anhydride carbonique :

$$CO + O = CO^2.$$

Il se combine avec le chlore à volumes égaux et à la température ordinaire sous l'influence des rayons solaires : si les gaz sont bien secs il se forme de l'oxychlorure de carbone $CO\ Cl^2$; s'ils sont humides, il se forme de l'anhydride carbonique et de l'eau, par suite de la décomposition de l'oxychlorure :

$$CO\,Cl^2 + H^2O = CO^2 + 2HCl,$$

Si l'on met de la potasse dans un petit ballon de verre, qu'on remplisse avec de l'oxyde de carbone et que l'on agite longtemps, il se forme du formiate de potassium $CHKO^2$:

$$CO + KOH = CHKO^2.$$

Avec la baryte en solution alcoolique, il se forme de l'éthylformiate de baryum.

Le chlorure cuivreux en dissolution ammoniacale absorbe l'oxyde de carbone et l'oxygène, mais il n'absorbe ni l'anhydride carbonique, ni les carbures d'hydrogène, ni l'azote, de sorte que l'on peut débarrasser l'oxyde de carbone de ces derniers gaz.

L'oxyde de carbone joue un rôle dans la métallurgie du fer (hauts fourneaux).

380. Composition. — Pour déterminer la composition de l'oxyde de carbone, on introduit dans l'eudiomètre deux volumes d'oxyde de carbone et un volume d'oxygène ; après le passage de l'étincelle, il reste deux volumes d'un gaz entièrement absorbable par la potasse, c'est de l'anhydride carbonique, qui contient son volume d'oxygène. Donc, les deux volumes d'oxyde de carbone contenaient un volume d'oxygène. On en déduit qu'une molécule d'oxyde de carbone, pesant 28, contient 12 de carbone et 16 d'oxygène.

ANHYDRIDE CARBONIQUE CO².
ACIDE CARBONIQUE CO³H².

381. Historique. — L'anhydride carbonique, ou gaz carbonique, CO^2, est le premier gaz connu ; c'est Van Helmont qui le premier montra qu'il s'obtenait dans maintes circonstances ; il se dégage dans les excavations du sol et l'on en trouve dans les eaux minérales de Seltz et de Spa. Lavoisier en fit connaître la constitution en montrant que le charbon brûle dans l'oxygène en donnant un volume d'anhydride carbonique égal au volume d'oxygène ; en 1843, Dumas et Stass fixèrent sa composition.

382. Etat naturel. — Le gaz carbonique se rencontre dans la nature : dans l'air, où il provient de la respiration des animaux et des végé-

taux ; il se produit dans la combustion des substances carbonées, on
en rencontre dans les émanations volcaniques, il s'en dégage des
eaux gazeuses, enfin il s'en produit dans la fermentation des liquides
sucrés.

383. Préparation. — On peut l'obtenir directement au moyen de
l'oxyde de carbone, indirectement au moyen des carbonates, très
abondants dans la nature.

Le charbon brûle dans l'oxygène et dans l'air en donnant de l'anhydride carbonique ; ce procédé est employé pour obtenir le gaz carbonique qui décompose le sucrate de chaux, dans les sucreries.

Le plus souvent, dans les laboratoires, on décompose le carbonate
de calcium (marbre, craie, etc.) ; on peut encore décomposer un

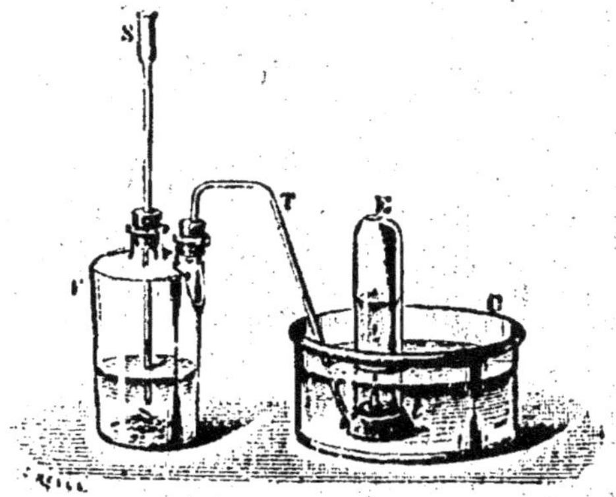

Fig. 161. — Préparation de l'anhydride carbonique.

carbonate double de calcium et de magnésium, la dolomie. Ces carbonates, avec un grand nombre d'acides, donnent de l'anhydride
carbonique ; généralement on prend le carbonate de calcium et l'acide
chlorhydrique.

Avec le marbre et l'acide sulfurique, le dégagement est lent, car le
marbre est peu poreux et il se forme du sulfate de calcium, très peu
soluble, qui empêche la réaction ; la réaction est très lente et n'a lieu
qu'avec l'acide sulfurique pur et sans eau. Le marbre donne avec
l'acide chlorhydrique un dégagement abondant de gaz carbonique,
car le chlorure de calcium qui se forme est très soluble.

La craie et l'acide sulfurique donnent une réaction active, car la
craie est poreuse, et la croûte de sulfate de calcium ne retient pas
l'acide sulfurique ; avec la craie et l'acide chlorhydrique, la réaction
est trop vive.

On choisit donc le marbre et l'acide chlorhydrique, et pour faire la réaction, on prend l'appareil à hydrogène, flacon à deux tubulures (fig. 161), ou appareil continu (fig. 162).

On peut employer d'autres carbonates.

On peut d'ailleurs utiliser la décomposition des carbonates par la chaleur. Quand on chauffe le carbonate de calcium, le gaz carbonique se dégage et il reste de la chaux ; mais cette décomposition est régie par la loi suivante : Si l'on chauffe du carbonate de calcium en vase clos, il se dégage de l'anhydride carbonique jusqu'à ce que la force élastique du gaz atteigne une valeur f pour une température donnée ; à partir de ce moment, le gaz ne se dégage plus. Si l'on fait le vide,

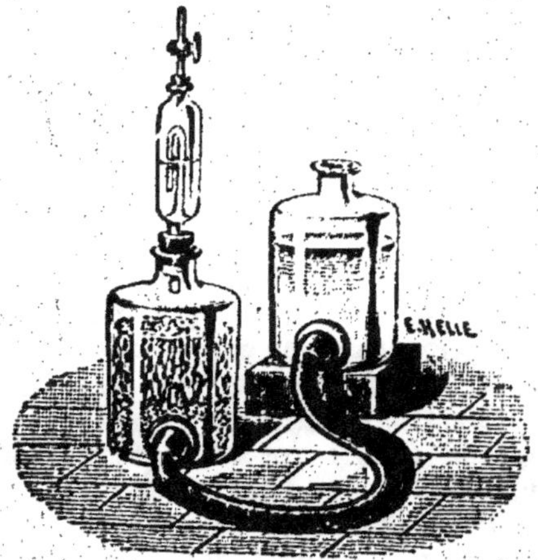

Fig. 162. — Appareil à production continue d'anhydride carbonique.

il se dégage du gaz carbonique jusqu'à ce que la tension devienne égale à f. En laissant refroidir, le gaz carbonique est absorbé et le vide se fait dans l'appareil. Il y a dissociation.

Haller a fait à ce sujet une expérience remarquable : Il introduit de la craie dans un canon de fusil hermétiquement fermé, le chauffe et constate qu'on obtient un corps analogue au marbre. En voici l'explication : le gaz carbonique se dégage à haute température et exerce une pression sur la chaux restante ; si on chauffe encore davantage, la pression augmente et la substance peut éprouver une espèce de fusion, elle cristallise donc. Puis, par le refroidissement, le gaz carbonique est absorbé et l'on obtient une matière d'aspect différent de celui de la craie et ressemblant au marbre.

Si l'on chauffe dans un four du carbonate de calcium, la décomposition s'arrête à la tension f ; on emploie alors une pierre humide et, la pression totale de gaz carbonique et de vapeur d'eau étant supérieure à la pression atmosphérique, le gaz carbonique se dégage avec la vapeur d'eau, de sorte que le carbonate se décompose ensuite et dégage du gaz carbonique, sans qu'on ait besoin de tant chauffer.

Les bicarbonates de sodium, de potassium, donnent de l'anhydride carbonique ; en traitant le bicarbonate de sodium par l'acide sulfurique, on a :

$$2CO^3HNa + SO^4H^2 = 2CO^2 + SO^4Na^2 + 2H^2O.$$

En réalité, il y a formation de sulfate acide, parce que l'expérience se fait à basse température. C'est par ce procédé que l'on prépare l'anhydride carbonique pour le liquéfier dans l'appareil représenté par la figure 163.

Dans les ménages, pour fabriquer l'eau de Seltz, on prépare le gaz carbonique avec le carbonate acide de sodium, mais l'on remplace l'acide sulfurique par un acide organique solide et sans danger sur l'économie ; on prend l'acide tartrique $C^4O^6H^6$, qui est bibasique ;

$$2CO^3HNa + C^4O^6H^6 = C^4O^6H^4Na^2 + 2CO^2 + 2H^2O.$$

Les deux substances solides et sèches étant en contact, il ne se produit rien ; si l'on ajoute de l'eau, il y a immédiatement une vive effervescence et dégagement de gaz carbonique.

L'appareil à eau de Seltz (gazogène Briet) se compose de deux récipients sphériques en verre entourés d'un treillis de paille, un grand et un petit ; l'appareil peut reposer indifféremment sur l'une des extrémités ou sur l'autre et l'on peut séparer les deux réservoirs en dévissant. On remplit le grand réservoir d'eau, on introduit dans le petit le mélange d'acide tartrique et de bicarborate de sodium pulvérisés et on le ferme avec un tube d'étain, percé de trous du côté du petit réservoir et pouvant pénétrer jusque vers le haut du grand réservoir ; on retourne le petit réservoir, on le visse sur le récipient contenant l'eau, puis on redresse l'appareil. Une partie de l'eau tombe dans le récipient inférieur qui contient le mélange, la réaction a lieu et le gaz carbonique se dégage dans le récipient supérieur et se dissout dans l'eau.

384. Propriétés physiques. — L'anhydride carbonique est un gaz incolore, d'une saveur acide, d'une odeur piquante et particulièrement impropre à la respiration, mais non vénéneux ; il produit une espèce d'asphyxie quand on en absorbe une assez grande quantité.

Il est très lourd, sa densité est 1,529 par rapport à l'air, 22 par rapport à l'hydrogène, son poids moléculaire est 44. On peut faire l'expérience du transvasement (fig. 41), mais en plaçant l'éprouvette à anhydride carbonique en haut. Des bulles de savon gonflées d'air et arrivant sur l'anhydride carbonique restent soutenues et ne tombent pas tout d'abord ; mais il se produit alors une endosmose à travers la bulle de savon, l'anhydride carbonique pénètre peu à peu, et la bulle s'enfonce de plus en plus et en même temps augmente de volume. Cette endosmose, qui est analogue à celle qui se produit à travers le caoutchouc, diffère de l'endosmose à travers les parois poreuses de terre de pipe, que nous avons étudiée à propos de l'hydrogène; ici le passage est beaucoup plus lent, le gaz se dissout d'abord dans l'eau de la bulle, ou dans le caoutchouc, et quand le dissolvant est saturé, le gaz se répand dans l'air de la bulle.

L'anhydride carbonique se liquéfie à 0° sous la pression de 36 atmosphères, à — 69° sous la pression de 1 atmosphère, à 15° sous la pression de 50 atmosphères, à 30° sous la pression de 73 atmosphères. Il a été liquéfié par Thilorier.

L'appareil employé autrefois se compose (fig. 163) de deux réser-

Fig. 163. — Appareil à liquéfier l'anhydride carbonique.

voirs, réunis par un tube très résistant, qui se visse à ses extrémités sur les orifices des deux réservoirs; chacun d'eux est formé d'une enveloppe de plomb, entourée d'une chemise de cuivre, maintenue par des anneaux de fer doux, que retiennent des barres de fer forgé munies d'écrous.

Dans le réservoir générateur, on met du bicarbonate de sodium et de l'eau tiède; on y fait descendre un long tube contenant de l'acide sulfurique, et percé de trous à une certaine hauteur, on ferme et l'on ajuste le tube de communication avec le condenseur. On donne un mouvement de bascule au générateur, l'acide sulfurique tombe peu à peu sur le bicarbonate de sodium, l'anhydride carbonique se dégage et se liquéfie ; on le recueille en ouvrant un robinet. Il se dégage à

Fig. 104. — Appareil Cailletet.

l'état de vapeur ; seulement, étant très comprimé, il se distend dans l'air et absorbe une grande quantité de chaleur, et il se refroidit assez pour devenir non seulement liquide, mais solide, si l'on a le soin de faire passer le jet de gaz dans une boîte en substance non conductrice de la chaleur, en bois ou en ébonite par exemple.

M. Cailletet a imaginé plus récemment un appareil (fig. 104) formé d'une simple pompe aspirante et foulante que l'on met en mouvement à la main avec une manivelle munie d'un volant ; cet appareil permet de liquéfier rapidement de grandes quantités de gaz déjà préparé.

L'anhydride carbonique solide se vaporise avec absorption de chaleur et produit un froid très intense : placé sur la main, il se vaporise et on ne sent pas le froid ; mais, en pressant, la sensation de froid est très prononcée. La température peut s'abaisser jusqu'à — 110° avec un mélange d'éther et d'anhydride carbonique solide, évaporé dans le vide.

On peut liquéfier en petit l'anhydride carbonique dans un gros thermomètre contenant du mercure. On chauffe, le mercure se dilate et comprime l'anhydride carbonique, qu'il liquéfie.

L'anhydride carbonique liquide se trouve dans la nature, dans cer-

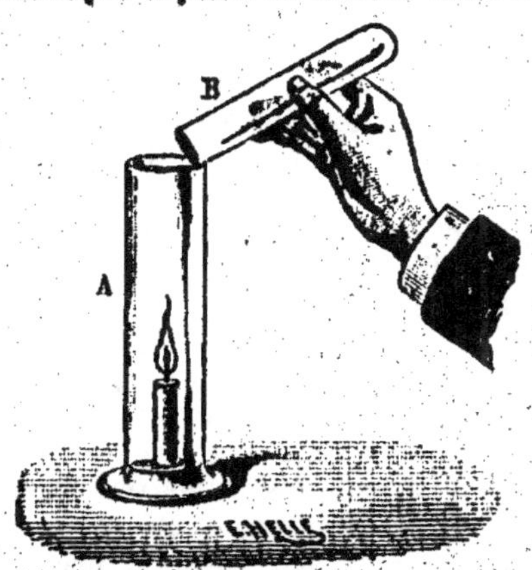

Fig. 165. — L'anhydride carbonique est dense et n'entretient pas la combustion.

taines roches. On peut encore liquéfier ce gaz au moyen du froid produit par la volatilisation de l'ammoniaque ; c'est un liquide extrêmement dilatable entre 0 et 10°.

Le gaz carbonique est soluble dans l'eau ; son coefficient de solubilité est 1 à la température ordinaire et 1,8 à 0°. On admet que la dissolution contient l'acide carbonique CO_3H_2, qui n'a pas été isolé. Cette dissolution colore le tournesol en rouge vineux ; en chargeant davantage d'anhydride carbonique, le rouge vineux se transforme et se rapproche du rouge pelure d'oignon.

385. **Propriétés chimiques.** — L'anhydride carbonique est impropre à la respiration et à la combustion ; on peut montrer à la fois sa grande densité et sa propriété de ne pas entretenir la combustion en le versant sur une bougie qui brûle dans une éprouvette à pied (fig. 165) : la bougie s'éteint.

Le carbone décompose l'anhydride carbonique et donne de l'oxyde de carbone : on fait passer le gaz carbonique sec dans un tube de grès contenant du charbon chauffé au rouge ; on recueille le gaz, lavé dans la potasse, et l'on a un gaz combustible qui brûle à l'air avec une flamme bleue.

L'anhydride carbonique est décomposé par certains métaux, qui lui enlèvent son oxygène. Le potassium forme de l'oxyde de potassium et du charbon :

$$4K + CO_2 = 2K_2O + C.$$

On chauffe le potassium dans un courant de gaz carbonique sec ; le potassium fond, puis décompose le gaz carbonique avec dégagement de lumière. Il se forme de l'oxyde de potassium blanc et un enduit noir provenant du charbon.

Le magnésium décompose aussi l'anhydride carbonique ; il se forme de l'oxyde de magnésium et du charbon.

Au contact des alcalis et des hydrates basiques, il y a absorption complète du gaz carbonique et formation de sels, les carbonates, correspondant à l'acide CO_3H_2. Cet acide est bibasique, de sorte qu'avec les alcalis il y a deux séries de sels : les carbonates acides CO_3HM' et les carbonates neutres $CO_3M'_2$.

L'anhydride carbonique trouble l'eau de chaux ; mais le trouble cesse quand on ajoute un excès d'anhydride carbonique, parce que le carbonate acide de calcium est soluble, tandis que le carbonate neutre est insoluble. L'inverse se produit quand on chauffe l'eau ordinaire, il se forme un dépôt de carbonate de calcium, qui constitue les incrustations des chaudières à vapeur, les *stalactites* et les *stalagmites*, que l'on rencontre dans certaines grottes, et les dépôts des sources pétrifiantes, telles que la source de Saint-Allyre, près de Clermont-Ferrand.

L'eau chargée de gaz carbonique peut dissoudre la silice.

L'anhydride carbonique est absorbé par les parties vertes des plantes, sous l'influence des rayon ssolaires ; lorsqu'on expose à la lumière du soleil une cloche pleine de ce gaz et dans laquelle on a fait passer quelques rameaux avec leurs feuilles, on constate bientôt que l'anhydride carbonique a disparu et que la cloche est pleine d'oxygène. Cela explique pourquoi le voisinage des bois assainit l'air.

386. Composition. — La composition de l'anhydride carbonique peut s'établir de deux manières.

Lavoisier a fait la synthèse du gaz en volume. Dans un ballon plein d'oxygène sur le mercure, il introduisait une coupelle contenant du diamant en contact avec un peu d'amadou, et il l'enflammait par la concentration des rayons solaires (fig. 142) ; le volume changeait à peine, et le gaz formé était totalement absorbé par la potasse. 1 litre d'anhydride carbonique pèse 1^{gr},97, 1 litre d'oxygène pèse 1^{gr},44 la différence donne le poids de carbone combiné à l'oxygène. On obtient 0,53 pour le carbone : $\dfrac{0,53}{1,44} = \dfrac{12}{32}$.

La méthode de Dumas et Stass est une méthode en poids ; en principe elle consiste à brûler du carbone pur dans de l'oxygène. Une nacelle contenant de petits diamants pesés avec grand soin était chauffée dans un tube de porcelaine, et l'on faisait arriver de l'oxygène ayant passé sur de la potasse ; le carbone brûlait et se transformait en anhydride carbonique. Seulement, au contact du charbon, il pouvait se faire que l'anhydride carbonique fût transformé en oxyde de carbone ; on disposait à la suite de l'oxyde de cuivre. L'anhydride carbonique passait ensuite dans des tubes en U contenant de la ponce sulfurique, pour retenir l'eau qui se produit souvent quand on remplace le diamant par d'autres carbones, dans des tubes à boules contenant de la potasse, puis dans des tubes en U contenant de la ponce potassique.

En exécutant plusieurs expériences, on constate que 12 grammes de carbone pur donnent, avec 32 grammes d'oxygène, rigoureusement 44 grammes d'anhydride carbonique.

387. Usages. — L'anhydride carbonique sert à fabriquer l'eau de Seltz, les boissons gazeuses, le sel et les pastilles de Vichy, le blanc de céruse ; on l'emploie dans l'extraction du sucre.

CHLORURES ET OXYCHLORURE DE CARBONE

388. Protochlorure C^6Cl^6. — Ce chlorure s'obtient au moyen du chlorure C^2Cl^4 ; chauffé dans un tube de porcelaine, C^2Cl^4 donne :

$$3C^2Cl^4 = C^6Cl^6 + Cl^6.$$

On peut encore chlorurer la benzine par le chlorure d'antimoine :

$$C^6H^6 + Cl^{12} = C^6Cl^6 + 6HCl.$$

C'est un corps solide, cristallisable, qui fond à 226° et bout à 330° ; sa densité de vapeur est 100.

La chaleur le décompose en carbone et chlore. Il brûle avec une flamme verdâtre.

389. Bichlorure C^2Cl^4. — Il a été découvert par Faraday ; on l'obtient en décomposant le chlorure C^2Cl^6 dans un tube de porcelaine.

C'est un liquide incolore, soluble dans l'eau, de densité 1,6. Il bout à 119°, sa densité de vapeur est 5,8.

Il se combine au chlore sous l'influence de la lumière et donne le chlorure C^2Cl^6 :

$$C^2Cl^4 + Cl^2 = C^2Cl^6.$$

Il se combine aussi au brome.

390. Trichlorure C²Cl⁶. — Il a été découvert par Faraday. Il se produit dans la décomposition du chlorure CCl⁴ par la chaleur, ou en faisant passer un courant de chlore dans la liqueur des Hollandais, exposée à la lumière solaire.

Il est solide à la température ordinaire et sa densité est 2. Il fond à 160° et se volatilise à 182°, sa densité de vapeur est 8,10.

La chaleur le décompose en chlore et bichlorure de carbone. Plusieurs corps, tels que le soufre, l'iode, lui enlèvent une partie de son chlore et le ramènent à l'état de bichlorure.

391. Tétrachlorure CCl⁴. — Il a été découvert par Regnault, dans l'action du chlore sur le sulfure de carbone. On peut l'obtenir en faisant agir le chlore sur le chloroforme :

$$CHCl^3 + 2Cl = CCl^4 + HCl.$$

C'est un liquide incolore, de densité 1,6, qui bout à 79° ; sa densité de vapeur est 5,33.

Il se décompose au rouge en C² Cl⁴ et Cl :

$$2C Cl^4 = C^2 Cl^4 + Cl^2.$$

392. Oxychlorure COCl². — On obtient l'oxychlorure de carbone en combinant à volumes égaux l'oxyde de carbone et le chlore, sous l'influence de la lumière.

C'est un gaz incolore, d'une odeur suffocante ; sa densité est 3,43.

Au contact de l'eau, il se décompose en acide chlorhydrique et anhydride carbonique :

$$COCl^2 + H^2O = 2HCl + CO^2.$$

Les alcalis le décomposent de même en donnant un chlorure et un carbonate.

BROMURES ET FLUORURES DE CARBONE

393. Bromures de carbone. — On connaît deux bromures de carbone :

Le *bibromure* C²Br⁴, qui s'obtient en décomposant le tribromure par la chaleur ; c'est un solide cristallisé en paillettes incolores. Il fond à 50° et se volatilise à 100°.

Le *tribromure* C²Br⁶ se prépare comme le trichlorure ; en faisant agir le brome sur l'éthylène, on obtient le corps C²H⁴Br², analogue à la liqueur des Hollandais C²H⁴Cl², et l'action du brome sur ce corps donne C²Br⁶ :

$$C^2H^4 Br^2 + 8Br = C^2Br^6 + 4HBr.$$

C'est un solide, en gros cristaux qui se décomposent par la chaleur en brome et bibromure :

$$C^2Br^6 = C^2Br^4 + Br^2.$$

394. Fluorures de carbone. — On connaît deux fluorures de carbone :

Le *bifluorure* C²F⁴ s'obtient en faisant agir directement le fluor sur un excès de charbon chauffé au rouge. C'est un gaz de densité 3,46, facilement liquéfiable.

Le *tétrafluorure* CF⁴ se prépare par l'action du tétrachlorure de carbone

sur le fluorure d'argent chauffé. C'est un gaz de densité 3,09, liquéfiable à
— 15° sous la pression ordinaire.

COMPOSÉS DU CARBONE ET DU SOUFRE

395. Généralités. — On connaît deux combinaisons du carbone
avec le soufre :

Le protosulfure de carbone CS;
Le bisulfure   — CS^2.

On connaît également un composé du carbone, de l'oxygène et du
soufre, l'oxysulfure de carbone COS.

On remarquera l'analogie de composition des deux sulfures de carbone CS et CS^2 avec l'oxyde de carbone CO et l'anhydride carbonique
CO^2. On peut aussi remarquer que l'oxysulfure de carbone COS dérive
de l'anhydride carbonique par le remplacement d'un atome d'oxygène
par un atome de soufre.

PROTOSULFURE DE CARBONE

CS.

396. Préparation et propriétés. — Le protosulfure de carbone est
le résultat de la décomposition du bisulfure de carbone par la lumière
(M. Sidot).

C'est un corps solide, rouge brun, pulvérulent, de densité 1,66. Il
est insoluble dans l'eau, l'alcool et la benzine, peu soluble dans le
sulfure de carbone.

La chaleur le décompose en soufre et en charbon. Chauffé avec un
excès de soufre, il reproduit le bisulfure.

BISULFURE DE CARBONE

CS^2.

397. Préparation. — Le bisulfure de carbone, que l'on appelle plus
simplement sulfure de carbone, est analogue à l'anhydride carbonique
CO^2 et se produit de même toutes les fois que l'on fait brûler le charbon dans la vapeur de soufre; il peut s'en produire quand on grille
les pyrites.

Pour le préparer, on prend une cornue de grès ou de porcelaine
(fig. 166) à deux tubulures, contenant de la braise à l'intérieur; on

ferme l'une des tubulures avec un bouchon et l'on ajuste l'autre dans

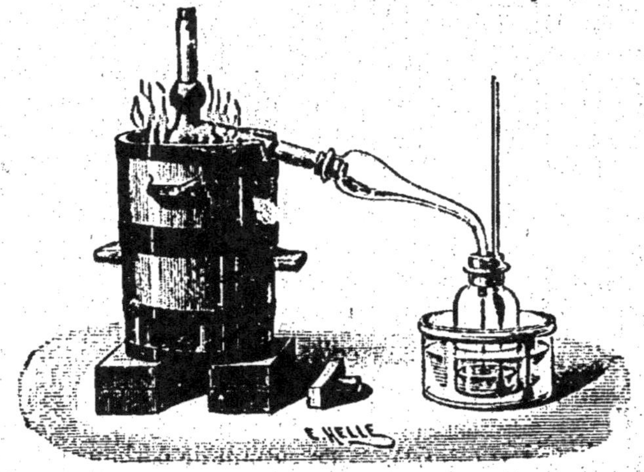

Fig. 166. — Préparation du sulfure de carbone dans les laboratoires.

le col d'une allonge aboutissant au fond d'un vase contenant de l'eau.

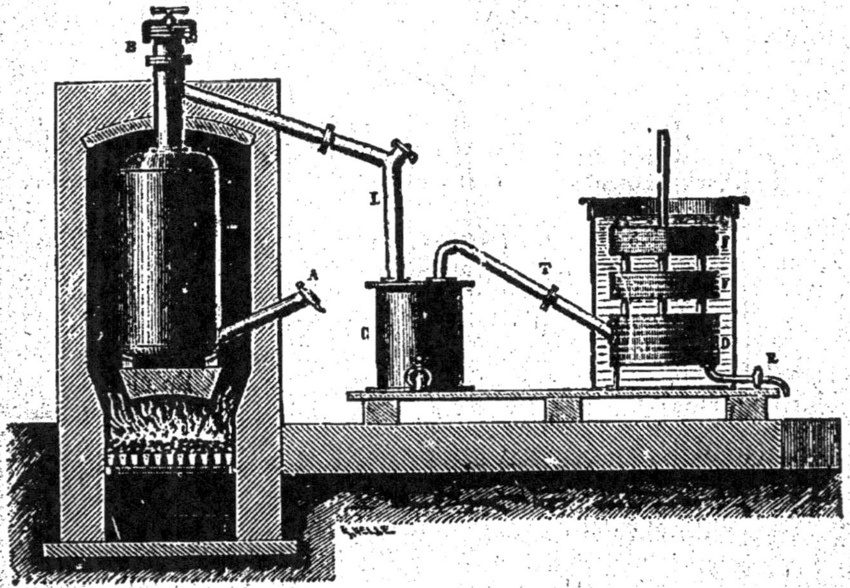

Fig. 167. — Préparation industrielle du sulfure de carbone.

On chauffe fortement et, quand la braise est portée au rouge, on projette des morceaux de soufre dans la cornue en ouvrant le bouchon.

398. Production industrielle. — Dans l'industrie, on substitue au tube de porcelaine des cylindres de fonte, dont la partie inférieure présente une cloison incomplète ; la partie supérieure est percée d'un trou permettant à un tube droit B (fig. 167) de descendre jusqu'au bas.

Le tube de dégagement L passe d'abord dans un récipient C, où le soufre entraîné se dépose ; le sulfure est amené par le tube T dans des cylindres D,E,F. qui plongent dans l'eau. On remplit l'appareil de braise ; on laisse tomber dans le tube vertical un petit paquet de soufre, qui se volatilise, traverse le charbon et donne le sulfure de carbone. Le robinet R permet de recueillir ce sulfure.

On le distille pour l'avoir pur.

399. Propriétés physiques. — Le sulfure de carbone est un liquide incolore, presque inodore quand il est pur, d'une saveur brûlante.

Sa densité est 1,293. Il bout à 46°,6 sous la pression de 760 millimètres ; sa densité de vapeur est 2,64. Il faut le transvaser à l'abri de l'air, car il est très volatil et sa vapeur est très dense ; son évaporation abaisse la température et peut donner un froid de — 50°. Il a été solidifié à — 116°.

Il dissout l'iode, le soufre, le phosphore.

400. Propriétés chimiques. — Il est décomposé par la chaleur et la lumière en protosulfure de carbone et soufre :

$$CS^2 = CS + S.$$

Si l'on conserve dans l'obscurité un tube contenant du bisulfure de carbone, il ne se produit rien ; à la lumière, il se dépose sur les parois une matière brune, solide, qui est le protosulfure CS. En chauffant ce protosulfure avec une quantité convenable de soufre, on obtient le bisulfure CS^2.

Le sulfure de carbone s'enflamme, même au contact de corps qui ne sont pas du tout incandescents.

Quand on chauffe du charbon dans la vapeur de bisulfure de carbone, à très haute température, on le transforme en un charbon très conducteur et très sonore, comme un métal (M. Sidot). En chauffant une mèche de coton dans une atmosphère de sulfure de carbone, on obtient une mèche qui dans la flamme devient incandescente et retirée devient aussitôt noire.

Il s'enflamme spontanément à 200°. Dans l'oxygène, il brûle avec une flamme bleue :

$$CS^2 + O^6 = CO^2 + 2SO^2.$$

Dans le bioxyde d'azote, il brûle avec une flamme bleue très remarquable :

$$CS^2 + 6AzO = CO^2 + 2SO^2 + 6Az.$$

Le chlore, au rouge, transforme le sulfure de carbone en chlorures :

$$CS^2 + 8Cl = CCl^4 + 2SCl^2.$$

L'acide iodhydrique agit sur le bisulfure de carbone.

L'hydrogène donne avec le bisulfure de carbone de l'hydrogène sulfuré H^2S et le composé CH^2S, corps cristallisé, volatil vers 150° :

$$CS^2 + H^4 = CH^2S + H^2S.$$

L'eau se combine avec le sulfure de carbone. Quand on le filtre à l'air humide, on obtient un hydrate $3CS^2, 2H^2O$. On a signalé CS^2, H^2O et $2CS^2, 2H^2O$.

Le sulfure de carbone est un agent de sulfuration très énergique : les métaux décomposent le bisulfure de carbone en sulfures métalliques et carbone.

Il se combine avec les sulfures alcalins et se comporte alors comme un anhydride, qui serait analogue à l'anhydride carbonique. On l'appelle quelquefois pour cette raison *anhydride sulfocarbonique*.

Le sulfure de carbone est un poison assez violent. Cette propriété l'a fait employer, la première fois, par M. Doyère, pour détruire les charançons du blé dans à l'ensilage (en Algérie, on met le blé dans la terre). Il a été utilisé au Muséum pour se débarrasser des rats.

Il est aussi employé pour combattre le phylloxera : Dumas a imaginé de combiner les sulfures de carbone et de potassium, ce qui donne du sulfocarbonate de potassium CS^3K^2. Ce sulfocarbonate se décompose au contact de l'eau en sulfure de carbone CS^2 et sulfure de potassium K^2S ; ce dernier est un très bon amendement pour la vigne. Seulement le sulfocarbonate de potassium est encore à un prix trop élevé.

401. Composition. — On chauffe l'oxyde ferrique Fe^2O^3 dans un tube de porcelaine en présence du sulfure de carbone ; il se forme du sulfure de fer, de l'anhydride sulfureux et de l'anhydride carbonique :

$$6Fe^2O^3 + 7CS^2 = 12FeS + 2SO^2 + 7CO^2.$$

On recueille le mélange des deux gaz sous une cloche ; en y introduisant du borax, l'anhydride sulfureux est seul absorbé. On connaît ainsi la quantité d'anhydride sulfureux, donc une partie du soufre, et la quantité d'anhydride carbonique, donc la quantité de carbone que contenait le sulfure de carbone obtenu.

On dissout le sulfure de fer dans l'eau régale, qui l'oxyde et donne du sulfate de fer; on traite par le chlorure de baryum. On en déduit une nouvelle quantité de soufre, que l'on ajoute à celle précédemment trouvée. On connaît ainsi les poids de carbone et de soufre : on trouve que, pour 12 grammes de charbon, la molécule le bisulfure de carbone, pesant 76 grammes, contient 64 grammes de soufre.

402. Usages. — On emploie le sulfure de carbone à la purification du phosphore rouge, à la vulcanisation du caoutchouc, à l'extraction des matières grasses de corps quelconques, à l'extraction des essences et des parfums, à la destruction des animaux nuisibles, etc.

OXYSULFURE DE CARBONE

COS.

403. Préparation et propriétés. — On l'obtient en traitant le sulfocyanure de potassium CAzSK par l'acide sulfurique :

$$2CAzSK + 2\ SO^4H^2 + 2H^2O = SO^4K^2 + SO^4\ (AzH^4)^2 + 2COS.$$

C'est un gaz incolore, ayant l'odeur des eaux sulfureuses. Sa densité est 2,1 ; il est soluble dans l'eau et brûle en donnant de l'anhydride carbonique et de l'anhydride sulfureux :

$$COS + O^3 = CO^2 + SO^2.$$

La dissolution d'oxysulfure de carbone dans l'eau s'altère peu à peu en donnant de l'acide carbonique et de l'hydrogène sulfuré :

$$COS + 2H^2O = CO^3H^2 + H^2S.$$

Les alcalis l'absorbent lentement en formant un carbonate et un sulfure.

CYANOGÈNE

C Az.

404. Historique. — Le nom de ce corps vient d'un mot grec, qui signifie *bleu*, parce qu'il entre dans la composition du bleu de Prusse. Il a été isolé pour la première fois par Gay-Lussac, qui remarqua aussitôt le rôle chimique qu'il joue dans toutes les réactions ; ce rôle est analogue à celui d'un corps simple, comme le chlore. C'est le premier radical découvert et isolé. On le représente quelquefois par le symbole Cy.

405. Circonstances de production. — Le cyanogène se produit en combinaison toutes les fois que le carbone et l'azote se trouvent en présence d'un alcali : quand on fait passer un courant d'air dans un fourneau qui contient du charbon mélangé avec de la potasse, on obtient du cyanure de potassium. Il en est de même quand on chauffe en vase clos des matières azotées avec du carbonate de potassium ; quand on fait passer un courant d'air sur un mélange de baryte et de charbon, chauffé au rouge, on a du cyanure de baryum ; quand on fait passer de l'ammoniaque sur du charbon chauffé au rouge, on obtient du cyanure d'ammonium.

Il se produit encore du cyanogène dans la décomposition de l'oxalate d'ammonium par la chaleur.

406. Préparation. — Pour préparer le cyanogène pur, on peut employer le cyanure de potassium, que l'on transforme en cyanure de mercure.

On prend du cyanure de potassium $KCAz$; c'est un poison très violent, utilisé par les photographes pour dissoudre les sels d'argent non impressionnés ; on le traite par l'azotate mercurique. Il se forme

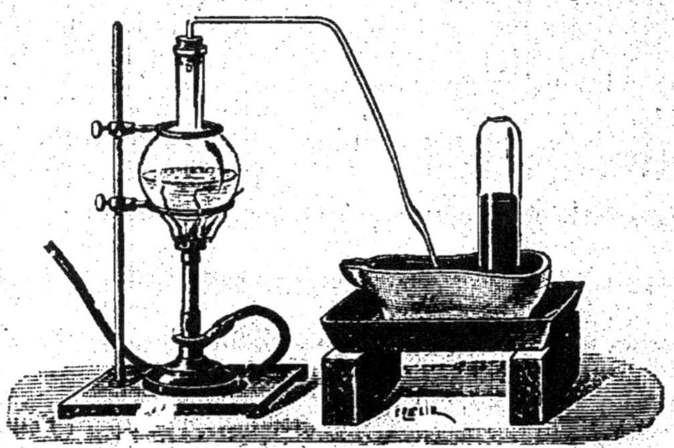

Fig. 168. — Préparation du cyanogène.

un précipité blanc de cyanure de mercure $Hg\,(CAz)^2$, substance anhydre, facile à dessécher. On le chauffe, il se décompose en mercure, qui reste dans le ballon, et en cyanogène. On fait l'expérience dans un ballon de verre (fig. 168), qu'on chauffe fortement à la lampe ; le cyanogène est recueilli sur le mercure, car il est très soluble.

Il reste dans le ballon une matière solide, brune, le *paracyanogène*, de même formule que le cyanogène, et qui se comporte par rapport à ce dernier comme le phosphore rouge par rapport au phosphore ordinaire. Si l'on chauffe le cyanure de mercure en vase clos, on constate que le cyanogène se dégage, mais pas indéfiniment, il y a une tension de dissociation, et en même temps il se fait du paracyanogène. Si l'on prend du cyanogène gazeux, préparé et remplissant un tube, et qu'on le chauffe à une température déterminée, la tension, d'abord égale à 760 millimètres, diminue graduellement jusqu'à une tension f, qui est la tension de transformation ; alors le phénomène reste constant, la transformation est limitée. Si l'on met du paracyanogène dans un tube, qu'on fasse le vide et qu'on scelle à la lampe, en chauffant, le paracyanogène se transforme en cyanogène ; il y a une tension qui croît jusqu'à une certaine valeur f, et alors la transformation s'arrête. La tension de transformation est de 129 millimètres à 589°.

On peut obtenir le cyanogène en décomposant le cyanure de potassium par le chlorure mercurique :

$$2KCAz + Hg\,Cl^2 = 2KCl + Hg\,(CAz)^2.$$

$$Hg\,(CAz)^2 = Hg + 2CAz.$$

407. Propriétés physiques. — Le cyanogène est un gaz incolore, d'une odeur vive et pénétrante, analogue à celle du kirsch.

Sa densité est 1,806 par rapport à l'air, 26 par rapport à l'hydrogène. Son poids moléculaire est 52.

Le cyanogène se dissout dans l'eau ; mais la dissolution s'altère rapidement à la lumière, brunit et dépose des flocons bruns.

Chauffé en vase clos, le cyanogène se transforme en paracyanogène.

408. Propriétés chimiques. — L'oxygène brûle le cyanogène avec une flamme violacée :

$$CAz + O^2 = CO^2 + Az.$$

L'eau donne plusieurs composés : la dissolution de cyanogène s'altère rapidement sous l'influence de la lumière ; elle brunit d'abord, puis dépose des flocons bruns, qui paraissent formés par les éléments de l'eau et ceux du cyanogène. En même temps, l'eau perd l'odeur de cyanogène et devient alcaline ; elle contient de l'anhydride carbonique, de l'acide cyanique, de l'ammoniaque, du carbonate d'ammonium et de l'urée. Les réactions qui se produisent sont les suivantes :

$$2CAz + 4H^2O + O = CO^3\,(AzH^4)^2 + CO^2.$$

$$2CAz + H^2O = CAzH + CAzOH.$$

$$CAzOH + H^2O = AzH^3 + CO^2.$$

$$CAzOH + AzH^3 = CH^4Az^2O.$$
Urée.

Le potassium et le sodium se combinent à chaud au cyanogène avec dégagement de chaleur et de lumière.

Au contact de la potasse, le cyanogène se comporte comme le chlore :

$$2CAz + 2KOH = KCAz + CAz\,OK + H^2O.$$

409. Composition. — La composition du cyanogène s'établit au moyen de l'eudiomètre : 2 volumes de cyanogène et 2 volumes d'oxygène donnent 2 volumes d'anhydride carbonique absorbable par la potasse, et il reste 1 volume d'azote. Donc 2 volumes de cyanogène contiennent 1 volume d'azote et 1 volume de vapeur de carbone.

Pour empêcher la formation d'acide azotique, on ajoute dans l'eudiomètre des gaz de la pile, qui, par le passage de l'étincelle, donnent de l'eau avec un grand dégagement de chaleur.

ACIDE CYANHYDRIQUE

H CAz.

410. Préparation. — L'acide cyanhydrique est formé de volumes égaux d'hydrogène et de cyanogène, mais non par combinaison directe.

On décompose généralement un cyanure, et l'on choisit le cyanure de mercure : on peut le décomposer soit par l'acide chlorhydrique ou par un autre acide énergique, soit par un acide plus faible, comme l'acide sulfhydrique.

Dans un ballon de verre contenant du cyanure de mercure, on ajoute de l'acide chlorhydrique :

$$Hg\,(CAz)^2 + 2HCl = HgCl^2 + 2HCAz.$$

L'acide chlorhydrique employé est une dissolution de gaz chlorhy-

Fig. 169. — Préparation de l'acide cyanhydrique pur.

drique dans l'eau, on dessèche le mélange en le faisant passer (fig. 169)

     TRAITÉ DE CHIMIE

dans un tube horizontal dont la première partie BC contient du chlorure
de calcium, la seconde CD du marbre. Il se dégage donc de l'acide
cyanhydrique et de l'anhydride carbonique. On fait arriver les gaz
dans un tube en U refroidi E, dont la courbure communique avec un
flacon F refroidi, où l'acide cyanhydrique va se condenser.

Avec l'acide sulfhydrique on a :

$$\text{Hg (CAz)}^2 + \text{H}^2\text{S} = \text{HgS} + 2\text{HCAz}.$$

Le cyanure de mercure est chauffé dans un tube horizontal et l'on

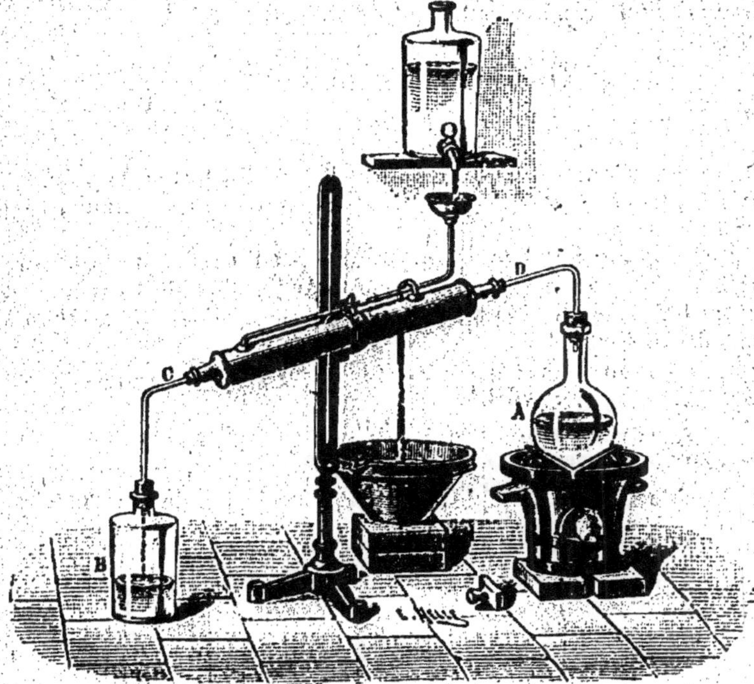

Fig. 170. — Préparation de l'acide cyanhydrique en dissolution.

fait passer un courant d'hydrogène sulfuré desséché ; il se dégage de
l'acide cyanhydrique pur et sec que l'on recueille dans un tube en U
entouré de glace.

On peut obtenir l'acide cyanhydrique en dissolution en prenant du
ferrocyanure de potassium et de l'acide sulfurique, que l'on chauffe
dans un ballon A (fig. 170). On a :

$$\text{K}^4\text{Fe (CAz)}^6 + 3\text{SO}^4\text{H}^2 = 2\text{SO}^4\text{K}^2 + \text{SO}^4\text{Fe} + 6\text{HCAz}.$$

On fait passer les gaz qui se dégagent dans un réfrigérant CD à circulation d'eau froide, et on recueille l'acide dans un flacon B contenant de l'eau.

On pourrait employer aussi l'eau, l'acide tartrique et le cyanure de potassium.

411. Propriétés. — L'acide cyanhydrique est un liquide incolore, d'une forte odeur d'amandes amères. Sa densité est 0,75.

Il se solidifie à — 15° et bout à 26° ; sa densité de vapeur est 0,94.

Il est très soluble dans l'eau.

Pur, il est très stable ; impur, il se décompose facilement en donnant une matière brune.

Il brûle avec une flamme violacée.

Avec le chlore, sous l'influence des rayons solaires, il donne de l'acide chlorhydrique et un chlorure de cyanogène $C\,Az\,Cl$.

Il se combine avec les acides chlorhydrique, bromhydrique et iodhydrique.

Sous le nom d'*acide prussique*, il est connu comme le poison le plus violent.

412. Composition. — Sa composition s'établit par le procédé général d'analyse organique. On décompose un poids connu de ce corps par de l'oxyde de cuivre, en chauffant au rouge ; on recueille de l'anhydride carbonique, de l'eau et de l'azote. En faisant circuler les gaz dans des tubes en U contenant de la potasse et de l'acide sulfurique, l'augmentation de poids des premiers fera connaître le poids d'anhydride carbonique, et l'augmentation de poids des seconds le poids d'eau produite ; l'azote se recueille sur la cuve à mercure. Connaissant la composition de l'anhydride carbonique et de l'eau, on en déduit le poids de carbone, d'hydrogène et d'azote contenus dans le poids donné d'acide cyanhydrique.

COMPOSÉS OXYGÉNÉS DU CYANOGÈNE

ACIDE CYANIQUE

$C\,Az\,OH.$

413. Préparation. — On obtient l'acide cyanique dans les mêmes circonstances que l'acide hypochloreux $Cl\,OH$, avec lequel il présente une grande analogie de constitution chimique. En faisant passer un courant de cyanogène dans une dissolution de potasse, on a :

$$2KOH + 2\,Cy = CyK + CyOK + H^2O.$$

Mais le cyanate de potassium ainsi obtenu ne peut pas donner d'acide cyanique, qui se décompose au contact d'un acide.

Pour avoir l'acide cyanique isolé pur, on chauffe l'acide cyanurique $C^3 Az^3 O^3 H^3$, polymère de l'acide cyanique :

$$C^3 Az^3 O^3 H^3 = 3CAz\,OH.$$

414. Propriétés. — L'acide cyanique n'est connu qu'en dissolution ; c'est un liquide incolore, produisant une inflammation douloureuse de la peau. Sa densité est 1,56 ; elle diminue rapidement quand la température s'élève.

A la température ordinaire, l'acide cyanique dégage de la chaleur en se transformant en un produit solide blanc, la cyamélide, $C^3 Az^3 O^3 H^3$. Si on abandonne le liquide à basse température, il émet des vapeurs de densité 1,5.

L'acide cyanique est décomposé par l'eau avec effervescence ; il y a formation de carbonate d'ammonium.

Avec les bases, l'acide cyanique donne des cyanates, dont la formule générale $Cy\,OM'$ se rapproche de celle des hypochlorites. Ils sont décomposables par l'eau :

$$Cy\,OK + 2H^2O = CO^2\,HK + Az\,H^3.$$

ACIDE CYANURIQUE

$$Cy^3\,O^3\,H^3.$$

415. Préparation. — L'acide cyanurique a été étudié par Wœhler ; on le prépare à l'aide de l'urée $CH^4 Az^2 O$.

Ce dernier est un corps qu'on obtient en évaporant l'urine à consistance sirupeuse ; on ajoute de l'acide azotique, il se forme des cristaux d'azotate d'urée, que l'on décompose par un alcali. L'urée chauffée donne du cyanate d'ammonium $C\,Az\,O\,(Az\,H^4)$, puis de l'acide cyanurique, d'après les formules :

$$CH^4\,Az^2\,O = C\,Az\,O\,(Az\,H^4).$$
$$3C\,Az\,O\,(Az\,H^4) = C^3\,Az^3\,O^3\,H^3 + 3Az\,H^3.$$

L'ammoniaque se dégage

416. Propriétés. — L'acide cyanurique est un corps solide, soluble dans l'eau. Sa densité est 1,768. Il cristallise en prismes obliques à base rectangle avec 2 molécules d'eau : par une chaleur modérée, il perd ses molécules d'eau de cristallisation.

Il est soluble dans l'acide chlorhydrique et l'acide azotique.

Chauffé, il se transforme en acide cyanique $CAzOH$.

417. Cyamélide. — L'acide cyanurique a un isomère, la cyamélide, qui résulte de la transformation de l'acide cyanique ; cette transformation est analogue à celle du cyanogène en paracyanogène. La cyamélide, solide, est soluble dans l'acide sulfurique concentré.

On peut transformer réciproquement la cyamélide en acide cyanique : on prend la cyamélide solide, on chauffe et la transformation s'opère ; on obtient de l'acide cyanique gazeux. La tension ira en augmentant jusqu'à une valeur fixe. Si l'on prend d'ailleurs de l'acide cyanique liquide, à une température t, il a une tension connue de vapeur ; à mesure que le gaz se dégage en vase clos, il y a abaissement de la tension jusqu'à une certaine valeur f et transformation en cyamélide. A 160°, la tension de transformation est 56 millimètres, à 130° elle est de 740 millimètres.

ACIDE SULFOCYANIQUE

Cy SH.

418. Préparation et propriétés. — L'acide sulfocyanique CySH dérive de l'acide cyanique CyOH par remplacement de l'oxygène par le soufre.

On le prépare en transformant d'abord le sulfocyanure de potassium CySK en sulfocyanure de mercure $(CyS)^2Hg$ au moyen du chlorure mercurique, puis en décomposant le sulfocyanure de mercure par l'hydrogène sulfuré :

$$(CyS)^2Hg + H^2S = HgS + 2CySH.$$

C'est un liquide incolore, qui se solidifie à 12°,5 et bout à 102°.
Il est décomposé par l'eau avec formation d'oxysulfure de carbone.

$$(CAzSH)^2 + 2H^2O = 2AzH^3 + 2COS.$$

Il donne, de même que les sulfocyanures alcalins, avec les sels ferriques, une coloration rouge sang, caractéristique de ces sels.

COMPOSÉS DU CYANOGÈNE AVEC LE CHLORE, LE BROME ET L'IODE

CHLORURES DE CYANOGÈNE

419. Chlorure gazeux Cy Cl. — Ce chlorure de cyanogène peut s'obtenir en faisant agir directement le chlore sur le cyanogène, à volumes égaux ; on l'obtient aussi par l'action du chlore sur une dissolution étendue et froide de cyanure de mercure.

C'est un gaz d'une odeur insupportable, de densité 2,12. Il se liquéfie à 12° et se solidifie à — 7°.

L'eau le décompose en anhydride carbonique et chlorure d'ammonium :

$$CAz\ Cl + 2H^2O = CO^2 + Az\ H^4Cl.$$

C'est un poison violent.

420. Chlorure solide $Cy^3\ Cl^3$. — Ce chlorure s'obtient par l'action du chlore sur le protochlorure liquéfié.

C'est un solide qui fond à 140° et bout à 188°. Il donne avec l'eau de l'acide chlorhydrique et de l'acide cyanique :

$$Cy^3\ Cl^3 + 3H^2O = 3HCl + 3Cy\ OH.$$

Sa densité de vapeur est trois fois plus grande que celle du précédent.

BROMURE DE CYANOGÈNE

Cy Br.

421. Préparation et propriétés. — On l'obtient par l'action du brome sur le cyanure de mercure, ou l'acide cyanhydrique.

C'est un corps solide et cristallisé, qui bout à 15°.

IODURE DE CYANOGÈNE

CyI.

422. Préparation et propriétés. — On l'obtient très facilement en broyant de l'iode avec du cyanure de mercure.

Il est solide et cristallisé en aiguilles incolores.

C'est un poison violent.

CHAPITRE XII

SILICIUM ET SES COMPOSÉS. — CLASSIFICATION DES MÉTALLOIDES

SILICIUM

$$Si = 28.$$

423. Historique. — Berzélius découvrit le silicium en 1808 par l'action du potassium sur le fluosilicate de potassium. En 1854 Deville obtint le silicium amorphe, le silicium graphitoïde et le silicium cristallisé ou adamantin.

424. Silicium amorphe. — Le silicium amorphe se prépare eu réduisant le fluosilicate de potassium par le sodium :

$$K^2F^2SiF^4 + 4Na = 2KF + 4NaF + Si.$$

On n'a pas besoin d'employer un creuset de fer.

Le silicium ainsi obtenu est une poudre d'un brun rouge, fusible vers 1200° (température de fusion de la fonte). Il s'enflamme facilement quand on le chauffe à l'air en donnant de la silice, qui est une poudre blanche ; si on a eu préalablement le soin de le chauffer dans un courant d'hydrogène, il s'oxyde plus lentement.

Avec les alcalis concentrés, il se forme des silicates.

Le chlore attaque très facilement le silicium amorphe; il se forme du chlorure de silicium $SiCl^4$.

Avec l'acide fluorhydrique, il se forme du fluorure de silicium SiF^4 et de l'hydrogène.

425. Silicium graphitoïde. — Pour avoir le silicium graphitoïde, on chauffe une partie d'aluminium avec 30 parties de fluosilicate de potassium. On a :

$$3K^2F^2SiF^4 + 2Al^2 = 6KF + 2Al^2F^6 + 3Si.$$

Le silicium se dissout dans le métal et, pendant le refroidissement, se dépose à l'état cristallin, mais graphitoïde, en lames hexagonales, gris de plomb, analogues à celles de graphite qui se déposent dans le refroidissement de la fonte.

426. Silicium cristallisé. — Pour avoir du silicium adamantin, on prend le zinc fondu comme dissolvant. On traite le fluosilicate de potassium par le sodium et on ajoute au mélange du zinc ; le silicium se dissout dans le zinc, et, pendant le refroidissement, se dépose à l'état adamantin. On opère dans un creuset de terre. On le chauffe au rouge vif et on y projette un mélange de 3 parties de fluosilicate de potassium, 1 partie de zinc en grenaille, 1 partie de sodium. Après l'opération on dissout le zinc par l'acide chlorhydrique, qui donne du chlorure de zinc soluble et du silicium insoluble.

Le silicium cristallisé se présente sous forme d'octaèdres aigus, ordinairement en file les uns à la suite des autres en forme de chapelet. Sa densité est de 2,49, sa couleur est voisine de celle du fer ; en lame mince, ou par transparence, il paraît rouge. Il est infusible ; il raye le verre, mais il est moins dur que le bore ou le diamant.

On peut chauffer du silicium amorphe avec du sel marin, au rouge vif ; par refroidissement, on obtient du silicium graphitoïde. En fondant du silicium amorphe, on obtient de petites gouttelettes présentant la structure octaédrique du silicium adamantin.

Aucun acide n'attaque le silicium cristallisé.

Les solutions alcalines ne l'attaquent pas ; avec les alcalis fondus, en fusion ignée, il se forme des silicates de potassium, de sodium.

Avec le carbonate de potassium fondu, au rouge vif, le silicium cristallisé donne donne du silicate de potassium et du charbon.

HYDROGÈNE SILICIÉ

$$Si\,H^4.$$

427. Préparation et propriétés. — L'hydrogène silicié a été découvert par Rouff et Wœhler.

Il s'obtient en décomposant le siliciure de magnésium $Mg^2\,Si$ par un acide, l'acide chlorhydrique ; il y a formation d'un sel de magnésium et d'hydrogène silicié :

$$Mg^2\,Si + 4HCl = 2MgCl^2 + SiH^4.$$

Le siliciure de magnésium s'obtient en faisant réagir le chlorure dé magnésium sur le fluosilicate de potassium en présence du sodium :

$$K^2 F^2 Si F^4 + 2MgCl + 6Na = 2KF + 4NaF + 2NaCl + Mg^2 Si.$$

Le sodium est employé en excès comme fondant, pour préserver le siliciure de magnésium du contact de l'air.

L'hydrogène silicié ainsi obtenu s'enflamme à l'air, parce qu'il est impur.

Pur, il n'est pas spontanément inflammable sous la pression atmosphérique ; raréfié, il devient inflammable. On peut le rendre spontanément inflammable en diminuant sa pression par l'addition d'un gaz étranger. Il brûle en donnant des couronnes d'acide silicique ; on a :

$$Si H^4 + 4O = Si O^2 H^4.$$

L'hydrogène silicié réduit les solutions de cuivre, d'argent, de palladium et met les métaux en liberté.

On peut déterminer approximativement sa composition avec une solution concentrée de potasse ; le silicium est absorbé et l'hydrogène reste :

$$Si H^4 + 4KOH = Si O^4 K^4 + 8H.$$

Si l'on opère sur du gaz pur, 2 volumes d'hydrogène silicié donnent 8 volumes d'hydrogène ; or, la moitié en est empruntée à la potasse, donc les 2 volumes d'hydrogène silicié en ont fourni 4 volumes. Comme vérification, le poids d'un volume de silicium en vapeur et le poids de 4 volumes d'hydrogène donnent le poids de 2 volumes d'hydrogène silicié.

COMPOSÉS OXYGÉNÉS DU SILICIUM

428. Généralités. — Le silicium forme avec l'oxygène un composé appelé silice et très répandu dans la nature : c'est l'anhydride silicique $Si O^2$.

Avec l'eau, il forme l'acide silicique $Si O^4 H^4 = Si O^2 + 2 H^2 O$. On connaît aussi l'acide qui a pour formule $Si O^3 H^2$.

SILICE $Si O^2$.
ACIDE SILICIQUE $Si O^4 H^4$.

429. État naturel. — Le plus important de tous ces composés du silicium est la silice $Si O^2$; ce composé joue un très grand rôle dans

la nature. Le quartz, ou cristal de roche (fig. 171), le sable blanc sont de
la silice pure ; l'opale, le silex, sont de la silice hydratée ou acide

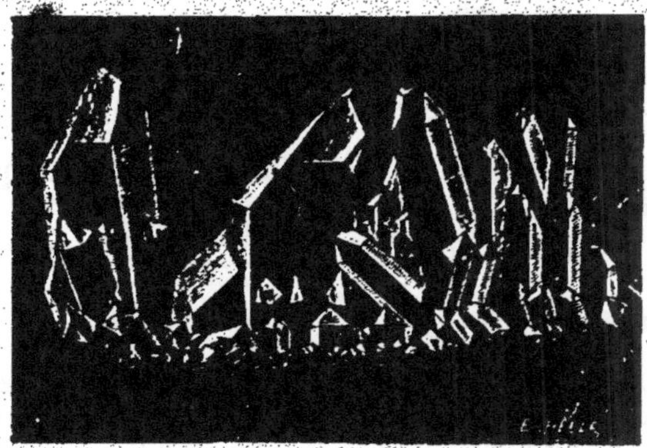

Fig. 171. — Cristal de roche.

silicique; les grès sont de la silice réunie par un mortier calcaire; les

Fig. 172. — Geysers d'Islande.

geysers d'Islande (fig. 172) contiennent de la silice. Enfin, on en trouve dans certaines graminées et certains animaux ont une coquille sili-ceuse.

430. **Préparation.** — Pour préparer la silice artificiellement, on traite le silicate de potassium par l'acide chlorhydrique. On a :

$$Si\ O^4\ K^2\ +\ 4\ HCl\ =\ Si\ O^2\ +\ 2H^2\ O\ +\ 4\ KCl.$$

Pour avoir le silicate de potassium, on traite du sable par le carbonate de potassium :

$$2CO^3\ K^2\ +\ Si\ O^2\ =\ Si\ O^4\ K^4\ +\ 2CO^2.$$

Le silicate de potassium est vitreux et soluble dans l'eau, et si l'on emploie un excès d'acide chlorhydrique, il ne se forme pas de préci-pité, car la silice est un peu soluble dans l'acide chlorhydrique.

On peut obtenir la silice sous forme d'une gelée transparente, qui ne se dépose qu'au bout d'un certain temps, en traitant le silicate de sodium dissous dans l'eau par l'acide chlorhydrique. Le silicate de sodium s'obtient lui-même en chauffant au rouge dans un creuset de terre une partie de sable avec 4 parties de carbonate de sodium.

431. **Propriétés.** — Si on dessèche dans le vide la solution ainsi obtenue, on a comme produit l'acide $3Si\ O^2,\ 2H^2\ O$; c'est une poudre blanche. En le chauffant à 1200°, on obtient l'acide $3Si\ O^2,\ H^2\ O$; enfin, en le chauffant au rouge sombre, on obtient la silice anhydre $Si\ O^2$.

La silice naturelle a une densité égale à 2,6; en la calcinant au rouge vif, sa densité diminue et devient égale à 2,2, qui est la densité de la silice artificielle. En chauffant la silice au chalumeau, on obtient une masse transparente, de densité 2,2.

Ces silices ont des propriétés différentes : la silice gélatineuse, un peu soluble dans les acides étendus et dans l'eau, se dissout dans les solutions alcalines à froid; avec la potasse, on obtient du silicate de potassium. Au contraire, avec la silice anhydre artifi-cielle, les solutions froides, même concentrées, ne la dissolvent pas; les dissolutions bouillantes la dissolvent lentement. Sur la silice naturelle, les solutions bouillantes n'agissent plus; les alcalis en fusion ignée agissent seuls.

Les métalloïdes n'agissent pas sur la silice, à l'exception du fluor.

L'acide fluorhydrique est le seul acide qui attaque la silice, il se forme du fluorure de silicium :

$$Si\ O^2\ +\ 4FH\ =\ Si\ F^4\ +\ 2H^2\ O.$$

C'est le principe de la gravure sur verre : le verre est un silicate, qui est attaqué par l'acide fluorhydrique avec formation de fluorure de silicium et d'eau.

Par double décomposition on peut faire agir les métalloïdes sur la silice : Un mélange de silice et de charbon, chauffé au rouge, donne, sous l'action d'un courant de chlore, du chlorure de silicium et de l'oxyde de carbone :

$$Si\ O^3 + 4Cl + 2C = Si\ Cl^4 + 2CO.$$

De même avec le soufre : on fait un mélange intime de charbon et de silice, sur lequel on fait passer un courant de vapeur de soufre, on a :

$$Si\ O^3 + 2C + 2S = Si\ S^2 + 2CO.$$

L'acide silicique forme avec les métaux des sels appelés *silicates;* le principal est le silicate d'aluminium, qui constitue l'argile. L'acide silicique chasse de leurs sels certains acides peu fixes.

La silice attaque le fer. Elle peut aussi attaquer le platine, surtout en présence du charbon ; elle donne avec ces métaux des silicates fusibles. Aussi faut-il éviter de chauffer les creusets de platine directement sur les charbons.

COMBINAISONS DU SILICIUM AVEC LE CHLORE, LE BROME, L'IODE ET LE FLUOR

CHLORURES ET OXYCHLORURES DE SILICIUM

On connaît deux chlorures de silicium ; le sesquichlorure Si^2Cl^6 et le tétrachlorure $Si\ Cl^4$.

432. Sesquichlorure de silicium Si^2Cl^6. — On peut obtenir du sesquichlorure de silicium en faisant passer sur du silicium fondu un courant de tétrachlorure de silicium (MM. Troost et Hautefeuille) et en distillant le résultat de l'opération :

$$3Si\ Cl^4 + Si = 2Si^2\ Cl^6.$$

C'est un liquide incolore, très mobile, de densité 1,58. Il se solidifie à — 14° et bout à 145°, sa densité de vapeur est 9,7.

Chauffé à l'air, il s'enflamme en donnant de l'anhydride silicique et du chlore.

Il décompose l'eau en présence de l'ammoniaque avec formation d'acide chlorhydrique, d'anhydride silicique et d'hydrogène :

$$Si^2\ Cl^6 + 4H^2O = 6HCl + 2SiO^2 + H^2.$$

433. Tétrachlorure de silicium $SiCl^4$. — Pour préparer ce chlorure de silicium, on fait un mélange intime de noir de fumée et de silice gélatineuse lavée et séchée ; on fait avec le tout une pâte et on dispose la pâte en forme de boulettes que l'on introduit dans une cornue de grès tubulée. La cornue étant chauffée, on fait passer par la tubulure un courant de chlore sec ; on adapte à l'extrémité du col un tube en U entouré d'un mélange réfrigérant. On recueille le chlorure de silicium.

C'est un liquide incolore, de densité 1,59, bouillant à 59°. Sa densité de vapeur est 5,94.

L'eau le décompose en donnant de la silice et de l'acide chlorhydrique :

$$Si\,Cl^4 + 2H^2O = SiO^2 + 4HCl.$$

En faisant passer le chlorure $SiCl^4$ sur du silicium chauffé au rouge, on obtient le composé $Si^2\,Cl^6$.

434. Oxychlorures de silicium. — Lorsqu'on fait passer des vapeurs de tétrachlorure de silicium, mélangées d'oxygène, dans un tube de porcelaine fortement chauffé, il se forme des oxychlorures de silicium qui ont pour formules : Si^2OCl^6, $Si^3O^2Cl^8$, $Si^4O^3Cl^3$.

En faisant passer les vapeurs de ces oxychlorures dans un tube de verre rempli de fragments de porcelaine et chauffé au rouge sombre, il se forme du tétrachlorure de silicium et il se fait d'autres oxychlorures : $Si^5O^4Cl^3$, $Si^9O^{13}Cl^{11}$ (MM. Troost et Hautefeuille).

BROMURES ET IODURES DE SILICIUM

435. Bromures de silicium. — On connaît deux bromures de silicium, correspondant aux deux chlorures :

Le *sesquibromure* $Si^2\,Br^6$ s'obtient en versant goutte à goutte du brome dans du sesquiiodure de silicium dissous dans le sulfure de carbone. C'est un solide cristallisé, qui bout vers 240°.

Le *tétrabromure* $Si\,Br^4$ s'obtient en faisant passer des vapeurs de brome sur un mélange de silice et de charbon. C'est un liquide fumant, qui se solidifie à 0° et bout à 150°.

436. Iodure de silicium. — On connaît également deux iodures de silicium :

Le *sesquiiodure* $Si^2\,I^6$ s'obtient en chauffant le tétraiodure SiI^4 avec de l'argent divisé. C'est un solide fumant à l'air qui fond à 250° ; il est soluble dans le sulfure de carbone. L'eau le décompose en acide iodhydrique et acide silicique.

Le *tétraiodure* SiI^4 s'obtient en faisant passer des vapeurs d'iode sur le silicium chauffé au rouge. C'est un corps solide, incolore, fumant à l'air, qui fond à 120° et bout à 290°. Chauffé à l'air, il brûle ; l'eau le décompose en acide iodhydrique et anhydride silicique.

FLUORURE DE SILICIUM

$Si\,F^4$.

437. Préparation. — Pour le préparer, on traite dans un ballon de verre (fig. 173) un mélange de silice et de fluorure de calcium par l'acide sulfurique concentré :

$$SiO^2 + 2CaF^2 + 2SO^4H^2 = SiF^4 + 2SO^4Ca + 2H^2O.$$

On met un excès d'acide sulfurique pour retenir l'eau. Le gaz se recueille sur le mercure.

433. Propriétés. — C'est un gaz incolore, d'une odeur suffocante,

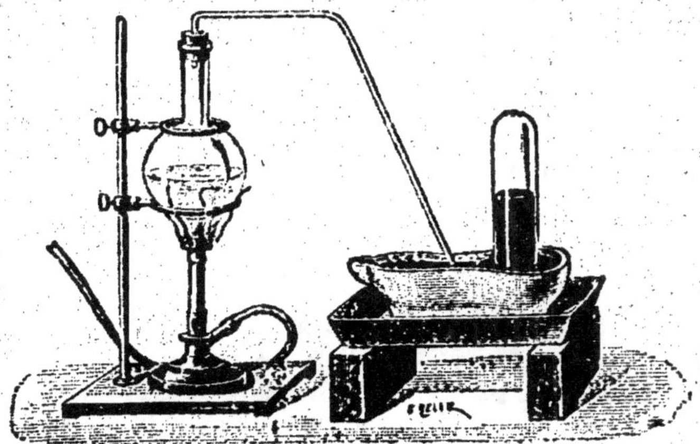

Fig. 173. — Préparation du fluorure de silicium.

qui répand à l'air des fumées abondantes et qui est très avide d'eau.

Sa densité est 3,61, son poids moléculaire 104.

Il se liquéfie facilement et se solidifie à — 102°.

Le fluorure de silicium n'attaque pas le verre.

Par l'action de l'eau, il se forme de l'*acide fluosilicique* H^2F^2 SiF^4 et de la silice SiO^2 :

$$3SiF^4 + 2H^2O = SiO^2 + 2H^2F^2SiF^4.$$

Pour préparer cet acide, on traite dans un ballon de verre un mélange de silice, de fluorure de calcium et d'acide sulfurique ; le fluorure de silicium formé arrive au fond d'un verre sur le mercure et se dégage au-dessus dans de l'eau. Il se forme une dissolution d'acide fluosilicique et de la silice.

Si, dans une capsule de platine, on reprend cette dissolution mélangée de silice et qu'on chauffe, on a :

$$SiO^2 + 2H^2F^2SiF^4 = 3SiF^4 + 2H^2O.$$

C'est l'action inverse, donc la réaction est forcément limitée.

L'acide fluosilicique donne avec les métaux des fluosilicates de formule $M^2F^2SiF^4$, généralement solubles dans l'eau ; cependant cet acide donne dans la potasse un précipité gélatineux de fluosilicate de potassium, caractéristique des sels de ce métal.

SULFURE DE SILICIUM

SiS^2.

439. Préparation et propriétés. — Ce corps s'obtient en faisant passer de la vapeur de soufre sur du silicium fortement chauffé, ou bien sur un mélange de silice et de charbon chauffé au rouge :

$$2SiO^2 + 2C + S = Si^2 + SO^2 + 2CO.$$

C'est un corps solide, cristallisé en aiguilles volatiles. L'eau le décompose avec formation d'anhydride silicique et d'hydrogène sulfuré :

$$SiS^2 + 2H^2O = SiO^2 + 2H^2S.$$

CLASSIFICATION DES MÉTALLOIDES

440. Classification de Dumas. — On a essayé de classer les corps en familles naturelles, c'est-à-dire en groupes tels que tous les éléments réunis dans l'un d'eux aient des propriétés chimiques très analogues, qui les distinguent de tous les autres groupes.

Dumas y est arrivé d'une façon très remarquable pour les métalloïdes; depuis longtemps déjà, il les a divisés en quatre familles naturelles, de la façon suivante :

1re famille : fluor, chlore, brome, iode
2e famille : oxygène, soufre, sélénium, tellure;
3e famille : azote, phosphore, arsenic, antimoine;
4e famille : carbone, silicium, bore.

Les métalloïdes de la première famille sont remarquables par leur affinité pour l'hydrogène : ils donnent tous avec lui un hydracide, et les constitutions et les propriétés de ces quatre hydracides sont analogues. Ils donnent tous les quatre avec les métaux des composés de constitution analogues et le plus souvent isomorphes.

Les métalloïdes de la deuxième famille sont remarquables par l'analogie de leurs combinaisons métalliques : les oxydes, sulfures, séléniures et tellurures ont des constitutions chimiques analogues et sont isomorphes. Les trois derniers se combinent avec l'oxygène et donnent des composés chimiquement analogues, les acides sulfurique, sélénique, tellurique ; les sulfates, séléniates et tellurates d'un même métal sont isomorphes.

Les métalloïdes de la troisième famille se distinguent par l'analogie chimique de leurs combinaisons avec l'oxygène, l'hydrogène et les métalloïdes de la première famille : ainsi l'azote, le phosphore, l'arsenic et l'antimoine, donnent avec l'oxygène les acides azotique, phosphorique, arsénique et antimonique, dont les sels sont souvent isomorphes ; ces mêmes métalloïdes donnent avec l'hydrogène des composés de même constitution chimique, l'ammoniaque et les hydrogènes phosphoré, arsénié et antimonié, et avec le chlore des chlorures de même constitution.

Enfin, les métalloïdes de la quatrième famille se rapprochent par leur infusibilité et leur inaltérabilité. Ils brûlent en donnant des anhydrides qui ont entre eux certaines analogies, et se combinent facilement aux métalloïdes de la première famille.

Il est très remarquable qu'en s'appuyant sur les idées actuelles pour classer les métalloïdes, on n'a presque pas eu à toucher à cette classification ; seul le bore a dû être séparé du carbone et du silicium et placé dans une famille spéciale.

L'hydrogène ne figure pas dans cette classification de Dumas, parce qu'il forme un groupe à part et qu'il a des propriétés chimiques se rapprochant de celles des métaux.

441. Notions sur l'atomicité, ou valence des atomes. — Aujourd'hui, la classification naturelle des éléments repose sur la notion de l'*atomicité*, ou *valence* des atomes.

On appelle *atomicité*, ou *valence*, la puissance de combinaison des atomes. En prenant comme unité l'atomicité de l'hydrogène, on dira qu'un corps est *monoatomique*, ou *univalent*, lorsqu'un atome de ce corps se combinera à un seul atome d'hydrogène ; c'est ce qui arrive pour le fluor, le chlore, le brome et l'iode, dont un atome se combine à un atome d'hydrogène pour former les acides fluorhydrique, chlorhydrique, bromhydrique et iodhydrique.

De même, un corps est *diatomique* ou *bivalent*, *triatomique* ou *trivalent*, *tétratomique* ou *quadrivalent*, *pentatomique* ou *quintivalent*, suivant qu'un atome de ce corps se combine à 2,3, 4 ou 5 atomes d'hydrogène ; ainsi, un atome d'oxygène se combinant à deux atomes d'hydrogène pour former de l'eau, l'oxygène est diatomique ou bivalent ; dans l'ammoniaque, un atome d'azote étant combiné à trois atomes d'hydrogène, l'azote est trivalent.

Le bore ne forme pas avec l'hydrogène de combinaison bien connue ; il en forme au contraire d'importantes avec le chlore et le fluor, qui sont eux-mêmes monovalents. La valence du bore se mesurera alors par sa capacité de combinaison avec le chlore ou le fluor ; ainsi, un atome de bore se combine avec 3 atomes de chlore, ou de fluor, pour donner le chlorure $BoCl^3$, ou le fluorure de bore BoF^3. Le bore est donc trivalent.

Lorsque les éléments se combinent en plusieurs proportions, l'atomicité est mesurée par le composé dans lequel un atome de l'élément considéré est combiné au plus grand nombre possible d'atomes de l'élément monoatomique. Un atome d'oxygène ne pouvant se combiner à plus de deux atomes d'hydrogène, l'oxygène est diatomique. Les composés hydrogénés du carbone sont nombreux ; mais l'atome de carbone ne se combinant jamais à plus de 4 atomes d'hydrogène le carbone est tétratomique. Les composés dans lesquels l'atomicité de l'élément est ainsi entièrement satisfaite sont dits *saturés*.

La saturation peut avoir lieu par d'autres éléments que par des éléments monoatomiques. Ainsi, le carbone et l'oxygène se combinent pour donner deux composés : dans l'un, l'oxyde de carbone CO, un atome de carbone est combiné à un atome d'oxygène bivalent ; mais dans ce composé toutes les valences du carbone ne sont pas satisfaites, car un atome de carbone se combine pour donner l'anhydride carbonique CO^2 à deux atomes d'oxygène bivalent, ce qui donne encore 4 pour la valence du carbone.

Un groupe tel que CO, où toutes les valences du carbone ne sont pas satisfaites et où il en reste encore deux de libres, peut fixer un atome d'un corps bivalent ou deux atomes d'un corps univalent, par exemple deux atomes de chlore, pour former le composé $CO\ Cl^2$, l'oxychlorure de carbone.

On indique généralement par des traits les valences de l'élément multivalent qui sont satisfaites par les atomes des autres éléments ; c'est ce que l'on peut appeler les points de soudure des atomes. Ainsi, le gaz ammoniac, où l'azote est trivalent, s'écrira :

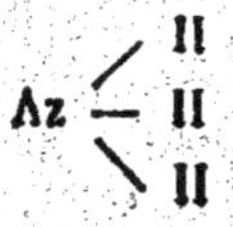

$$Az \diagdown\!\!\!- \begin{array}{l} II \\ II \\ II \end{array}$$

L'anhydride carbonique, où le carbone est tétravalent et l'oxygène bivalent, s'écrira :

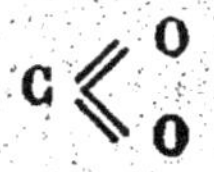

$$C \lll \begin{array}{l} O \\ O \end{array}$$

ou encore :

$$O = C = O$$

L'oxychlorure de carbone, où des quatre valences du carbone deux sont satisfaites par un atome d'oxygène et deux autres par deux atomes de chlore, s'écrira :

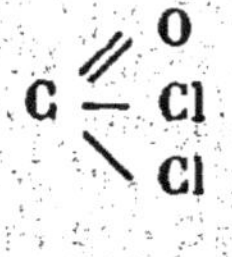

$$C \diagdown\!\!\!- \begin{array}{l} O \\ Cl \\ Cl \end{array}$$

ou encore :

$$\begin{array}{l} Cl \\ Cl \end{array} \diagup C = O$$

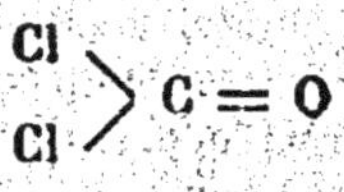

Le gaz des marais, combinaison d'un atome de carbone à quatre atomes d'hydrogène, s'écrira :

$$C \begin{array}{c} \diagup\ \text{H} \\ =\ \text{H} \\ =\ \text{H} \\ \diagdown\ \text{H} \end{array}$$

ou encore :

$$\begin{array}{c} \text{H} \\ | \\ \text{H} - \text{C} - \text{H} \\ | \\ \text{H} \end{array}$$

L'eau H^2O, où les deux valences de l'oxygène sont satisfaites par les deux atomes d'hydrogène, s'écrira :

$$O \begin{array}{c} \diagup\ \text{H} \\ \diagdown\ \text{H} \end{array}$$

ou mieux encore :

$$\text{H} - \text{O} - \text{H}$$

On peut considérer non seulement la valence des éléments, mais aussi la valence des groupes d'éléments, ou radicaux non saturés. Par exemple, dans l'eau, on peut considérer un atome d'hydrogène, dont la valence serait satisfaite par celle du groupe OH, appelé oxhydryle, lequel est lui-même monovalent, puisque des deux valences de l'oxygène une seule y est satisfaite par un atome d'hydrogène. On écrit alors l'eau H(OH).

Du même, le gaz des marais CH^4, traité par le chlore, donne un produit de substitution CH^3Cl, où l'on peut considérer les quatre valences du carbone comme satisfaites par les trois valences de l'hydrogène et celle du chlore ; mais on peut aussi considérer l'élément Cl, dont la valence est satisfaite par celle du groupe CH^3, qui est en effet monovalent, car des quatre valences du carbone, il y en a trois qui y sont satisfaites par trois atomes d'hydrogène. On peut alors écrire $(CH^3)Cl$.

Ces différentes manières d'écrire la formule d'un corps sont ce que l'on appelle les formules de constitution. C'est surtout en chimie organique que ces formules rendent service.

Il convient de remarquer que l'atomicité, ou valence des atomes, n'a rien d'absolu : tel élément, que l'on considère comme bivalent dans un composé, peut être quadrivalent dans un autre. Par exemple, le phosphore forme avec le chlore deux composés, le trichlorure PCl^3 et le pentachlorure PCl^5 : dans le premier, le phosphore se comporte comme un élément trivalent, comme cela se produit aussi dans l'hydrogène phosphoré PH^3 ; dans le second, le phosphore se comporte comme un élément quintivalent. Ordinairement, quand la chaleur de combinaison est grande, la valence diminue.

La valence d'un élément peut donc varier ; mais en général elle varie de deux en deux. Ainsi, le phosphore, quelquefois trivalent, est quelquefois aussi quintivalent ; le carbone, généralement quadrivalent, est quelquefois bivalent, comme dans l'oxyde de carbone. L'azote, trivalent dans l'ammoniaque AzH^3, est quintivalent dans le sel ammoniac AzH^4Cl.

Cette règle souffre encore des exceptions : l'azote, généralement trivalent ou quintivalent, est bivalent dans le bioxyde d'azote AzO. On ne peut donc encore établir de loi générale pour la valence des éléments ; mais il est bon de connaître les résultats auxquels cette notion conduit, car ils peuvent rendre de grands services.

442. Classification actuelle. — On classe aujourd'hui les métalloïdes par valence, de la façon suivante :

MÉTALLOÏDES

MONOVALENTS	BIVALENTS	TRIVALENTS	TÉTRAVALENTS	PENTIVALENTS
Hydrogène	Oxygène	Bore	Carbone	Azote
Fluor	Soufre		Silicium	Phosphore
Chlore	Sélénium			Arsenic
Brome	Tellure			Antimoine
Iode				

On indique quelquefois l'atomicité ou valence des éléments par les signes I, II, III, IV, V placés au-dessus et à droite de l'élément ; ainsi, on écrit :

H^I Cl^I I^I Br^I F^I.
O^{II} S^{II} Se^{II} Te^{II}.
Bo^{III}.
C^{IV} Si^{IV}.
Az^V P^V As^V Sb^V.

TABLE DES MATIÈRES

DE LA PREMIÈRE PARTIE

CHAPITRE PREMIER

PRÉLIMINAIRES. — ÉTUDE DE L'AIR ET DE L'EAU. — CRISTALLISATION

CHAPITRE II

LOIS DES COMBINAISONS. — NOTIONS DE THÉORIE ATOMIQUE.
NOMENCLATURE ET NOTATION SYMBOLIQUE

TRAITÉ DE CHIMIE.   20

CHAPITRE III

HYDROGÈNE. — OXYGÈNE ET OZONE. — AZOTE

CHAPITRE IV

COMPOSÉS DE L'AZOTE AVEC L'HYDROGÈNE ET L'OXYGÈNE

CHAPITRE V

PHOSPHORE ET SES COMPOSÉS AVEC L'HYDROGÈNE ET L'OXYGÈNE

CHAPITRE VI

ARSENIC, ANTIMOINE ET LEURS COMPOSÉS AVEC L'HYDROGÈNE ET AVEC L'OXYGÈNE

CHAPITRE VII

CHLORE ET SES COMPOSÉS

CHAPITRE VIII

BROME, IODE, FLUOR ET LEURS COMPOSÉS

CHAPITRE IX

SOUFRE ET SES COMPOSÉS. SÉLÉNIUM ET TELLURE

CHAPITRE X

BORE ET SES COMPOSÉS. CARBONE ET HYDROCARBURES

CHAPITRE XI

COMPOSÉS DU CARBONE AVEC LES MÉTALLOÏDES AUTRES QUE L'HYDROGÈNE

CHAPITRE XII

SILICIUM ET SES COMPOSÉS. CLASSIFICATION DES MÉTALLOÏDES